세상에서 가장 재미있는 생물학
THE CARTOON GUIDE TO BIOLOGY

THE CARTOON GUIDE TO BIOLOGY

Illustrations copyright © 2019 by Larry Gonick
Text copyright © 2019 by Dave Wessner and Larry Gonick
All rights reserved.

Korean translation copyright © 2020 by Kungree Press
Published by arrangement with William Morrow Paperbacks,
an imprint of HarperCollins Publishers
through EYA (Eric Yang Agency).

이 책의 한국어판 저작권은 EYA를 통하여
William Morrow Paperbacks, an imprint of HarperCollins Publishers사와
독점 계약한 '궁리출판'이 소유합니다.
저작권법에 의해 한국 내에서 보호를 받는 저작물이므로 무단 전재와 복제를 금합니다.

세상에서 가장 재미있는
생물학

THE CARTOON GUIDE TO BIOLOGY

래리 고닉 그림 | 데이브 웨스너 글 | 김소정 옮김

이 책에 쏟아진 찬사들

•

"정말로 귀중한 책!"
-《브루클린 다이제스트》

"즐기며 몰입할 수 있는 책이다.
제대로 지식을 전달해주니, 결코 거부할 수 없다."
-《코믹스 그라인더》

"과학 교과서가 『세상에서 가장 재미있는 생물학』 같기만 하다면,
아니 적어도 조금이라도 비슷하다면,
과학과 학생들은 서로 함께하면서 훨씬 잘 어울릴 것이다."
-《코믹북빈》

"재미있고 유익한 정보를 담은 만화로
생물학에 관한 모든 것을 알려준다.
정말로 뛰어난 책이다!"
-《미드웨스트 북리뷰》

"화학과 생물학 사이를 누비며 즐길 수 있는 책!
기발한 그림과 의인화 덕분에 크게 웃을 수 있을 뿐 아니라
복잡한 과학 개념을 조금은 쉽게 이해할 수 있다.
생명의 과학을 알 수 있는 정말 재미있는 방법을 보여준다."
-《뉴욕저널오브북스》

CONTENTS

이 책에 쏟아진 찬사들 · 4

Chapter 1	광란의 도가니	9
Chapter 2	재료	19
Chapter 3	생명의 화학 물질들	27
Chapter 4	세포 속으로	45
Chapter 5	에너지	67
Chapter 6	세포 호흡	79
Chapter 7	광합성	101
Chapter 8	의사소통	115
Chapter 9	게놈 만나기	131

Chapter 10	유전자 조절	143
Chapter 11	다세포	165
Chapter 12	생식(1부)	183
Chapter 13	생식(2부)	201
Chapter 14	진화	231
Chapter 15	분류	259
Chapter 16	생명체의 월드 와이드 웹(www)	275
Chapter 17	교란	291

감사의 글 · 311
옮긴이의 글 · 312
찾아보기 · 315

Chapter 1
광란의 도가니

그러니까 생명의 도가니인 거지!

옛날에는 생물학이 이렇지 않았어…….

수 세기 동안 생물학자들은 찾고 모으고 죽이고 자르고 비교하고 분류했어. 생물학자들은 밖에서 안으로 세상을 들여다보았지. 예를 들어 그리스 의사 갈레누스(130~210년)는 사람의 내부 구조를 알아보려고 꼬리 없는 원숭이를 해부했어.

눈으로 직접 볼 수 없는 생명체를 볼 수 있게 해준 현미경이 발명되자 생물학자들은 더 깊은 곳을 들여다볼 수 있게 되었고……

"한 남자의 치아에서 긁어낸 덩어리에 들어 있는 작은 생명체들의 수는 한 왕국을 이루는 전체 인구보다 더 많다."
— 레이우엔훅, 1684년

식물과 동물의 내부 구조를 훨씬 자세하게 알게 되었지.

* 1827년에 카를 E. 폰 베어가 발견했다.

그러자 상황은 두 배로 어려워졌어. 바깥쪽 세상은 수백, 수천만 형태를 가진 생명체들이 마구 뒤섞여 있는 광란의 도가니이고, 안쪽 세상은 그보다 훨씬 복잡해. 도대체 이 상황을 어떻게 정리해야 하는 거야?

도대체 일치된 관점이 있기는 한 거야? 도대체 무엇이 생명을 만드는 거지? 누구 아는 사람?

많은 의견이 나왔지만 '생명의 비밀'을 찾아낸 과학자는 없었고, 그저 '그것'이라고 부르는 것이 최선이었지.

그래서 한동안 생물학은 생명의 정의가 아니라 생명을 **묘사**하는 데 만족할 수밖에 없었어.

음, 유기체
(그러니까 생명체)라면
꼭 가지고 있어야 할
모든 조건을 갖추고 있군.

다섯 조건을 모두
갖추었다면 확실히
살아 있다고 할 수 있지.
한 가지라도 아니라면?
산 게 아니야.

유기체는 **세포**로 이루어져 있어. 살아 있는 모든 존재는 막이 있어서 바깥세상과 분리된 채 자기 자신만을 담고 있는 작은 방울 형태로 되어 있지. 수십억 개 세포가 함께 있는 유기체도 있고 단 한 개의 세포로 된 유기체도 있어. 하지만 세포의 일부로만 되어 있는 유기체는 없어.

유기체는 자기 자신을 **조절**할 수 있어. **항상성**을 유지해서 자기 몸을 최상의 상태로 만드는 거지.

유기체는 외부 세계에 **반응**해. 자기가 좋아하는 환경을 찾고 위험해지면 도망치거나 그 위험을 제거하려고 노력하는 거야.

유기체는 **먹어**. 외부 세계에서 영양분을 얻어야 하고 실제로도 외부 세계의 음식을 먹고 살아가지.

그리고 물론, 유기체는 모두 **번식**해.

나쁘지 않은 정의였지.
하지만 현대 생물학은
그보다는 더 괜찮은 방법으로
생명의 정의를 내려.
바깥에서 안쪽으로만
관찰하던 과학이
20세기부터는 안에서
바깥쪽으로 볼 수 있게
되었거든(20세기에는
모든 분야에서 그런
방식을 선호했어).

아주 놀라운 세기였지!

엄청나게 발전한 화학은 말할 것도 없고
전자현미경이나 X선 회절 결정학 같은 현미경의 뛰어난 자손들 덕분에
생명의 비밀이 밝혀지기 시작했어.

당연히 생명의 비밀은
하나가 아니었어.
지금도 어떤 비밀은
여전히 비밀인 채로
남아 있지만 이제는
지구에서 살아간다는 것이
어떤 의미인지를
훨씬 더 분명하게
알게 되었어.

안에서 밖으로 들여다본 지구 생명체의 현대식 정의는 이렇습니다.

생명이란 극도로 복잡한 **화학**이다.

끊임없이 쏟아져 내려오는 **햇빛**을 연료 삼아 이 화학은 스스로 자신을 조직해 자기 조절이 가능한 세포로 바뀌었다.

내가 컴퓨터를 만들었어!

세포는 저마다 유전자라는 저장고에 자신만의 정보를 저장해. **유전자**는 세포의 구조를 (**암호** 형태로) 기억하고 있어.

유전자는 세포에게 필요한 물질을 만들고 항상성을 유지하고 자신과 동일한 유전자를 가진 세포를 만들라고 '말한다'.

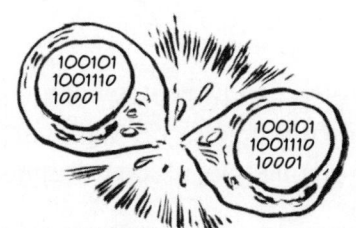

유전자가 조금만 변해도 세포는 크게 변할 수 있어.

그런 변화가 수십억 년간 계속되면 단세포였던 유기체들은 생명의 도가니로 **진화**할 수 있는 거지.

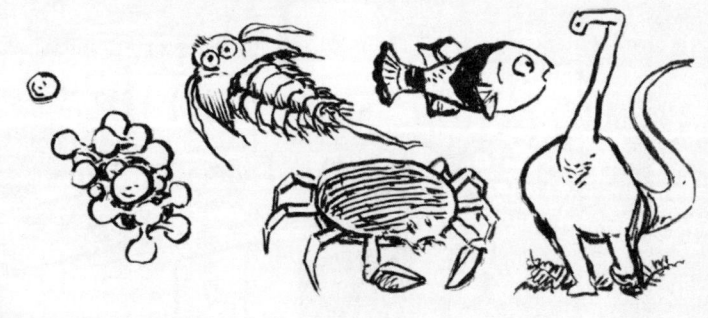

Chapter 2
재료

아주 독특한 특성이 있지만 생명체도 무생물과 공통점이 아주 많아.
어느 정도는 생명도 그저 **화학**이라고 할 수 있지.

원자에는 더 작은 입자로 이루어진 원자핵이 있어.
원자핵은 +1의 전하값을 갖는 **양성자**와 전기적으로 중성인 **중성자**로 이루어져 있어.
원자핵 주위를 -1의 전하값을 가진 **전자**들이 정신없이 돌아다니고 있지.
양성자의 수와 전자의 수는 같아서 전하값은 균형을 이루고 원자는 정기적으로 중성을 띠지.

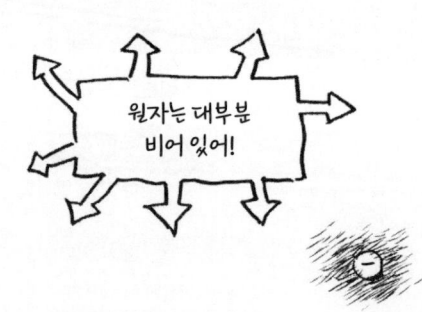

원소 번호는 원자핵 안에 들어 있는 양성자의 수와 같아.
(중성자는 원자핵을 이루는 입자들이 서로 뭉치게 한다)

수소
양성자 1개

탄소
양성자 6개
중성자 보통 6개

산소
양성자 8개
중성자 보통 8개

인
양성자 14개
중성자 보통 16개

100여 개 원소 가운데 단 **8개**만이 생명체를 이루는 주요 원소입니다.

원자번호	원자이름	기호
1	수소	H
6	탄소	C
7	질소	N
8	산소	O
11	나트륨	Na
15	인	P
16	황	S
19	칼륨	K

이 원소들을 조합한 물질도 생명을 구성합니다. 원자들은 서로 **결합**하는 특성이 있지요.

원자들이 서로 결합하는 이유는 원자핵 주위를 돌아다니는 전자들 때문이지. 가장 바깥쪽에 있는 전자들은 다른 원자 안에 들어 있는 전자들과 '바람'을 피워. **화학 반응**이 일어나는 거야.

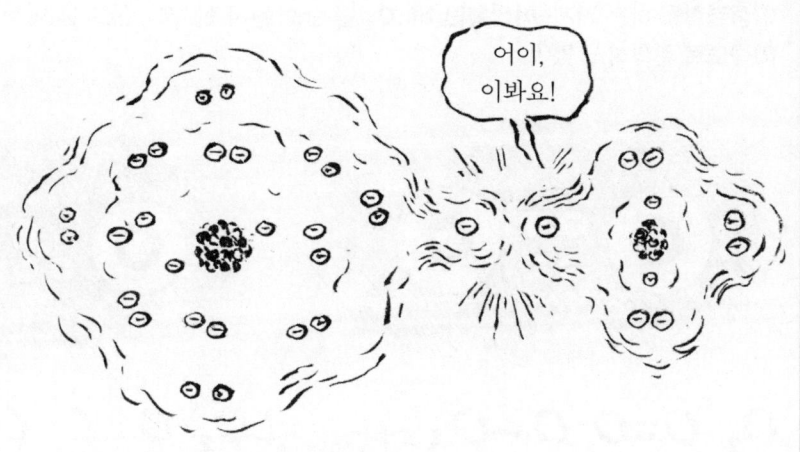

어이, 이봐요!

전자들은 정말로 짝짓는 걸 좋아해.
(원자 번호가 1인) 수소 원자 두 개를 아주 가까이 두면 두 전자는 짝을 이루지.

자연은 같은 전하를 띤 입자끼리 사랑을 하게 만들어!

두 원자를 공유하게 된 전자쌍은 **공유결합**이라는 형태로 두 원자를 결합해 **수소 분자**라는 안정적인 화학 물질을 만들어. 수소 기체는 혼자서 존재하는 H 원자는 거의 없고 전적으로 H_2 분자로 이루어져 있지.

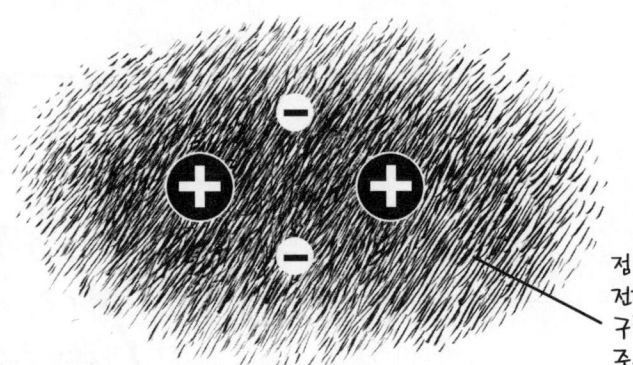

점으로 표시하기도 하는 전자들은 실제로는 구름처럼 원자핵 주위에 떠져 있다.

수소 분자는 H_2라든가 H:H, H-H로 표기할 수 있다.

산소 원자들은 O_2라는 분자가 되는데, 이때 공유하는 전자는 한 쌍이 아니라 **두 쌍**이야. **이중결합**을 하는 거지. **이산화탄소**(CO_2)는 탄소 원자 한 개가 산소 원자 두 개와 이중으로 결합하고 있어.

O_2, O::O, O=O로 표기한다. CO_2, O::C::O, O=C=O로 표기한다.

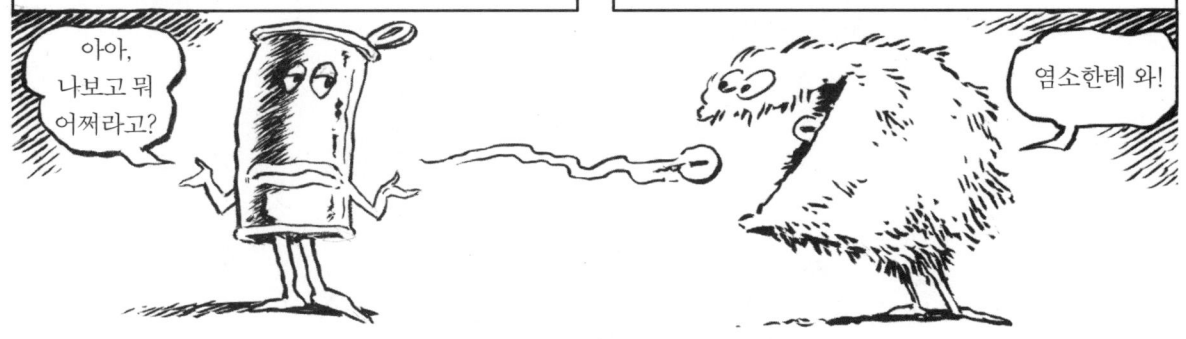

물은 생명체에게 아주 중요한 작은 입자야.
산소 원자 한 개랑 수소 원자 두 개로 이루어져 있어서 H_2O라고 하지.
산소가 전자를 끄는 힘이 더 강해서 결합한 전자들은 수소보다는 산소에 더 가까이 있어.
그 때문에 수소 원자의 끝부분은 아주 약한 + 전기를 띠어.

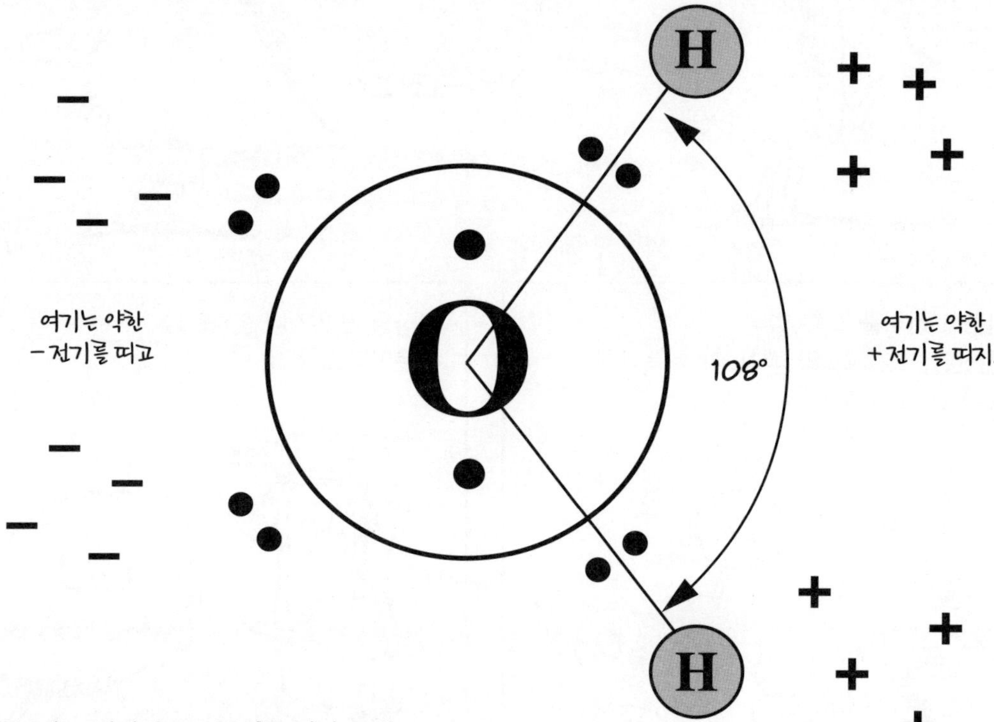

여기는 약한
- 전기를 띠고

여기는 약한
+ 전기를 띠지.

108°

보통 물 분자는 전기적으로 **극성**을 띤다고 해.
수소 원자의 끝부분이 양극이고 반대쪽에 있는
산소 원자 끝부분이 음극이야.

늘 그렇지만
반대 극은 서로 끌려.
한 물 분자의 양극은
다른 물 분자의 음극에
끌려서 **수소결합**이라는
약한 결합을 해.
수소결합은 점 세 개로
표시하는데……

극성 때문에 물 분자는
'서로 달라붙어'.
물이 상온에서
액체인 이유는 서로
달라붙기 때문이야.

결정을
만들지 않고
느슨하게 결합한
분자도 있는
거지요.

소금을 물에 녹이면 일부 Na^+ 이온과 Cl^- 이온이 염화나트륨 결정에서 떨어져나와. 물 분자는 두 이온과 수소결합을 해 두 이온을 '가둬버리지'. 결국 시간이 흐르면 염화나트륨 결정은 물에 용해돼버려.

앞으로 물에 녹는 이온을 많이 만나게 될 거야.

물에 넣었을 때 녹는 이온이나 분자는 **친수성** 이라고 해.
물을 사랑하는 이온이라는 뜻이지.

그와 달리 물을 싫어하는 물질은 **소수성** 이라고 해.

메탄

메탄(CH_4)은 비극성 물질이야. 전자가 분자 안에 골고루 퍼져 있어서 극성을 띠지 않아. 기름이 물과 섞이지 않는 건 그 때문이야.

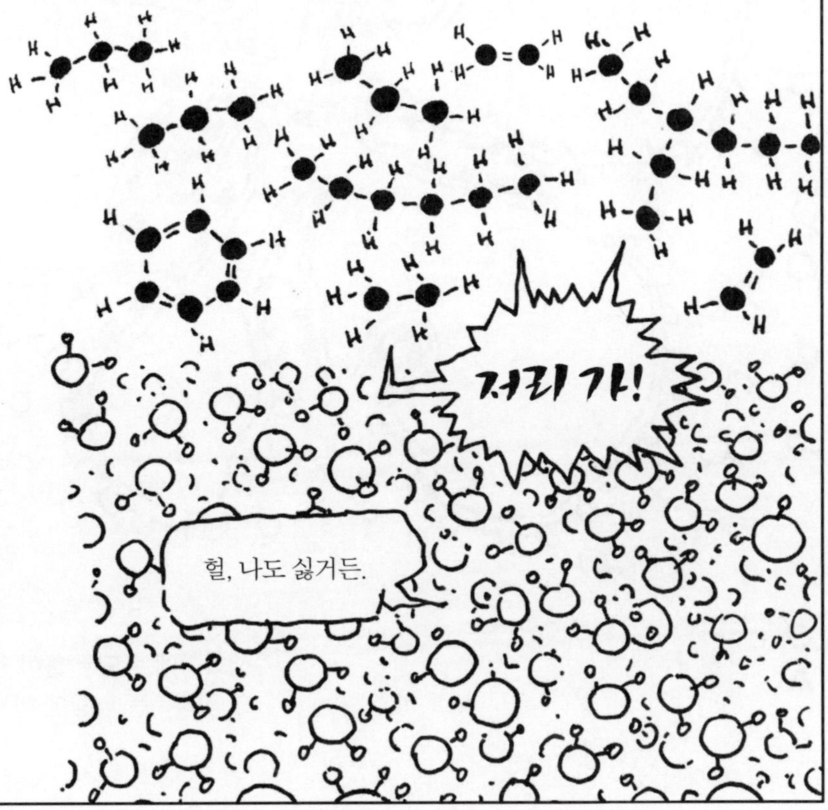

어흐.

저리 가!

헐, 나도 싫거든.

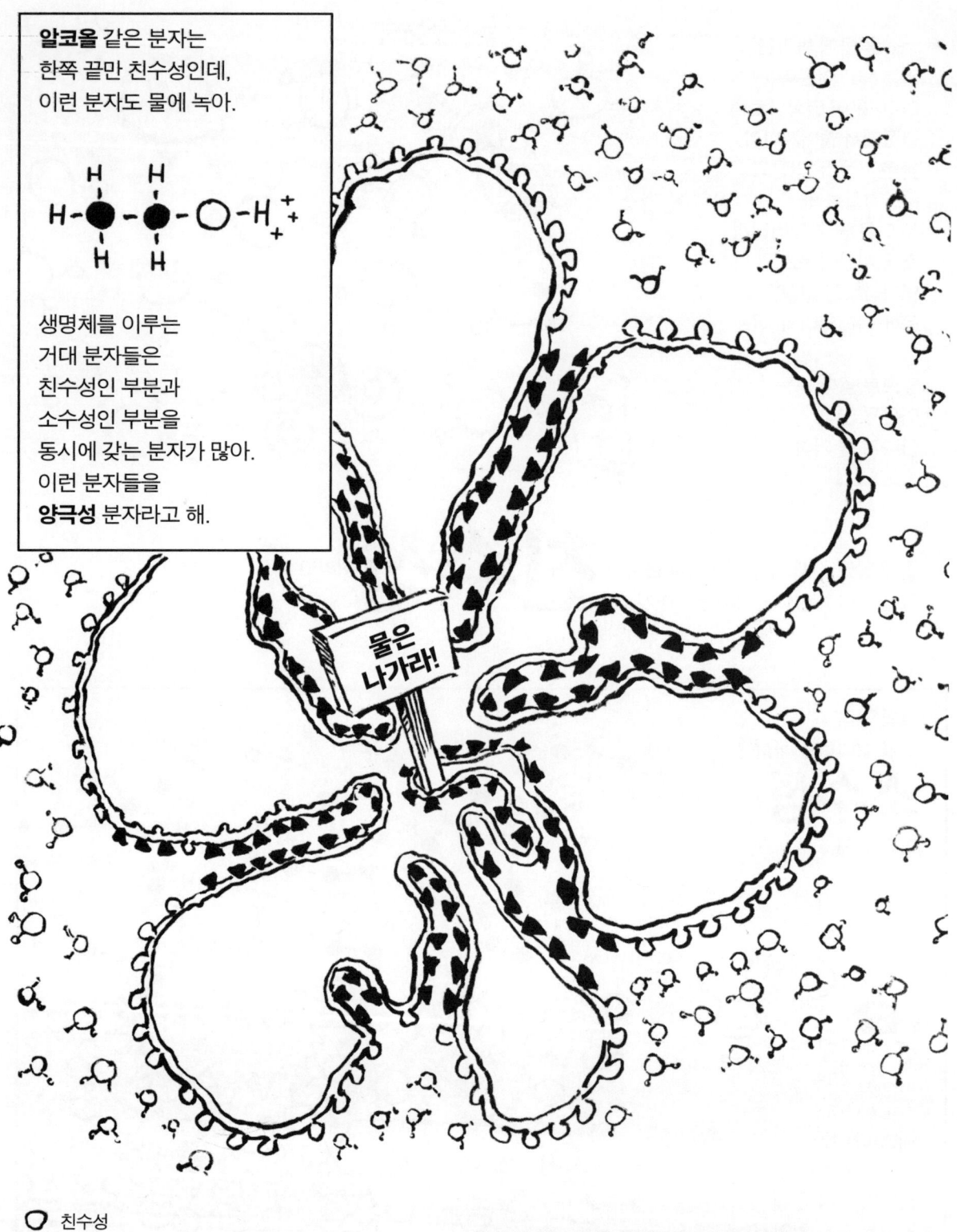

Chapter 3
생명의 화학 물질들

탄소, 탄소, 탄소, 그리고 그 밖에 다른 물질들 조금

생명의 화학에는 **한** 가지 기본 규칙이 있어.
유기체의 화학은 **탄소**의 화학이어야 한다는 거야.
고통받는 의예과 학생이라면 모두 동의하듯이
탄소를 기반으로 하는 물질들은 모양도 크기도
질감도 냄새도 감당할 수 없을 정도로 다양해.

원자 번호 6번인 탄소는 다른 원자를 유혹하는 최외각 전자가 네 개야.

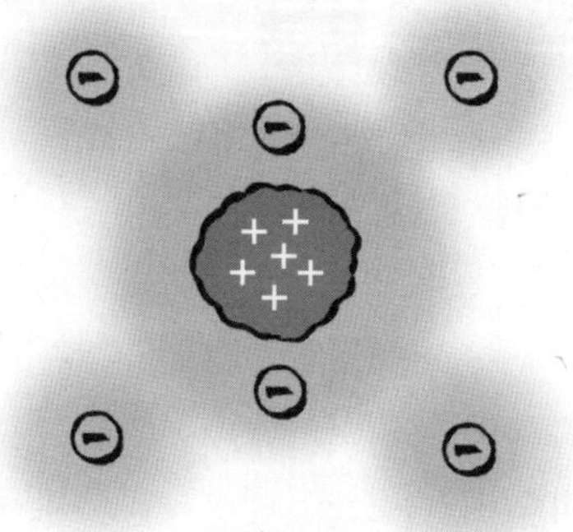

이 최외각 전자 네 개 때문에 탄소는 엄청난 융통성을 발휘할 수 있지. 탄소는 한꺼번에 네 개나 되는 다른 원자들과 결합할 수 있어.

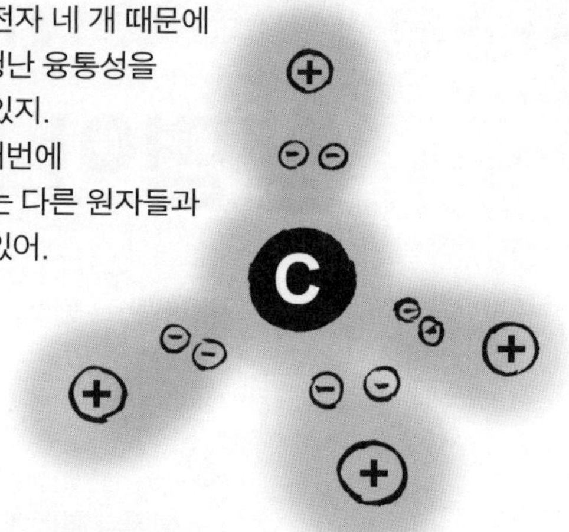

탄소

메탄, CH_4, 습지 가스

유기화합물이라면 적어도 탄소-수소 결합이 한 개는 있어야 해.
이 세상에 탄화수소 같은 물질은 더는 없어.
탄소와 탄소의 결합은 아주 강해서 길고 안정적인 분자를 만들어.
(탄소와 탄소가 결합하고 남은 결합 부위에는 수소가 결합해)

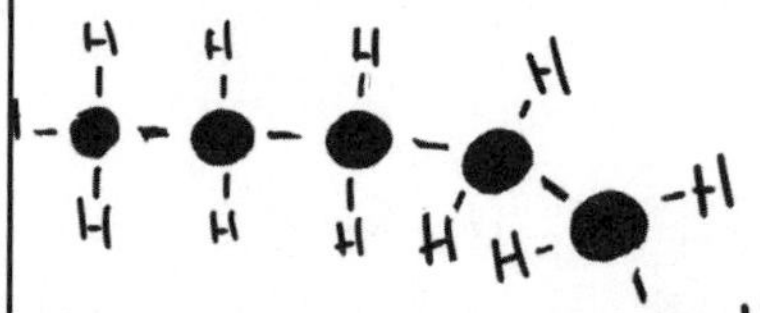

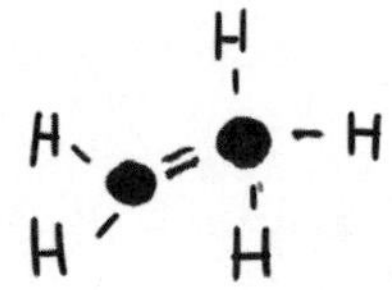

탄화수소 사슬은 '긴 사슬, 짧은 사슬, 가지가 있는 사슬, 고리'를 만들 수 있고, 단일결합, 이중결합, 삼중결합을 할 수 있어.

석유는 탄화수소로 이루어져 있어.

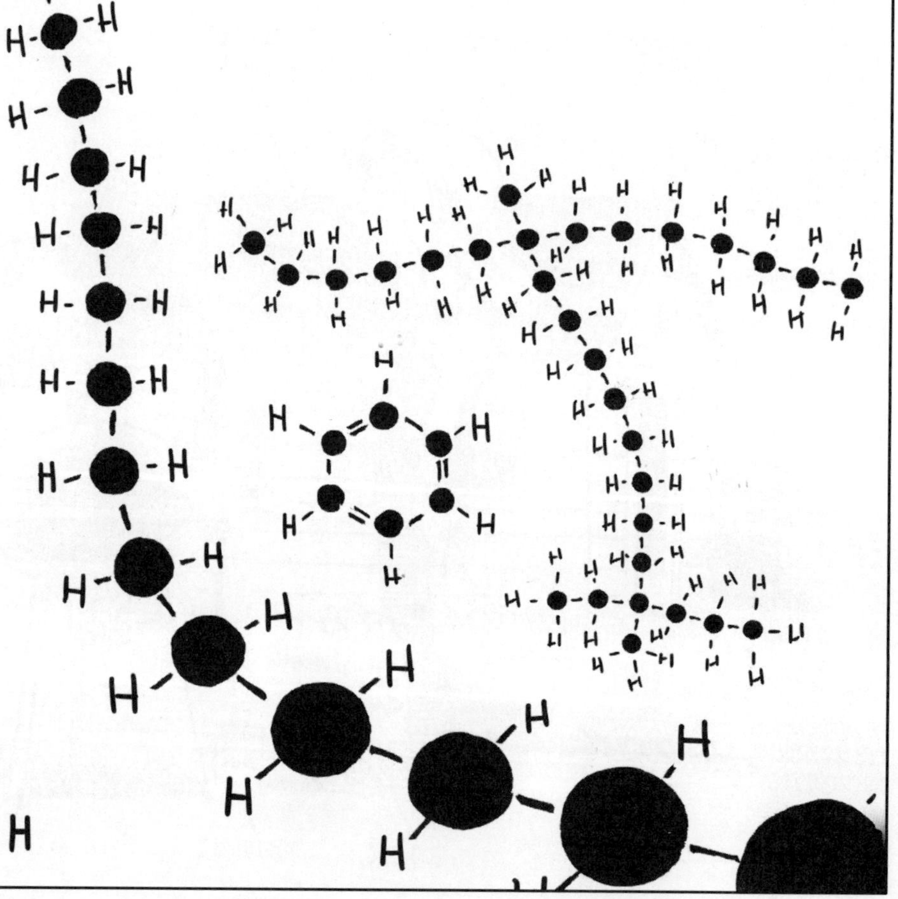

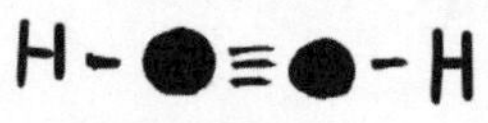

산소를 더해, 지방 만들기

탄화수소 사슬에 산소를 조금 넣으면 극성이 조금 생기거나 글리세롤 같은 양극성 물질이 돼. **글리세롤**은 화장품 원료야!

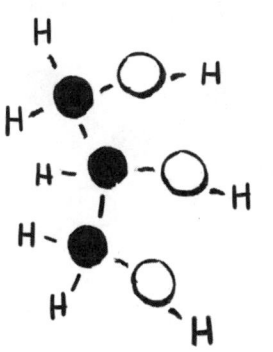

산소는 **유기산**도 만들어
(COOH는 유기산임을 가리키는 화학 기호야!)

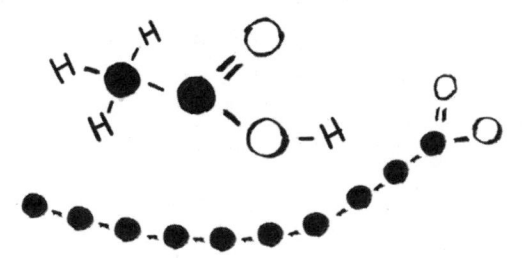

카프릭산은 탄소가 열 개인 지방산이야.
(수소는 생략하고 안 그렸어. 그 이유는 밑에 주의를 봐줘!)

지방(중성지방)은 지방산 세 개에 글리세롤 분자가 붙은 거야.

일반적으로 탄화수소 사슬 위를 한 개 이상의 지방산이 덮으면

지질

이라고 하는 분자가 돼. 지질은 방수가 되는 막을 만들어 그 안에 지방을 저장하는 등, 여러 가지 일을 해.

주의:

복잡하지 않도록 수소 원자는 그림에서 생략할 때가 많을 거야. 그러니까 탄소 원자의 결합 팔이 네 개가 되지 않는 경우에는 사라진 팔이 수소랑 결합해 있다고 생각하면 돼.

그걸 너무 잘할 때가 있어서 문제지.

산소를 더 넣으면

당 이 돼.

고리 모양인
당 분자들은 보통 수소가
산소보다 두 배 많아.
포도당은 생명체가 쓰는 연료야.
살아 있는 유기체는 거의
모두가 포도당을 태워서
에너지를 얻어.

포도당, $C_6H_{12}O_6$

유기체들은 대부분 수많은 당 음식을 즐겨 먹어.
옥수수나 사탕수수, 우유 같은 사람이 먹는 음식에도 다음같이 여러 당이 들어 있어.

과당   자당   젖당

이 두 5탄당은 조금 낯설겠지만 생명체에게는 꼭 필요한 분자야.
앞으로 필요하니까 각 탄소에 번호를 매긴 방법을 알아둬야 해.
고리 밖에 있는 탄소가 5번(5′) 탄소야.

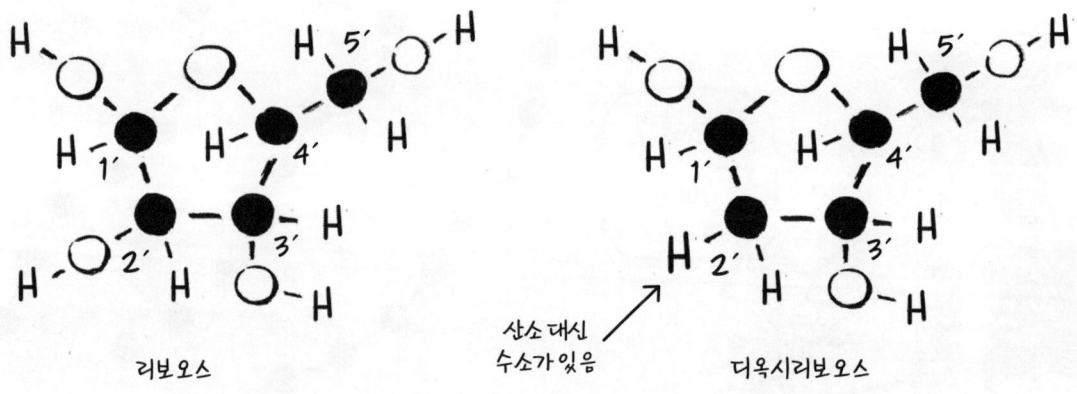

리보오스   산소 대신 수소가 있음   디옥시리보오스

유기화합물은 대부분 그렇듯이 당 분자도 서로 결합해서 **폴리머**라는 긴 사슬을 만들어. **다당류**라고 하는 당 폴리머는 몸에 저장하기 쉬워.
(단당류라고 부르는 외로운 당도 있어. 왜 외로운지는 묻지 마!)

생물학자들이 이름을 지을 때는 무한대 저장고를 활용하거든요.

식물은 나중에 사용하려고 녹말이라는 포도당 폴리머를 만들어. 감자, 참마, 토란 같은 식품은 모두 식물이 땅속에 저장해놓은 녹말이야.

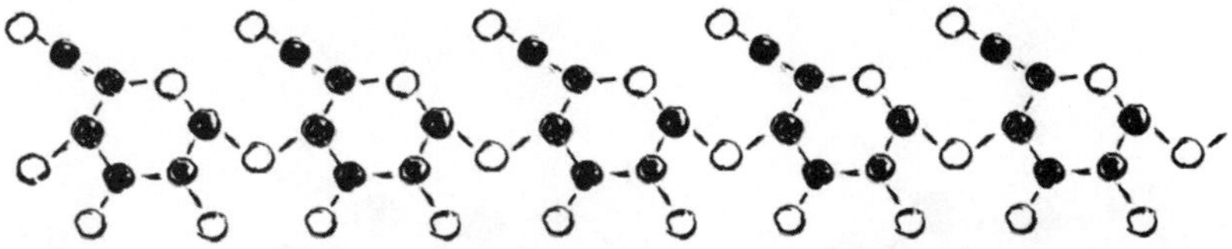

동물은 보통 간에서 생성되는 **글리코겐**이라는 둥근 다당류 형태로 포도당을 몸에 저장해.

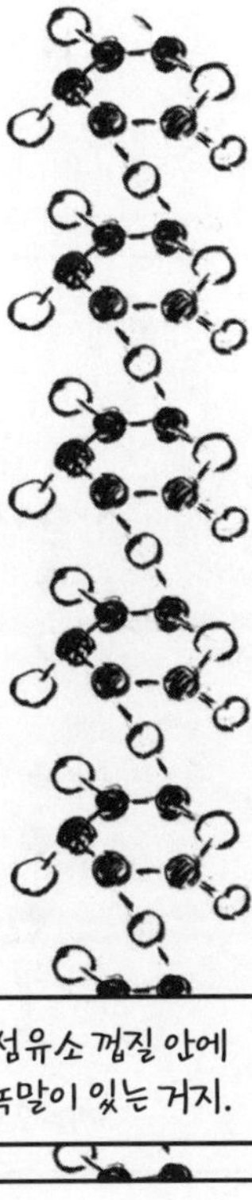

녹말을 이루는 포도당의 배열이 조금만 바뀌면 녹말보다 훨씬 단단하고 질긴 **섬유소**라는 다른 폴리머가 만들어져. 식물은 섬유소를 건축 자재로 사용해. 나무의 목질부나 셀러리의 식이섬유, 감자 껍질은 대부분 섬유소로 이루어져 있어.

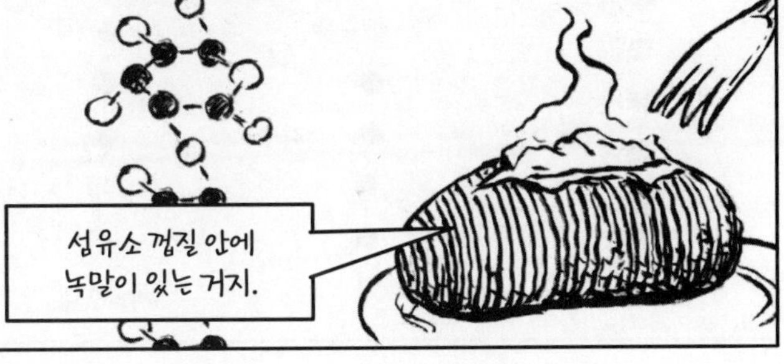

섬유소 껍질 안에 녹말이 있는 거지.

질소(와 황을 약간) 더해 단백질 만들기

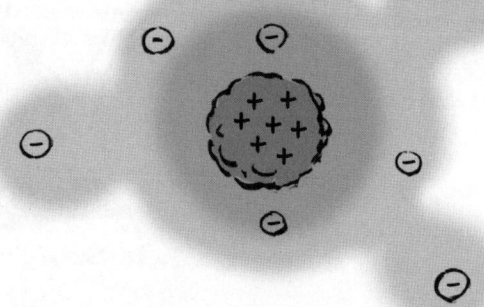

유기화합물에서 원자 번호
7번인 질소 원자는 다른 원자와
결합할 수 있는 최외각 전자가 세 개 있어.
질소화합물은 보통 아마이드나
아민이라는 이름이 붙어.
(암모니아[NH_3]도 질소화합물이야)

탄소로 이루어진 유기산에 아민기(NH_2)가 하나 붙으면 **아미노산**이 돼.
중앙에 있는 탄소와 결합하는 원자가 무엇이냐에 따라 다양한 아미노산을 만들 수 있어.
하지만 생명체가 사용하는 아미노산은 20개뿐이야.

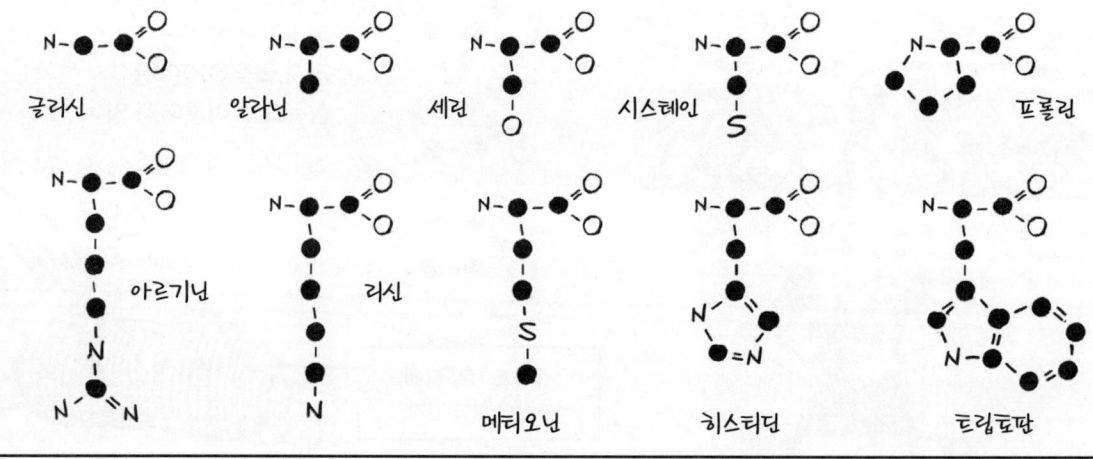

생명체가 사용하는 20개 아미노산을 소개할게(수소 원자는 생략했어).

글리신 알라닌 세린 시스테인 프롤린

아르기닌 라이신 메티오닌 히스티딘 트립토판

아미노산이 특별한 이유는 두 아미노산이 **펩타이드결합**을 하기 때문이야.

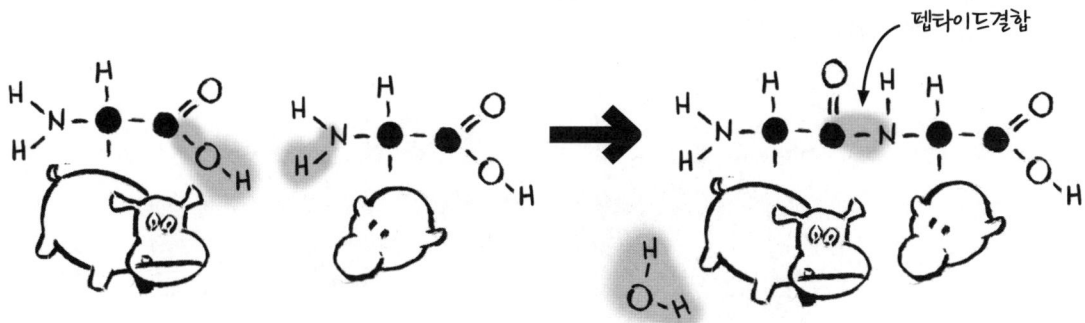

아미노산 두 개가 결합해서 **디펩타이드**가 된다고 해도
처음 아미노산과 양끝의 구조가 똑같아서 네 개, 다섯 개……,
얼마든지 아미노산을 이을 수 있어.

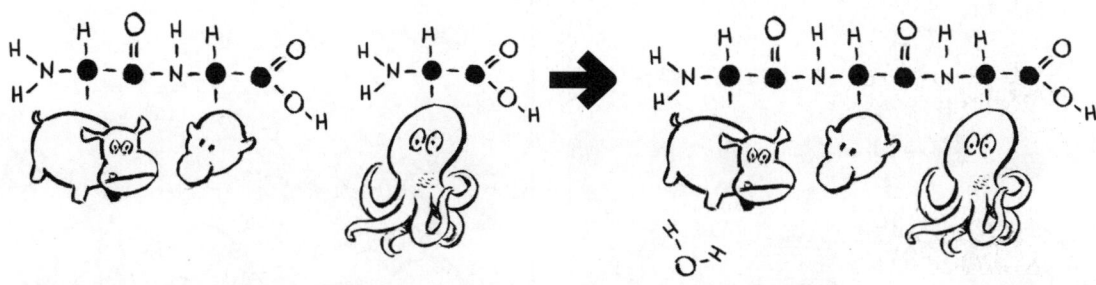

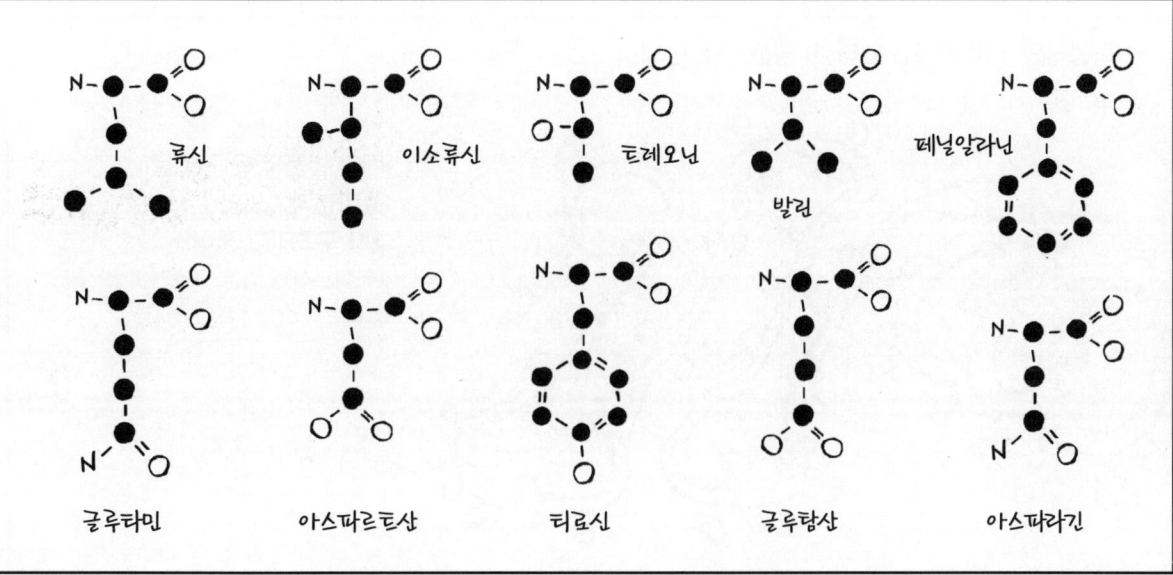

20가지 장신구만으로도 터무니없이 긴 목걸이를 만들 수 있는 것처럼 **폴리펩타이드** 사슬 한 개로도 수백, 수천 개 아미노산을 이을 수 있어. 폴리펩타이드 사슬에 붙는 장식은 **잔기**라고 해.

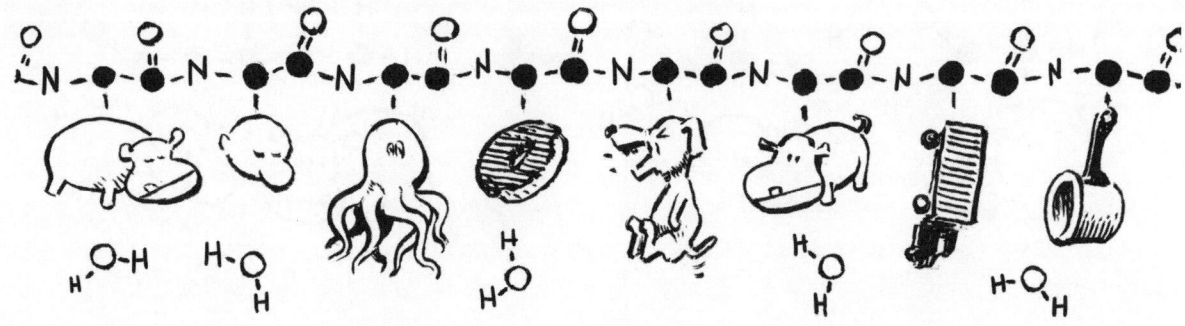

폴리펩타이드 사슬은 군데군데 아주 약한 전하를 띠는 곳이 있어서 서로를 끌어당기거나 밀어내.

그 때문에 살짝 뒤틀리면 **알파(α) 나선**이라고 하는 고리 모양이 되고

뒤로 접히면 살짝 평평한 **베타(β) 병풍** 구조가 돼.

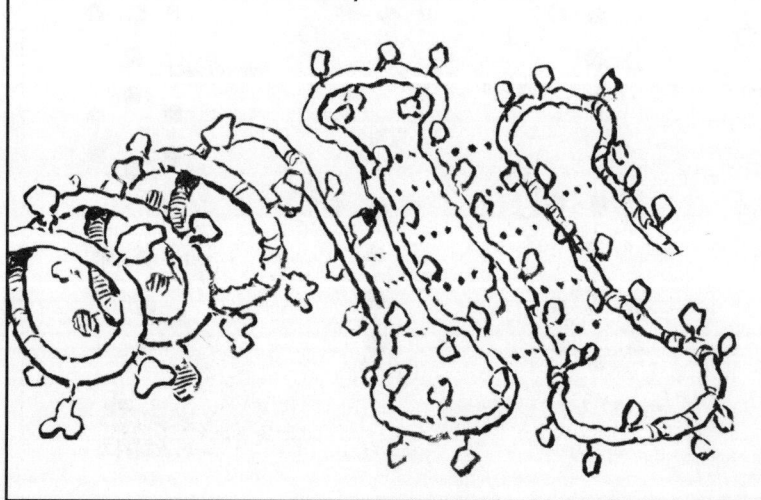

알파 나선이나 베타 병풍 같은 구조를 폴리펩타이드의 **2차 구조**라고 불러.
(아미노산의 기본 구조가 폴리펩타이드 1차 구조지)

한 가지 더 말할게!
아미노산의 잔기(장신구)는
친수성인 경우도 있고 **소수성**인 경우도 있어.

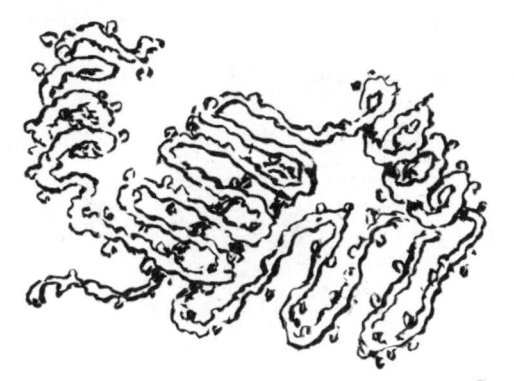

물에 둘러싸인 뒤틀리거나 뒤로 접힌
폴리펩타이드는 소수성 잔기들이
물을 피해 안쪽으로 들어가기 때문에
조밀하게 뭉쳐.

점점 더 조밀하게 뭉치다가
특별한 3차원 형태를 이루면
폴리펩타이드 **3차 구조**라고 부르고,
비로소 우리의 폴리펩타이드는

단백질이
되는 거야!

두 개 이상의 폴리펩타이드 사슬로 된 단백질도 있는데,
이런 단백질 형태를 단백질 **4차 구조**라고 해.

단백질은 하는 일이 무궁무진한 생명체의 분자 기계야.

어떤 물질은 통과시키고 어떤 물질을 막는 관이나 **통로** 역할을 하는 단백질도 있고

펌프 역할을 하는 단백질도 있고

외부 신호를 '읽어' 유기체가 반응하게 하는 수용체 역할을 하는 단백질도 있어.

물질을 **운반하는** 단백질도 있고

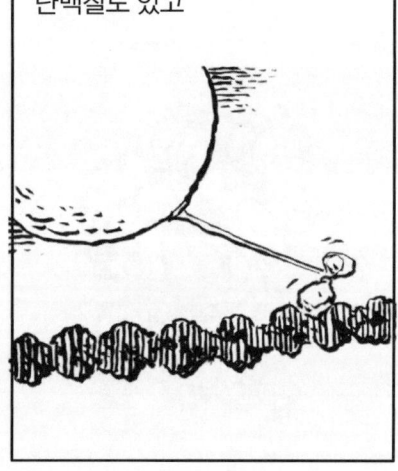

화학 반응의 속도를 높여주는 **효소** 단백질도 있고

심지어 **정보를 처리해서** 우리 몸이 필요로 하는 화학 물질을 만들어주는 단백질도 있어.

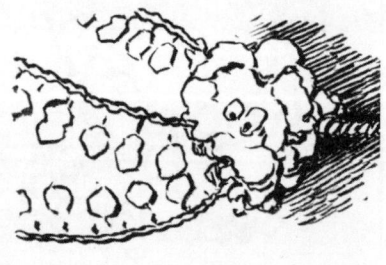

인을 더해서 나머지 모든 물질을 만들자!

다섯 개 질산 염기를 적어넣으면 짧은 유기화합물 목록을 완성할 수 있어.
이 다섯 개 질산 염기는 간단하게 알파벳 머리글자로 표기할 수 있지.

A는 아데닌

G는 구아닌이야.

C는 시토신이고

T는 티민

U는 우라실이지.

A, C, G, U는 **리보오스**(30쪽에서 나왔어)랑 친해.
리보오스랑 A가 결합하면 아데노신이 되는 거야.

아데닌

리보오스

그리고 여기서
인산염이 등장하는 거지.

37

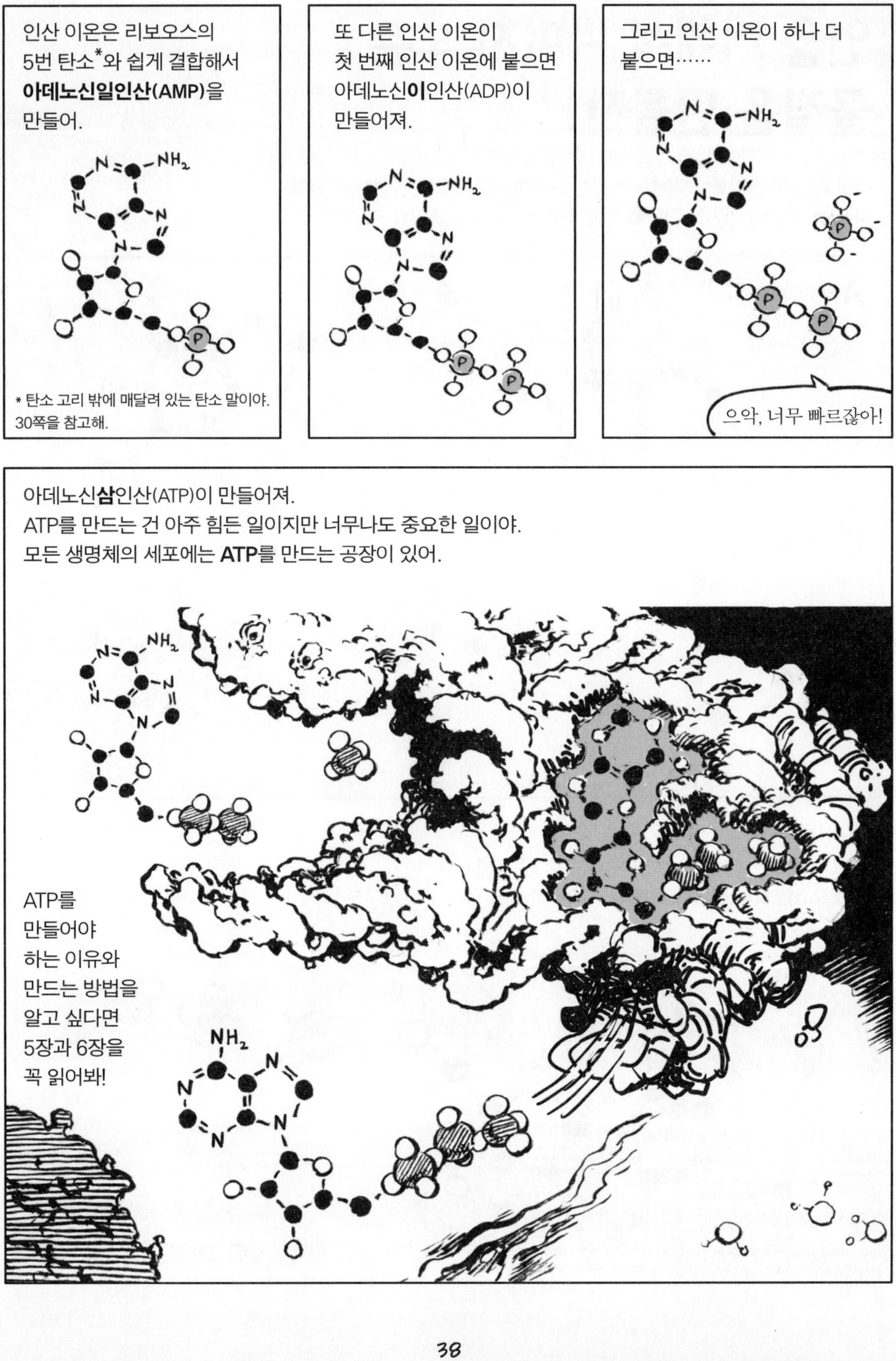

인산 이온은 리보오스의 5번 탄소*와 쉽게 결합해서 **아데노신일인산(AMP)**을 만들어.

*탄소 고리 밖에 매달려 있는 탄소 말이야. 30쪽을 참고해.

또 다른 인산 이온이 첫 번째 인산 이온에 붙으면 아데노신**이**인산(ADP)이 만들어져.

그리고 인산 이온이 하나 더 붙으면……

으악, 너무 빠르잖아!

아데노신**삼**인산(ATP)이 만들어져.
ATP를 만드는 건 아주 힘든 일이지만 너무나도 중요한 일이야.
모든 생명체의 세포에는 **ATP**를 만드는 공장이 있어.

ATP를 만들어야 하는 이유와 만드는 방법을 알고 싶다면 5장과 6장을 꼭 읽어봐!

ATP가 어떤 물질인지 잠깐 살펴볼까요?

ATP는 **사건이 일어나게 해**.
ATP는 아주 불안정하고 쉽게 넘어지는 쥐덫과 같아.

씰룩 씰룩

그럴싸한 목표물(그러니까 활동을 시작해야 하는 단백질)을 찾으면 ATP는 단백질을 힘껏 **차**.

무슨 감정이 있어서 그런 건 아니야!

그러면 ATP에서 인산 이온이 하나 떨어져나와 단백질에 달라붙으면서 에너지를 전달해.
(ATP는 ADP가 되지)

인산기를 받아 활성화된 단백질 분자는 활동을 시작하는 거야.

다신 안 할 거야.

난 무기력한 게 좋아.

생물학자들은 ATP를 '에너지 통화'라고 불러. 화폐 같은 역할을 하기 때문이지. 생명체가 에너지를 조금 써야 할 때면 제일 먼저 ATP가 '발차기'를 해야 할 때가 많아. 생명체는 모두 ATP에 의지해서 살아가. ATP가 없으면 그 무엇도 살아갈 수 없어.

포도당 분해할 수 있어?

생물계에는 다른 염기가 붙은
리보오스 인산염도 있어.

리보오스 대신에
디옥시리보오스를 가지고도
비슷한 분자를 만들 수 있어.
음영 표시된 부분이 다른 점이야.

ATP

CTP

GTP

UTP

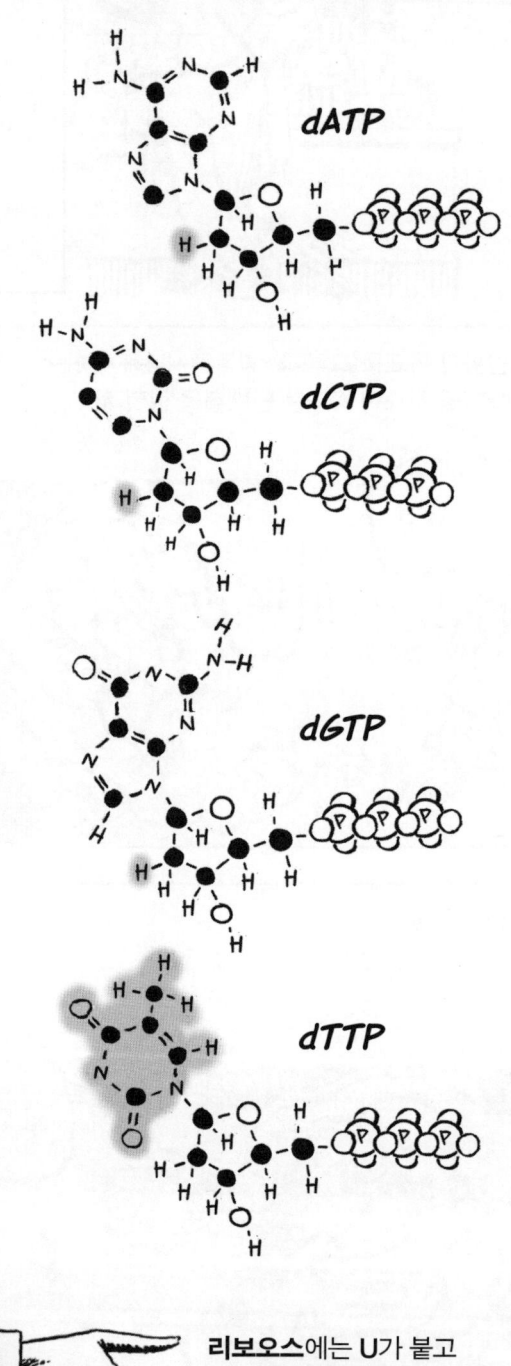

dATP

dCTP

dGTP

dTTP

리보오스에는 U가 붙고
디옥시리보오스에는 T가
붙는다는 걸 기억해!

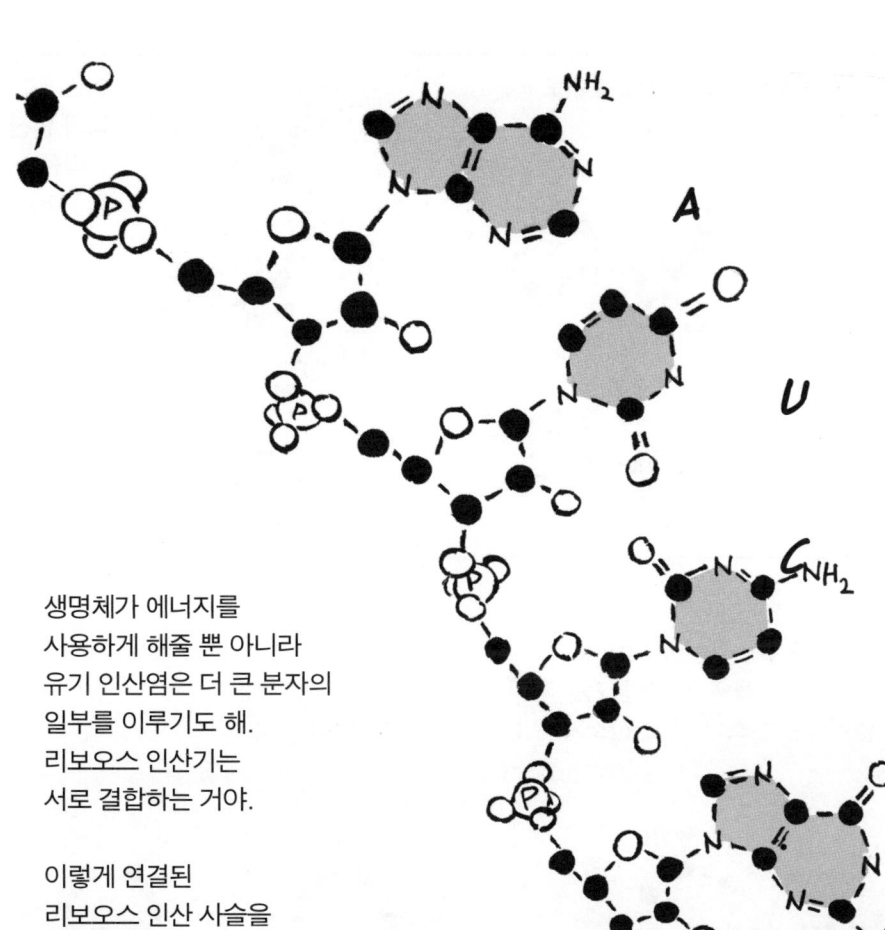

생명체가 에너지를
사용하게 해줄 뿐 아니라
유기 인산염은 더 큰 분자의
일부를 이루기도 해.
리보오스 인산기는
서로 결합하는 거야.

이렇게 연결된
리보오스 인산 사슬을
리보핵산,

RNA

라고 해.
염기-리보오스-일인산으로
이루어진 기본 단위체를
뉴클레오티드라고 불러.
(RNA를 세포소기관인 세포핵
안에서 처음 발견했기 때문이지)

염기서열이 옆에 붙어 있어서
RNA는 마치 암호로 된
메시지처럼 보이기도 하는데,
이제 곧 알게 되겠지만,
사실 염기서열은 정말로
암호로 쓴 **메시지**야!

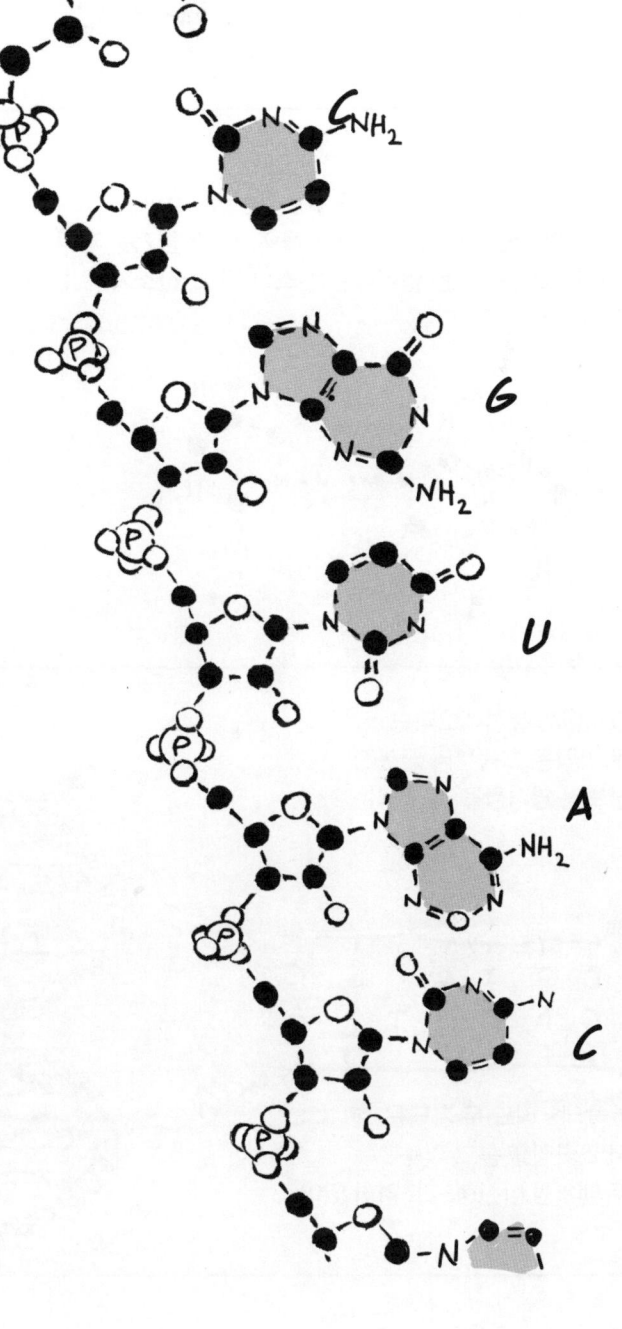

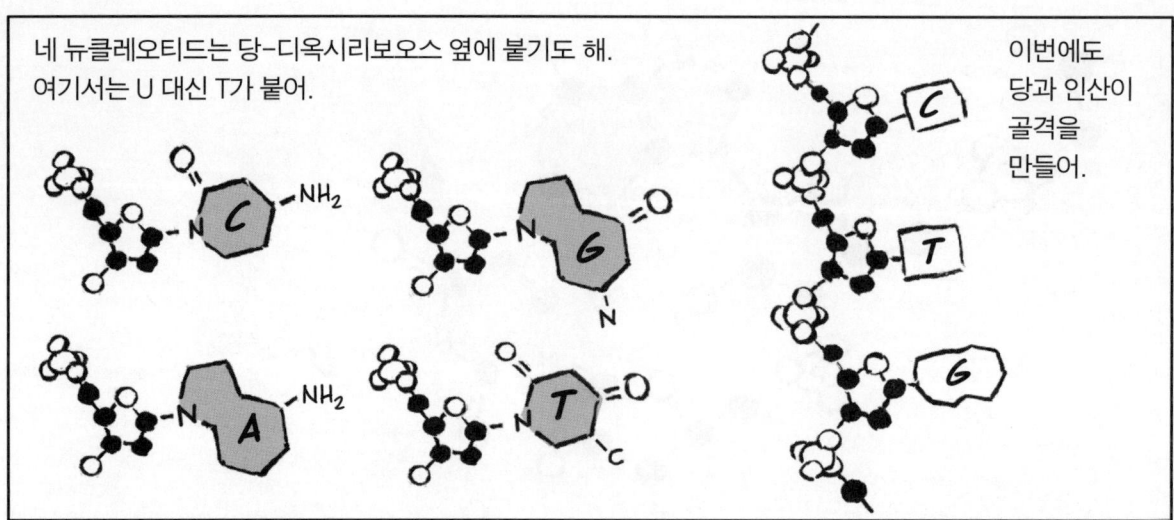

그런데 이번 골격은 독특한 점이 있어.
A, C, G, T 염기가 서로 **짝**을 짓는다는 것 말이야.
A는 **T**와 짝을 짓고 **G**는 **C**와 짝을 지어. 각 염기는 자신의 짝과 **상보적**이라고 해.
상보적 결합을 하는 염기들은 **수소**와 **질소**, **산소**가 수소결합으로 연결되어 있지.

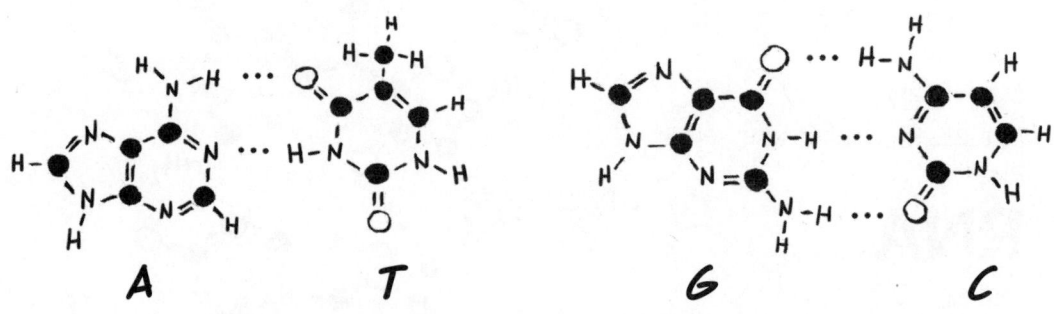

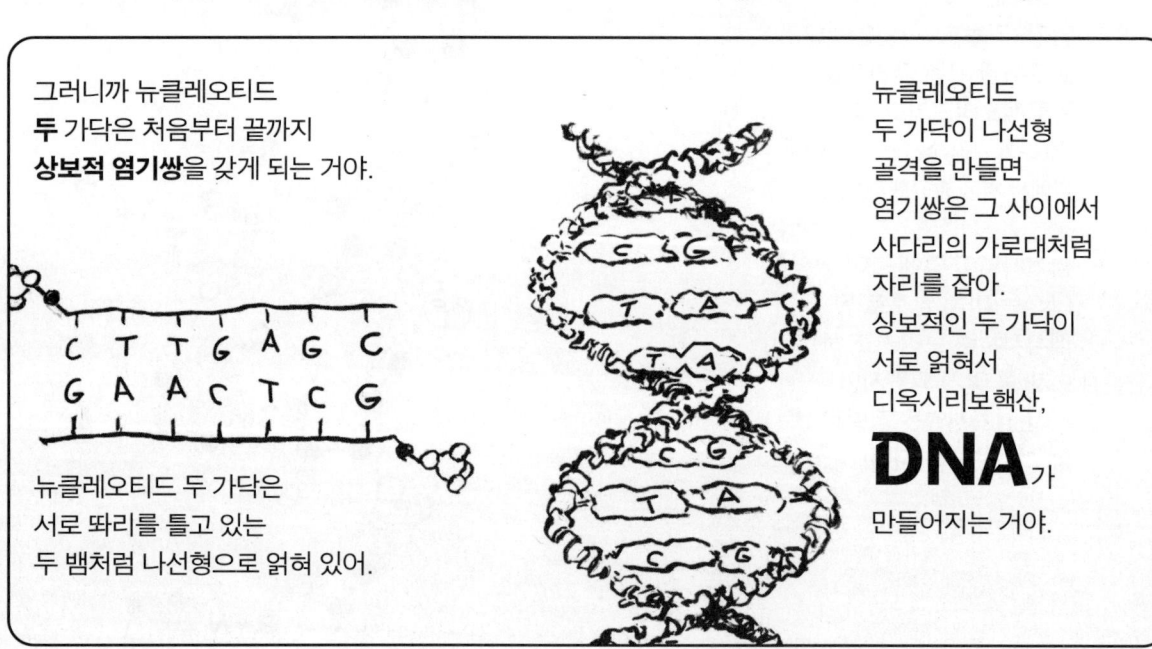

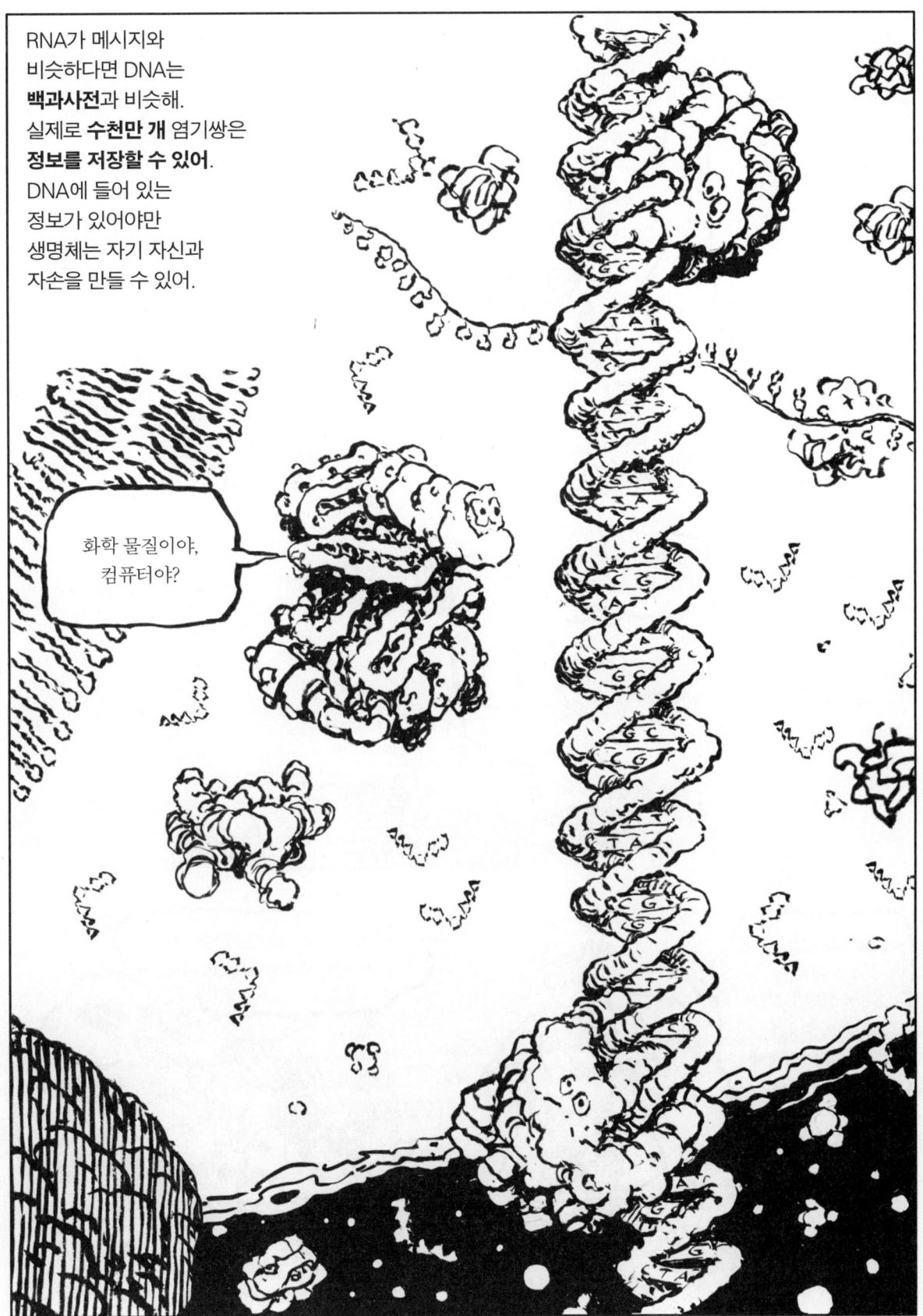

Chapter 4
세포 속으로

세포 안으로 들어가보자.

생명체의 화학은 세포 안에서 일어납니다. 모든 생명체는 모든 거대 분자의 활동이 얇고 질긴 보호막 안에서 일어나게 합니다.

유기화합물을 밀봉한 주머니라고 해서 모두 살아 있는 세포는 아닙니다. 정말로 살아 있으려면 상당히 조화롭게 협력해 일하는 기본 성분들이 들어 있어야 합니다.

4장에서는 살아 있는 세포들의 구조와 활동을 살펴보겠습니다.

생물학자들은
세포를 크게
두 종류로 나눠.
하나는 크고 복잡한
구조를 갖추고 있고
다른 하나는
단순하면서도 작아.

생물학자는 두 종류가 있어.
분류자와 실업자 말이야.

작고 단순한 세포는

원핵생물 이라고 해.

사람의 대장에 있는 대장균이(수십억 마리가 있어!)
대표적인 원핵생물이야.

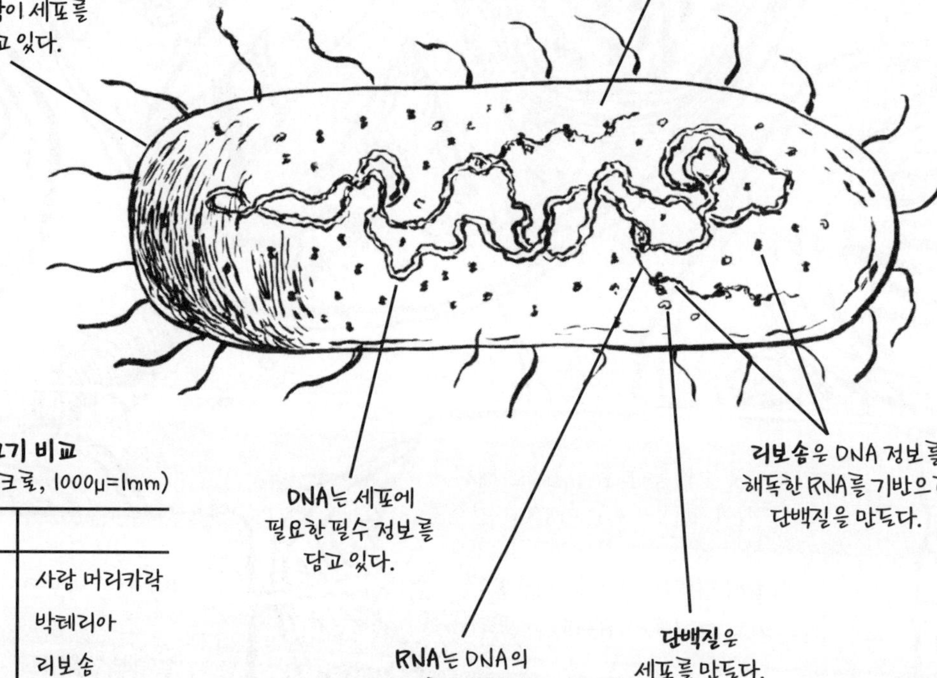

원형질막이 세포를
감싸고 있다.

단백질 같은 분자를 녹인
세포기질이라는 액체가
세포 안을 가득 채우고 있다.

DNA는 세포에
필요한 필수 정보를
담고 있다.

RNA는 DNA의
정보를 해독한다.

단백질은
세포를 만든다.

리보솜은 DNA 정보를
해독한 RNA를 기반으로
단백질을 만든다.

크기 비교
(단위: 마이크로, 1000μ=1mm)

지름	
~100	사람 머리카락
0.5 – 2	박테리아
0.02	리보솜
0.005 – 0.01	단백질
0.005	세포막 두께

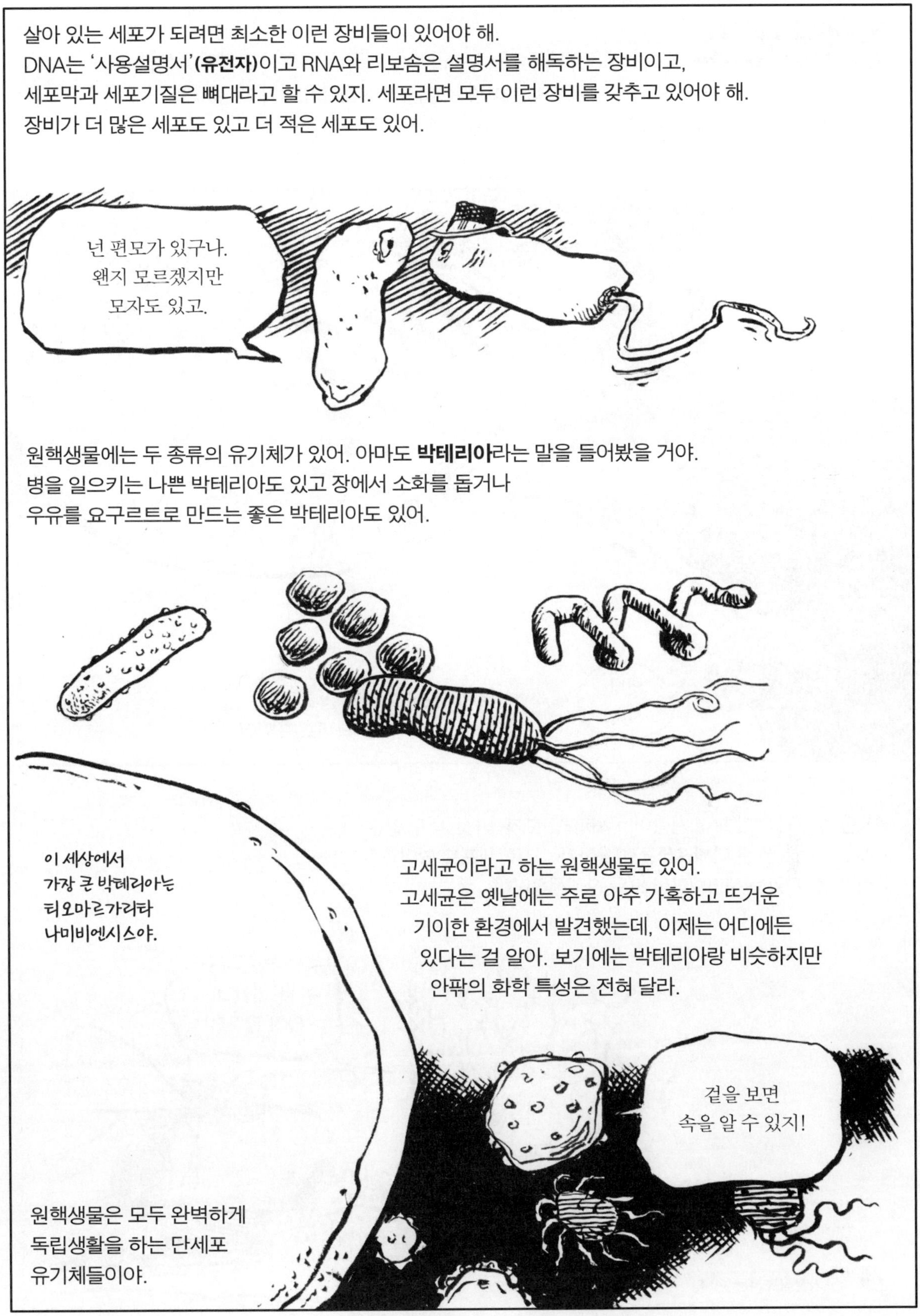

살아 있는 세포가 되려면 최소한 이런 장비들이 있어야 해.
DNA는 '사용설명서'(**유전자**)이고 RNA와 리보솜은 설명서를 해독하는 장비이고,
세포막과 세포기질은 뼈대라고 할 수 있지. 세포라면 모두 이런 장비를 갖추고 있어야 해.
장비가 더 많은 세포도 있고 더 적은 세포도 있어.

넌 편모가 있구나.
왠지 모르겠지만
모자도 있고.

원핵생물에는 두 종류의 유기체가 있어. 아마도 **박테리아**라는 말을 들어봤을 거야.
병을 일으키는 나쁜 박테리아도 있고 장에서 소화를 돕거나
우유를 요구르트로 만드는 좋은 박테리아도 있어.

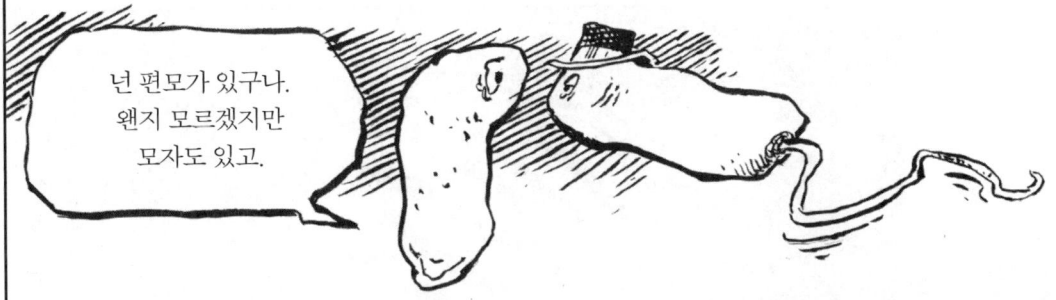

이 세상에서
가장 큰 박테리아는
티오마르가리타
나미비엔시스야.

고세균이라고 하는 원핵생물도 있어.
고세균은 옛날에는 주로 아주 가혹하고 뜨거운
기이한 환경에서 발견했는데, 이제는 어디에든
있다는 걸 알아. 보기에는 박테리아랑 비슷하지만
안팎의 화학 특성은 전혀 달라.

겉을 보면
속을 알 수 있지!

원핵생물은 모두 완벽하게
독립생활을 하는 단세포
유기체들이야.

진핵세포* 는 사촌인 원핵세포보다 100만 배는 더 커서 진핵세포 옆에 있으면 원핵세포는 거의 보이지도 않아. 진핵세포라는 이름이 붙은 건 **세포핵**이 있기 때문이야! 세포핵이라는 둥근 **세포소기관**에는 자체 핵막이 있고, 세포의 DNA가 들어 있어.

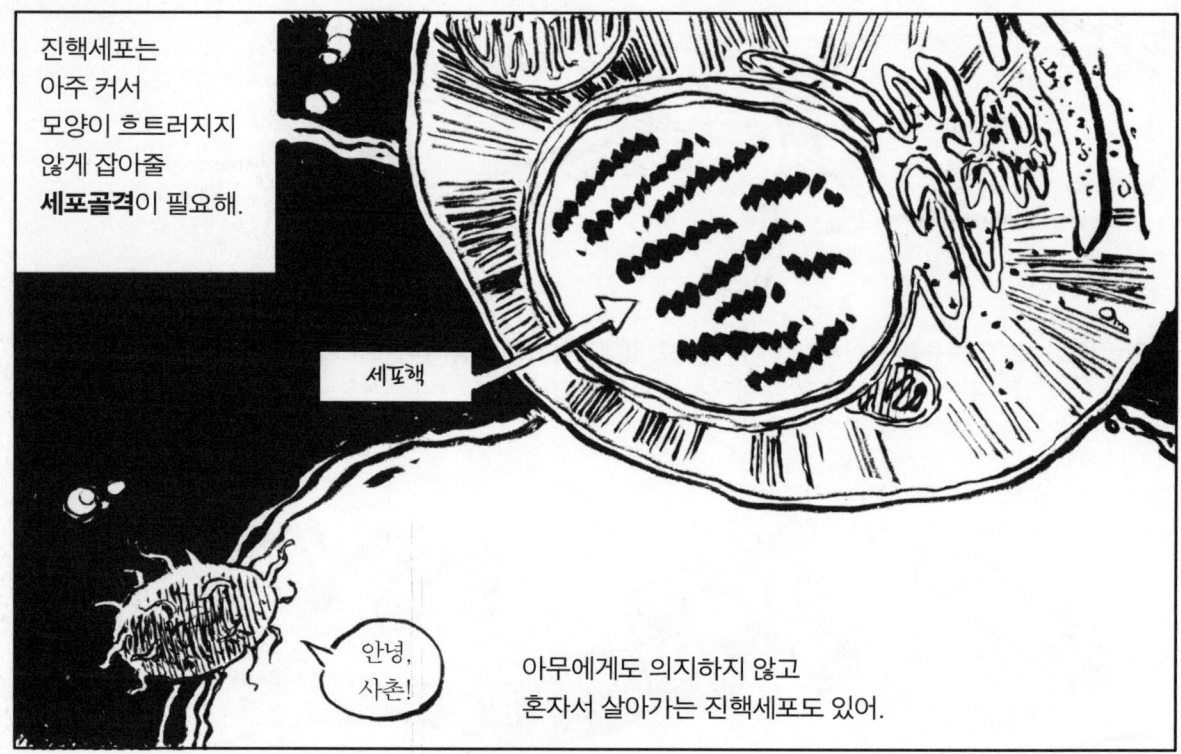

하지만 수십억 개가 모여 사람이나 해파리, 모기, 버섯, 나무 같은 눈에 보이는 수많은 **다세포생물**로 살아가는 진핵세포도 있어. 우리가 볼 수 있는 생명체라면 모두 진핵생물이야.

* 진짜 핵을 가진 세포라는 뜻이다.

진핵세포는 모양과 크기가 정말로 어마어마하게 다양해. 단일 유기체 안에서도 마찬가지야. 이게 모두 사람 세포라고!

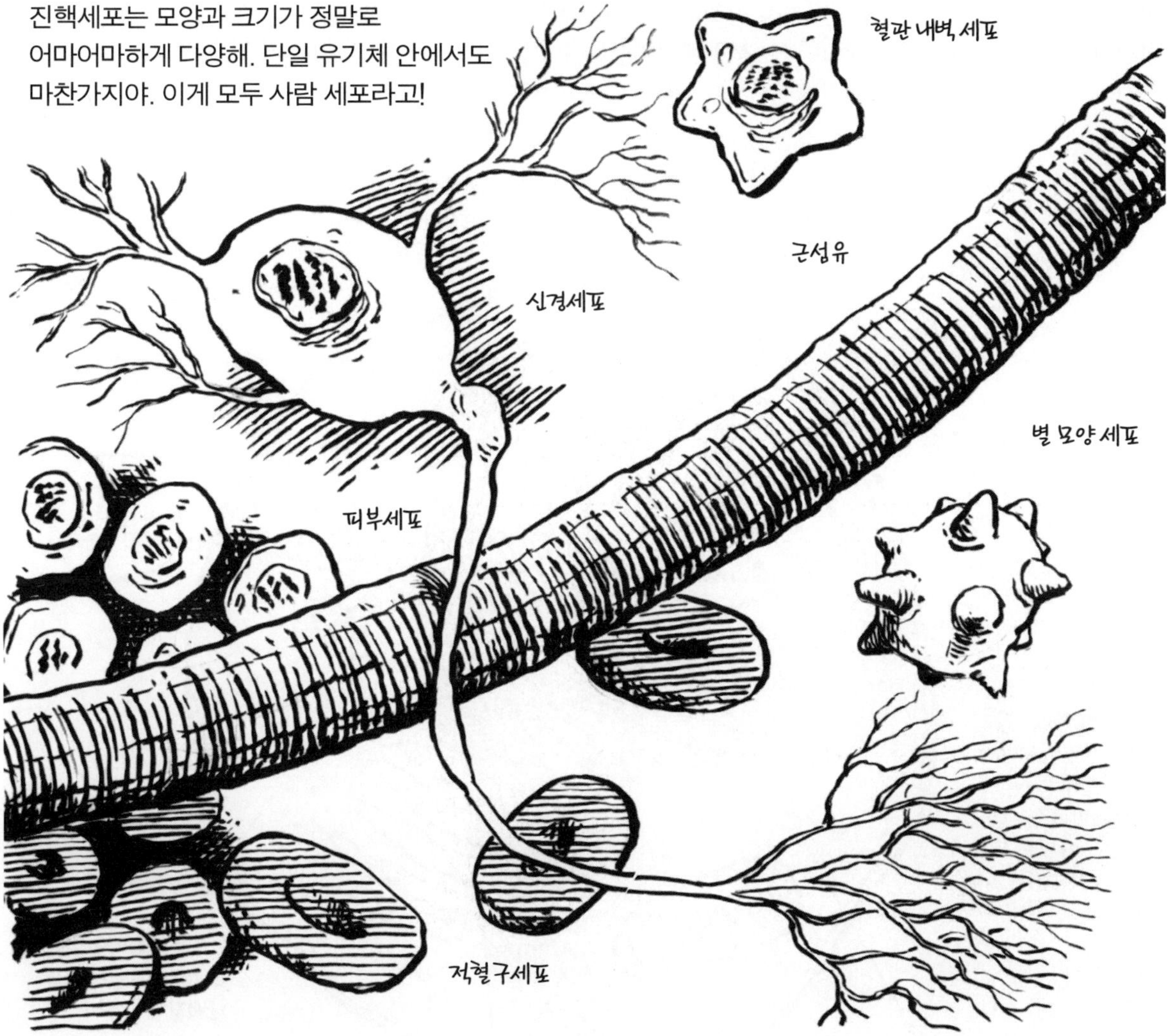

혈관 내벽 세포

근섬유

신경세포

별 모양 세포

피부세포

적혈구세포

모양은 모두 달라도 사람의 세포는 모두 동그랗게 생긴 단 한 개의 세포에서 분화된 거야.
수정란 말이야! 수정란이 계속해서 분열하고 또 분열하고 분열하면, 증증증……
증손자 대에서 아주 독특한 모양과 기능을 가진 세포가 탄생하는 거야.

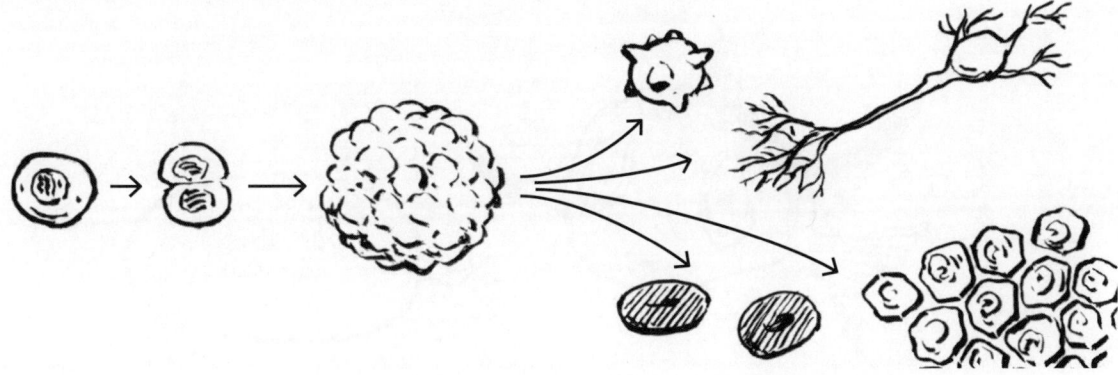

49

진핵세포는 너무나도 다양해서 '이것이 진핵세포다'라고 할 수 있는 특징은 없어.
하지만 진핵세포라면 모두 갖추고 있는 특징은 있지.
(아래 그림은 되도록 3차원으로 상상해줘!)

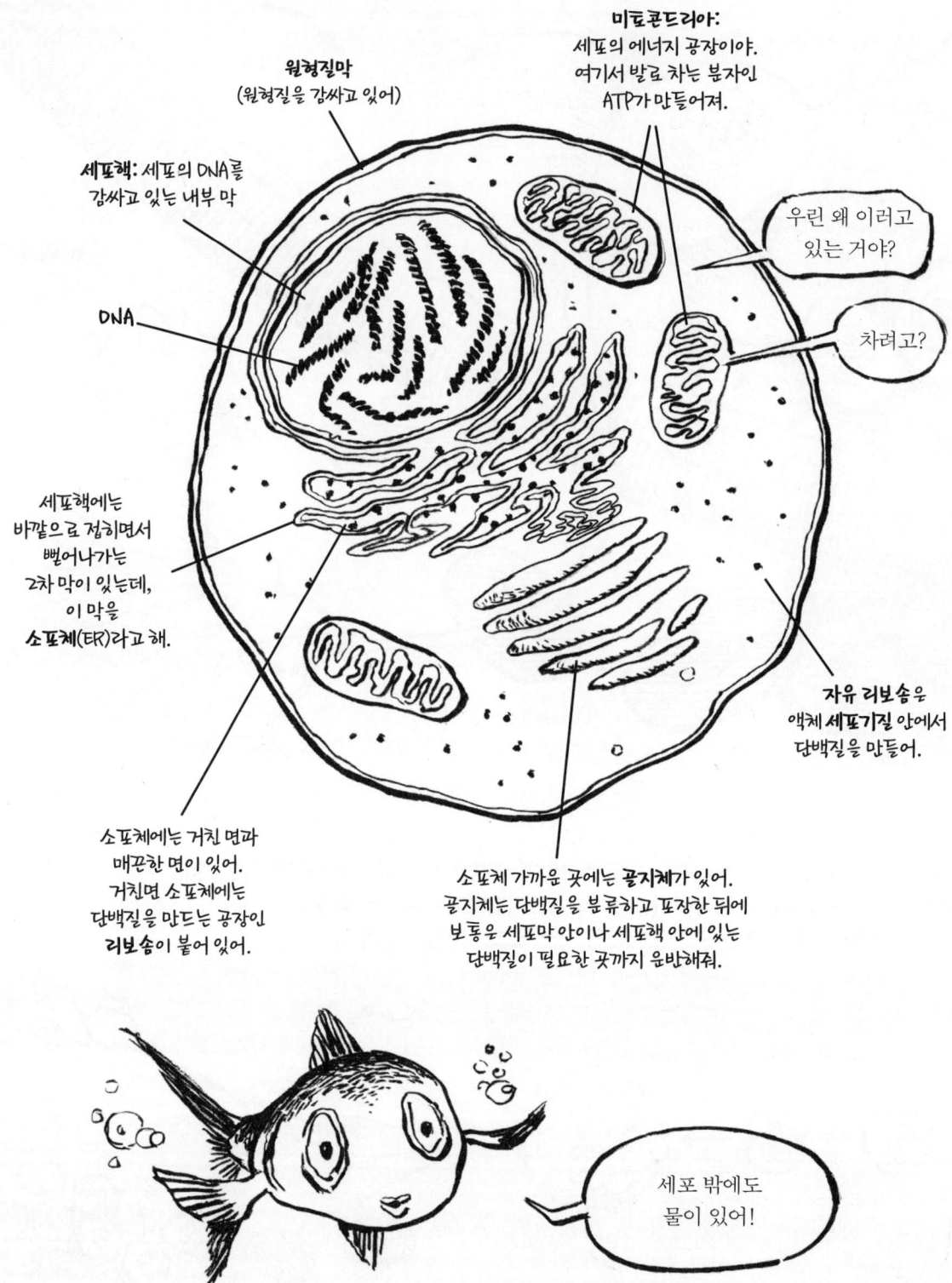

태어났을 때부터 죽을 때까지 사람의 생명 파트너인 **식물**은 맡고 있는 특별한 역할과
독특한 어려움 때문에 동물보다 몇 가지 세포소기관이 더 있어.

일단 식물은
동물과 달리 움직이지
못하니 물을 찾아가
마실 수가 없잖아.
물은 식물에게는
큰 문제야.

그래서 식물 세포는 세포막과 외부 사이에 세포벽을 만들었어.
섬유소 같은 다당류로 만들어진 세포벽은 조금 단단해.

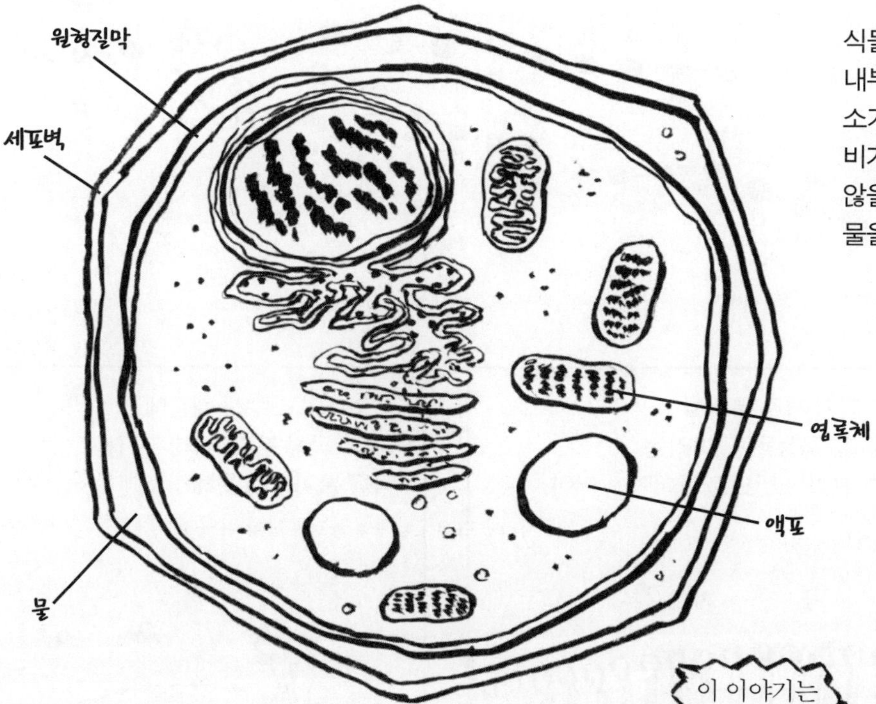

식물 세포의
내부에는 **액포**라는
소기관이 있어.
비가 오래 오지
않을 때를 대비해서
물을 넣어두는 곳이야.

식물에게는 특별한 능력도 있어.
공기를 먹는 능력 말이야. 좀 더 정확하게 말하자면
식물은 **이산화탄소** 기체를 흡수해서 포도당 연료를 만들 수 있어.
이런 능력을 발휘하는 세포소기관은 아주 밝은 녹색인 **엽록체**야.

51

앞쪽에서 단백질이라는 단어를 여러 번 보았을 거야. 세포는 단백질을 만들고 단백질을 운반하고 단백질을 사용해. 도대체 세포는 단백질을 어디에 쓰는 걸까?

거의 모든 것에?

먼저 원형질막부터 살펴보자. 원형질막의 구성성분은 대부분 지방이야. 물에 녹지 않는 지질이지. 그런데 지질의 머리 부분에는 극성을 띤 인산염이 하나 있어. 그 때문에 **인지질**은 친수성과 소수성인 부분을 모두 갖게 됐지.

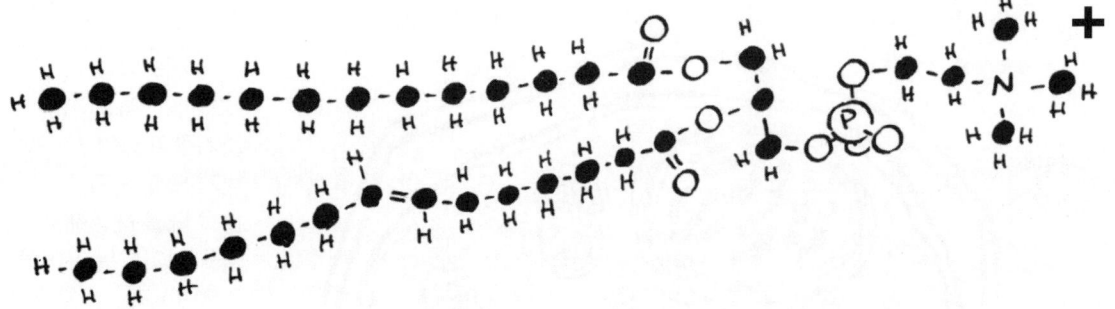

인지질이 물에 들어가면 서로 뭉쳐서 **이중층**을 형성하게 돼. 극성을 띤 머리는 물을 향하고 지방인 꼬리는 안으로 들어가는 거야.

이중층의 소수성 때문에 이온, 극성 분자, 거대 분자는 막을 통과하지 못해.

이중층 주위에는 많은 단백질이 떠다녀.
이 단백질들은 다른 세포에 달라붙거나 화학 신호를 감지하거나
여러 물질을 세포의 안과 밖으로 운반하는 등,
저마다 특별한 역할이 있어.

막단백질은 **항상성**을 유지하는 세포의 화학 반응을 적극적으로 조절해 생명체에게 가장 적당한 안정적이지만 역동적인 내부 상태를 만들어.

세포막은 **세포의 내부와 바깥쪽의 화학 환경을 다르게 조성하는 방법**으로 항상성을 유지해.
예를 들어 나트륨 이온과 칼슘 이온은 세포막 바깥쪽에 더 많고 칼륨 이온은 세포막 안쪽에 더 많은 식으로 말이야.

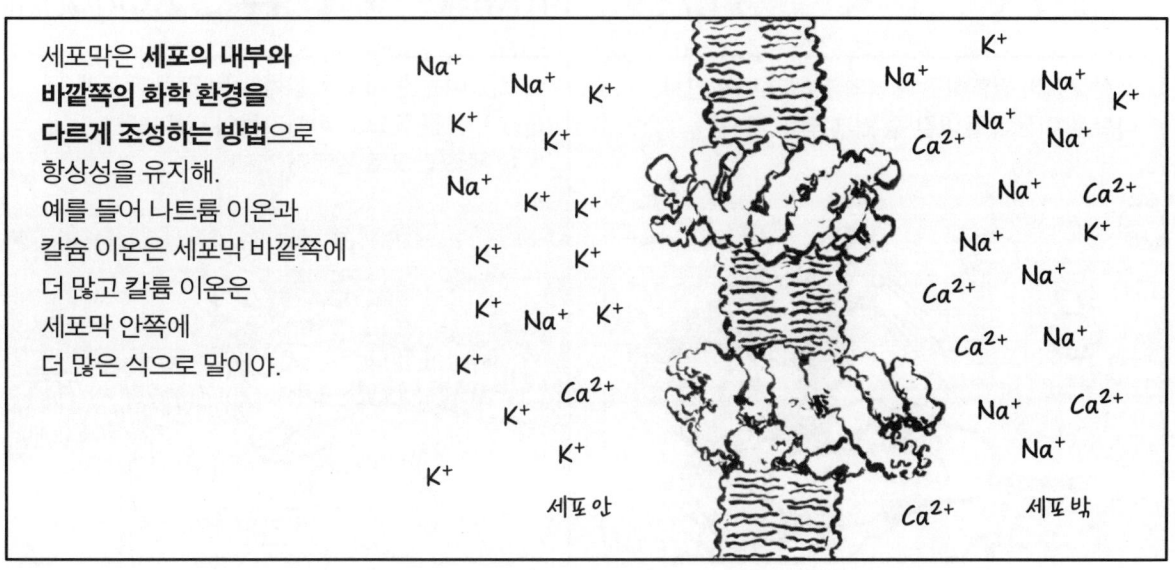

채널과 펌프

파이프처럼 작용해 단 **한 종류**의 분자나 이온에만 열리는 막단백질도 있어. 예를 들어 **아쿠아포린**은 물을, 오직 물만을 세포막의 안과 밖으로 흐르게 해.

그와 달리 **이온 채널**은 마개나 **뚜껑**이 있고 일반적으로 닫혀 있어.

예를 들어 **나트륨 채널**은 특별한 결합물질(리간드)이 막단백질을 붙잡고 있어야지만 열려. 이런 채널을 **결합물질의존성** 채널이라고 해.

결합물질이 결합하면 채널의 형태가 바뀌면서 나트륨 이온이 들어갈 수 있게 되는 거지.

나트륨 이온은 세포 바깥쪽에 더 많기 때문에 물감이 묽은 쪽으로 퍼져가듯이 나트륨은 항상 세포 **안으로** 들어가.

나트륨-칼륨 펌프

수채물감이 물에 퍼지지 않는 건 불가능해. 나트륨 이온이 저절로 세포 밖으로 나가는 것도 그만큼 불가능해!
나트륨 이온을 세포 밖으로 내보내려면 농도차를 뛰어넘을 방법이 필요해.
이때 펌프가 나서는 거야.

나트륨-칼륨 펌프는 칼륨 이온, 나트륨 이온, 인산 이온이 결합하는 부위가 있는 막단백질이야. 세포 안쪽에 나트륨 이온이 세 개 붙어 있지.

ATP가 펌프를 차는 순간 인산 이온이 단백질에 달라붙어.

깜짝 놀란 펌프는 모양을 바꾸면서 나트륨 이온 세 개를 세포 밖으로 내던져버려. 이때 펌프 바깥쪽에는 칼륨 이온 두 개가 달라붙어.

인산 이온이 떨어져나가면 펌프는 다시 안정을 찾으면서 칼륨 이온을 세포 안으로 들여보내.

나트륨 이온 세 개가 밖으로 나가고 칼륨 이온 두 개가 안으로 들어오니까 세포막의 안과 밖에는 **전위차**가 생겨.

세포막이 물질을 이동시킬 때는 **능동수송**이라고 하고 농도차에 의한 확산이 일어날 때는 수동수송이라고 해. 아쿠아포린과 나트륨 채널은 **수동수송**이고 펌프는 능동수송이지.

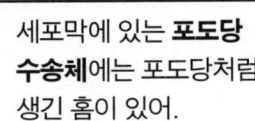
두 가지 예를 더 살펴볼게.

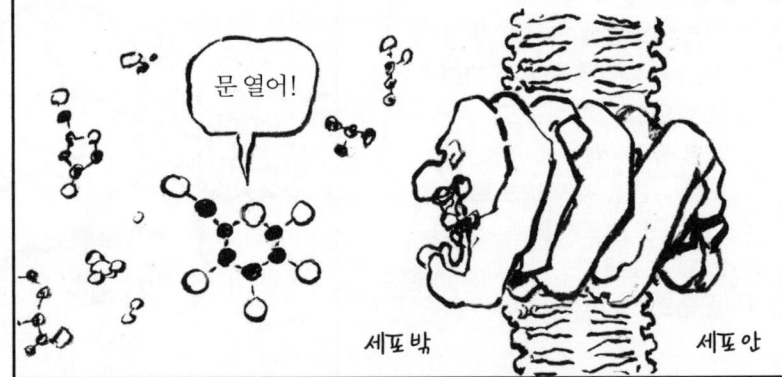
세포는 거의 모두 **포도당**을 연료로 사용하는데, 포도당은 아주 거대한 분자라서 포도당 채널을 열면 들어가면 안 되는 작은 물질까지 세포 안으로 들어갈 수 있어.

문 열어!

세포 밖 　　　 세포 안

세포막에 있는 **포도당 수송체**에는 포도당처럼 생긴 홈이 있어.

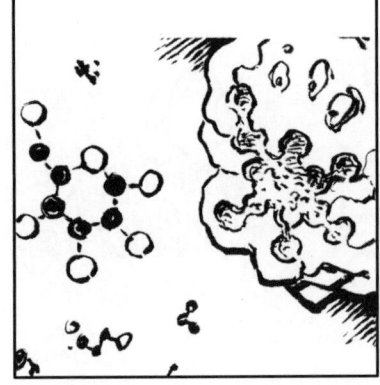

포도당이 수송체에 달라붙으면 포도당 수송체의 모양이 변해. (어떻게 변하는지 알겠어?)

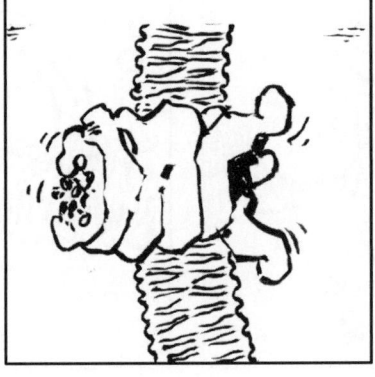

포도당 수용체는 포도당을, 오직 포도당만을 세포기질 안으로 떨어뜨려.

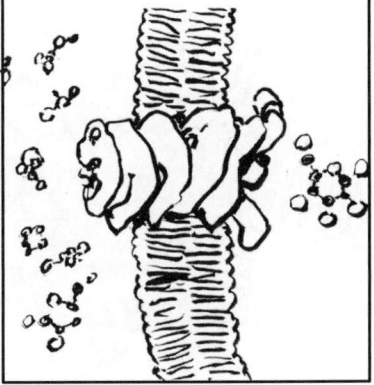

포도당이 세포 안으로 들어오면 재빨리 ATP가 다가와 인산 이온을 붙이지.

인산기가 붙은 포도당은 다시 수용체에 달라붙지 못하기 때문에 세포 안에 갇혀.

난리 통으로 잘 왔구먼, 포도당!

포도당은 보통 안쪽으로만 이동해. 이런 수동적인 과정을 **촉진확산**이라고 해.

뭔가 으스스한 소리가 들려.

세포내흡수와 **세포외배출**은 아주 적극적인 능동수송 과정이야. 각각 '세포 안으로'와 '세포 밖으로'라는 뜻이지.

세포내흡수 과정은 ATP가 일꾼 단백질을 차면 원형질막 일부가 세포 안으로 접혀 들어가면서 시작해.

이때 세포막 외부에 붙어 있던 물질들은 모두 세포막 주머니**(소낭)** 안으로 들어가.

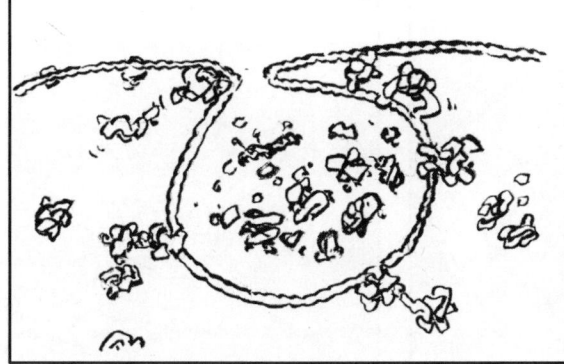

소낭은 세포막에서 떨어져나와 세포 안으로 들어가지.

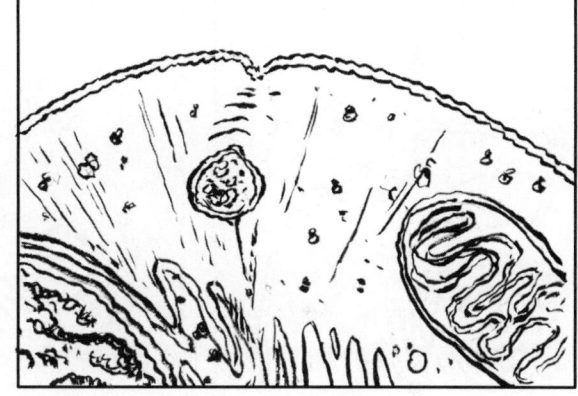

세포 안으로 깊숙이 들어가면 소낭의 막이 터지면서 안에 있는 물질이 밖으로 나와.

세포외배출 과정은 그와는 반대야. 세포 안에서 만들어진 소낭이 원형질막과 합쳐진 다음에 들고 있던 물질을 밖으로 내보내는 과정이지.

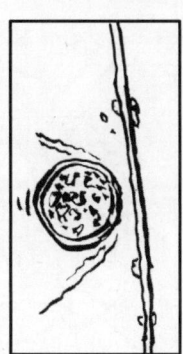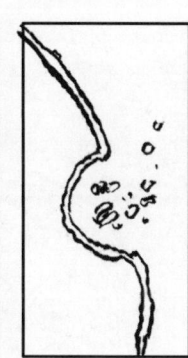

안팎으로 이동하는 모든 것들이 **물**의 흐름이라는 또 다른 힘든 일을 만들어.

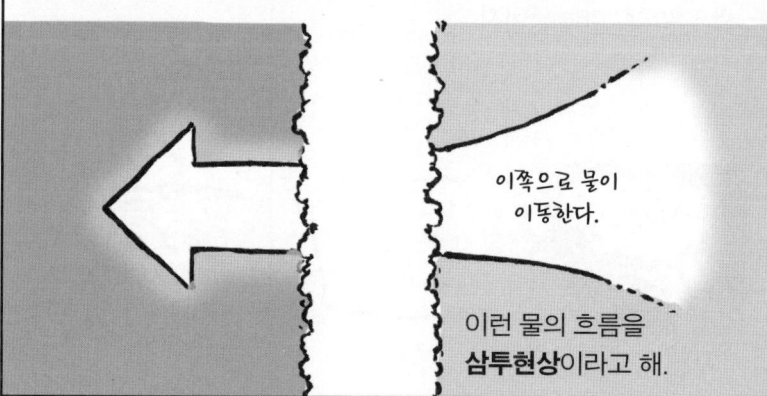
세포막의 한쪽에 녹아 있는 물질의 농도가 다른 쪽보다 더 높다면 농도가 더 높은 쪽으로 물이 이동해.

이쪽으로 물이 이동한다.

이런 물의 흐름을 **삼투현상**이라고 해.

여기에 문제가 있어. 세포외배출은 세포막을 새로 만들기 때문에 세포가 커져.

새로운 세포막

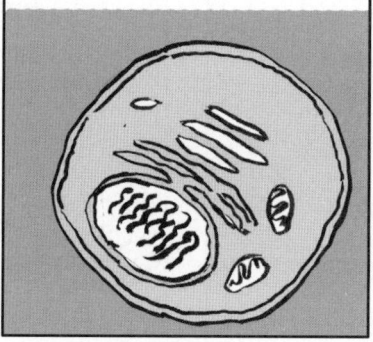
이제는 세포 내부의 농도가 낮아졌어. 부피는 커졌는데 물질은 적어진 거지.

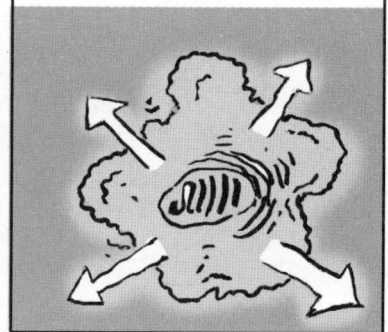
이때는 물이 세포막 밖으로 나가면서 세포가 쪼글쪼글해져. 이런 현상을 **저장성**이라고 해.

그와 반대로 세포내흡수는 세포막의 일부를 떼어내기 때문에 세포는 작아지고 더 조밀해져.

떨어진 세포막

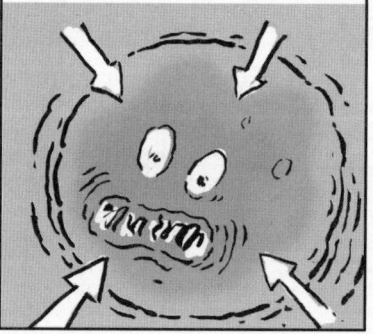
그러면 세포막 안으로 물이 밀려 들어와 세포가 터져버려. 이런 현상을 **고장성**이라고 해.

하지만 세포는 이 상황을 감당할 수 있어. 세포는 개별 화학 물질의 양을 조절할 뿐 아니라 세포 내 농도도 조절하니까.

난 삼투압의 귀재라고!

세포 안으로 들어온 분자들은 분해되어 새로운 분자로 재조립돼. 한 반응으로 생성된 분자는 다른 반응을 시작하는 물질이 되는 거야. 이렇게 복잡한 화학망을 세포의

물질대사

라고 해.

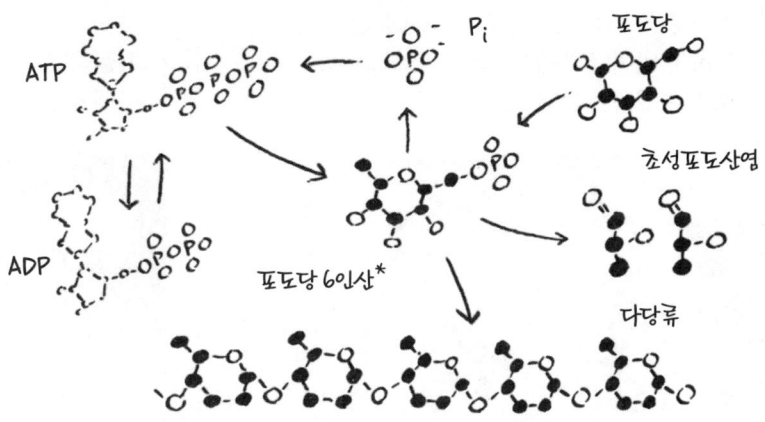

* 6이라는 숫자는 포도당의 6번 탄소에 인산기가 붙어 있다는 뜻이다.

우리 몸이 먹은 음식을 분해하는 것처럼 세포도 새로 도착한 거대 분자를 작게 분해해. 큰 물질을 작은 물질로 분해하는 작용을 **이화작용**이라고 해.

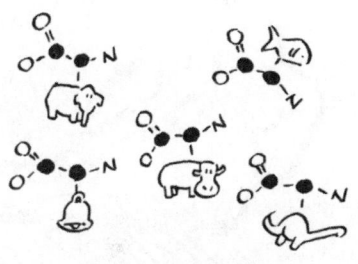

우리가 먹은 단백질은 아미노산으로 분해돼.

세포는 작은 물질로 큰 분자도 만들어. 이런 작용을 **동화작용**이라고 해.

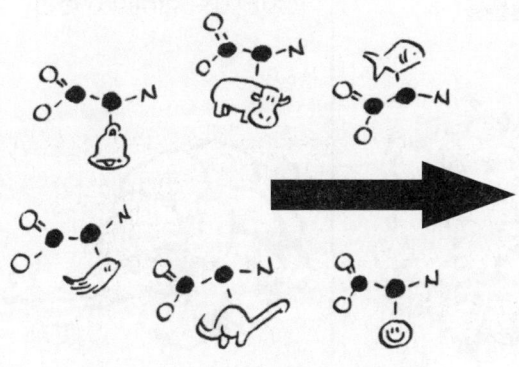

아미노산은 새로운 단백질을 만들어.

놀라운 건 사실상 모든 대사 작용에는 작용이 일어나게 돕는 특별한 단백질인 **효소**가 있다는 거야.

예를 들어 이 단백질은 효소의 **기질**이라고 부르는 특정 단백질이 분해되는 걸 도와.

기질이 달라붙으면 효소는 모양을 바꾸고 작은 기질 분자를 조각내버려.

조각난 분자가 떠나버리면 효소는 다시 원래 모양으로 돌아가서 또 다른 기질 분자가 오기를 기다려.

동화작용을 하는 효소에는 기질이 달라붙는 부위가 여러 개 있어.

기질들이 달라붙으면 ATP가 와서 효소를 뻥 차. 그러면 효소는 기질들을 한데 뭉치지.

효소는 모두 중요해. 효소가 없으면 물질대사는 일어나지 않아.

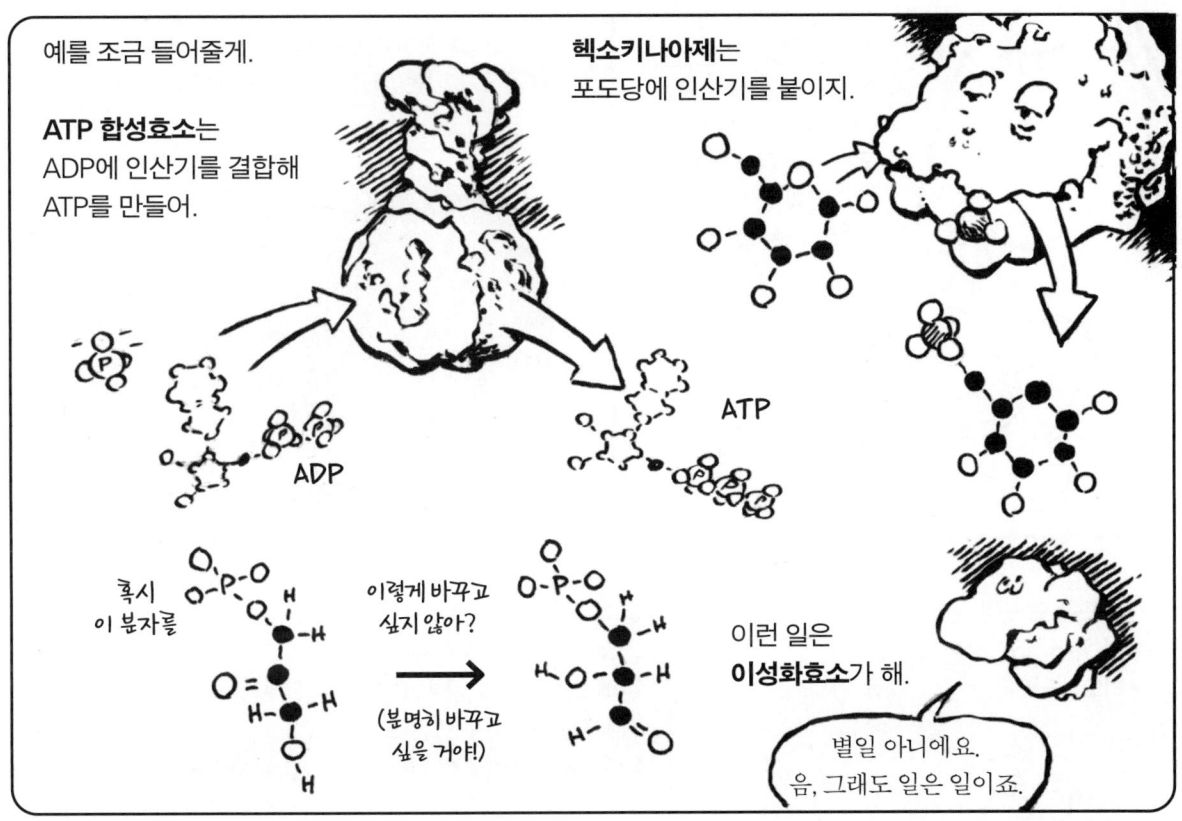

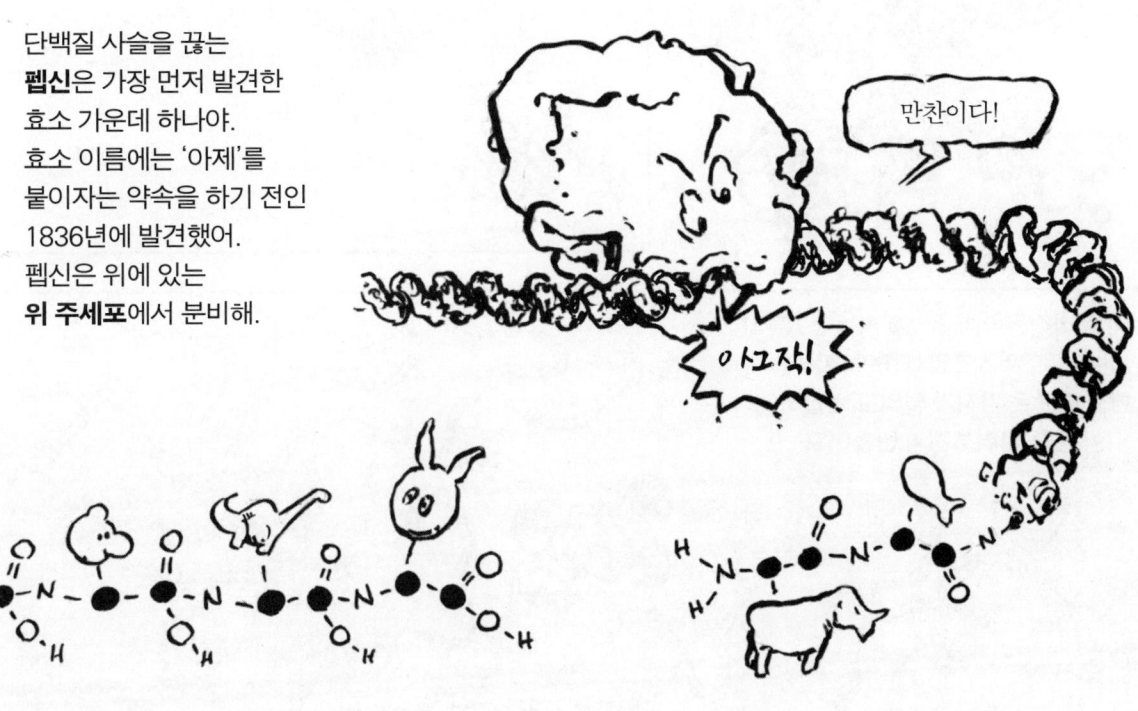

사람의 몸은 포도당을 태워서 물질대사를 해. 포도당을 태운다는 건 포도당과 산소가 결합한다는 뜻이야.

산소는 그 즉시 사용하지만 너무 많아서 남은 포도당은 나중에 쓰려고 간으로 보내.

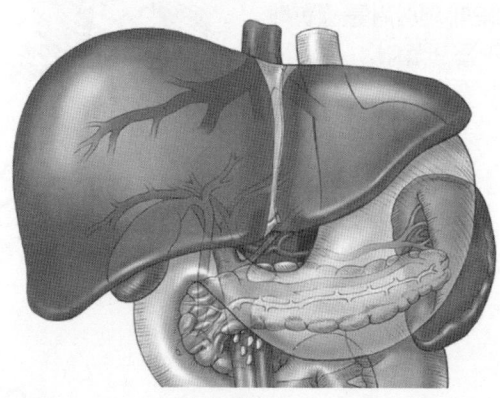

간세포는 포도당 두 분자를 한데 묶어 짧은 사슬을 만드는 **글리코게닌**이라는 단백질을 만들어.

글리코겐 합성효소는 짧은 사슬을 연결해 아주 긴 사슬을 만들어.
갈래효소는 포도당 사슬 옆에 짧은 사슬을 가지처럼 붙일 수 있는 효소야.
이 가지도 글리코겐 합성효소가 늘릴 수 있어.

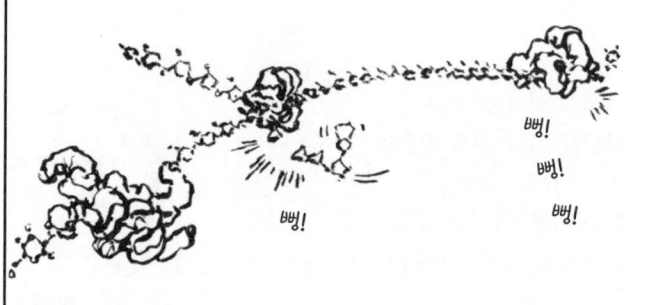

이 동화작용(이때 효소를 차는 건 ATP가 아니라 ATP의 사촌인 **UTP**야. 40쪽을 참고해)으로 가지가 달리고 복잡하게 얽힌 둥근 **글리코겐**이 만들어져.

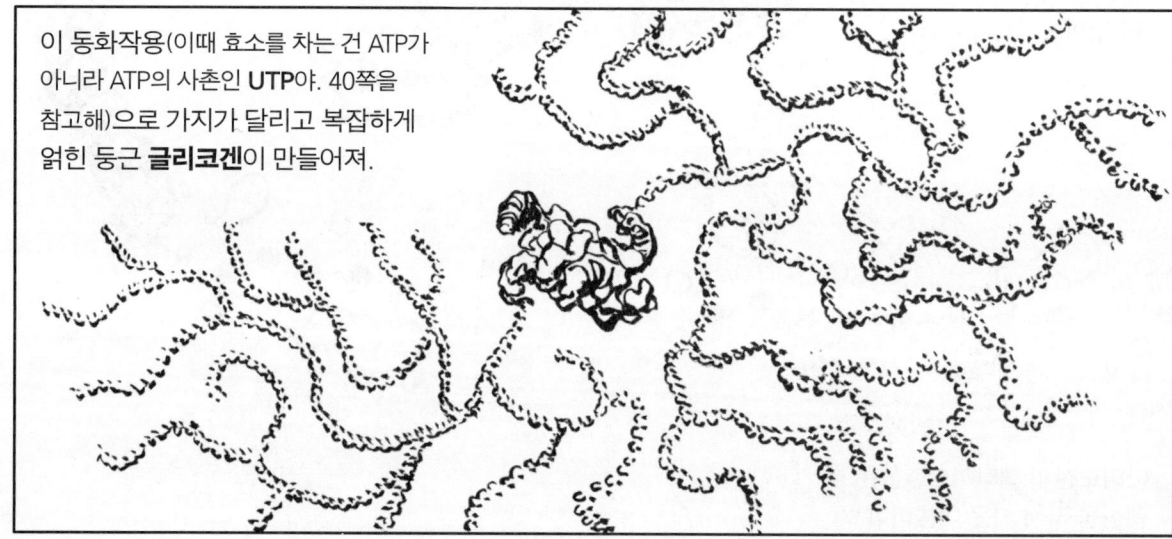

우리 몸은 글리코겐에 저장한 포도당을 사용할 수 있어. **글리코겐인산분해효소, 포스포글루코뮤타제, 글리코겐가지절단효소**는 글리코겐에서 포도당 단위체를 잘라내. 잘린 포도당 단위체는 간에서 나와 혈관으로 들어가.

혈액은 적혈구에 많이 들어 있는 **헤모글로빈**에 붙이는 방법으로 **산소**도 운반해. 헤모글로빈은 네 부분으로 이루어져 있어.

각 부분에는 철이 들어 있어 산소 분자와 결합하는 **헴**이 있어(산화철은 붉은색이야. 산소를 운반하는 헤모글로빈이 붉은 건 그 때문이지).

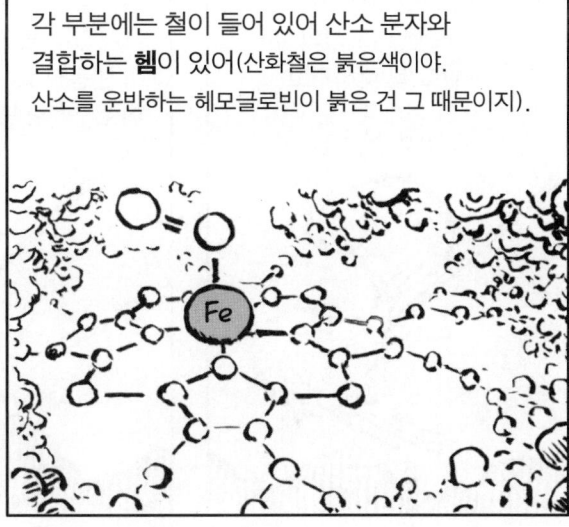

혈액은 산소와 당이 필요한 배고픈 세포에게 산소와 당을 운반해줘.

포도당 산화에 관해서는 6장에서 살펴볼 거야. 지금은 세포가 에너지를 **실제 운동**으로 바꾸는 방법을 살펴볼 거야.

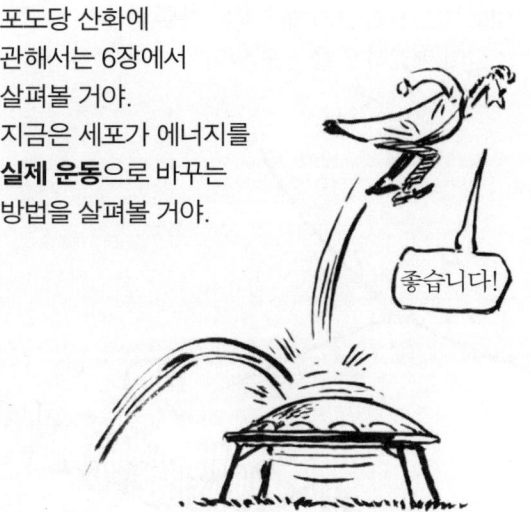

먼저 걷는 단백질*이라고 하는 경이로운 미오신을 만나보자. **미오신**의 머리는 **미세소관**이라고 하는 긴 단백질 폴리머의 홈에 놓여 있고 꼬리는 밖으로 뻗어 있어.

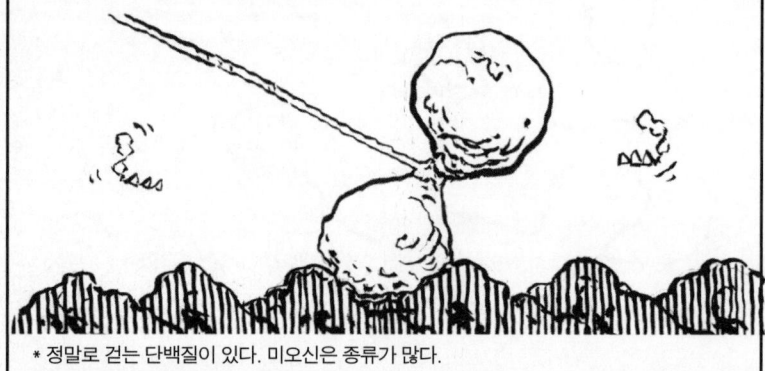

* 정말로 걷는 단백질이 있다. 미오신은 종류가 많다.

미오신의 머리에 ATP가 붙으면 미오신은 미세소관에서 떨어져나와.

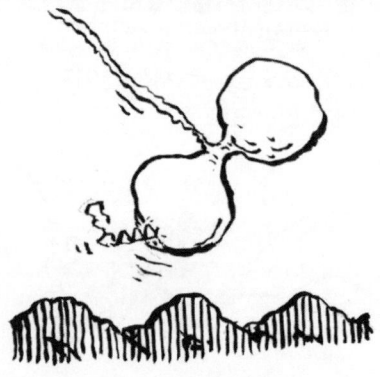

ATP에서 인산기가 하나 떨어져나오면 미오신의 머리가 위로 홱 젖혀지고……

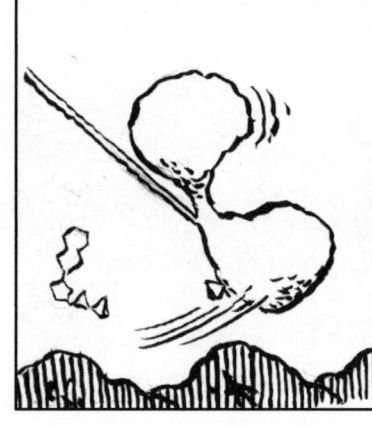

다시 머리가 빠른 속도로 제자리로 돌아오면서 그 반동으로 인산기가 미오신에서 떨어져나가고,

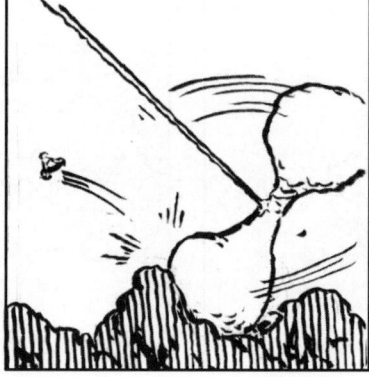

미오신은 다른 홈으로 이동하게 돼.

"다시 부딪치러 가자!"

이때 미오신의 꼬리에는 짐을 가득 실은 소낭이 매달려 있을 수도 있어.

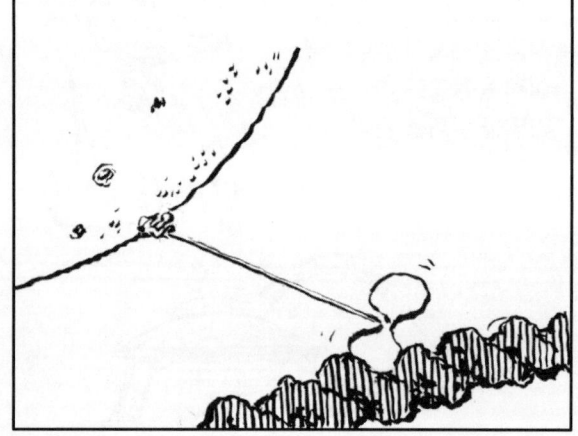

아주 작은 미오신 하나가 커다란 짐을 들고 세포를 가로질러 가는 거지.

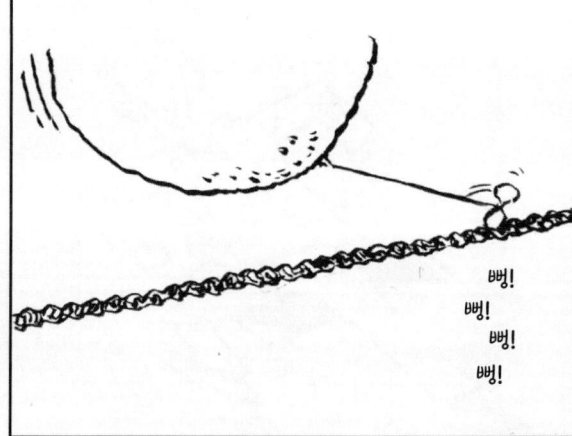

뻥!
뻥!
뻥!
뻥!

근육에는 **액틴**이라고 하는 단백질로 만들어진 근섬유가 있는데 그 위에는 미오신이 아주 많아. 액틴과 미오신은 양끝이 판처럼 생긴 구조물에 달라붙어 있고 자신과 똑같이 생긴 다른 액틴-미오신 결합을 보는 방식으로 배열되어 있어.

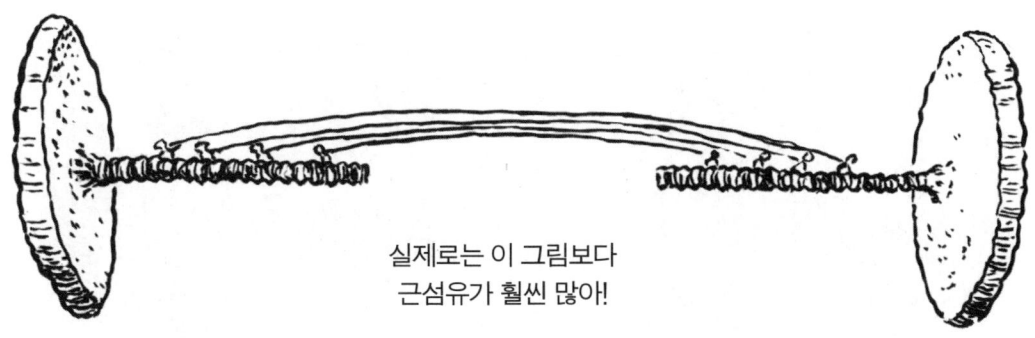

실제로는 이 그림보다 근섬유가 훨씬 많아!

미오신의 꼬리들은 서로 꼬여서 아주 두꺼운 끈을 만들기 때문에 근섬유의 미오신은 움직이지 않아. 그 대신에 미오신들이 서로를 강하게 잡아당기면서 **액틴이 움직이는** 거야. 양쪽에 있는 두 판도 액틴과 함께 움직여서 근육은 **수축하게** 돼.

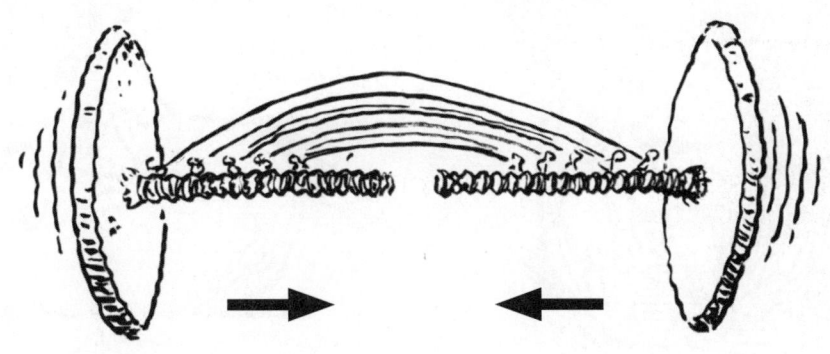

근육을 쓰면 근육이 한 방향으로 수축하는 걸 볼 수 있어.

이두박근과 눈썹을 올리는 근육을 비롯해 우리 몸의 모든 근육은 같은 방식으로 움직여.

나의, 오, 미오신이여!

Chapter 5
에너지

전혀 그렇지 않은 것 같은 기분이 들 때도 우리에게는 에너지가 있어.

과학에서는 에너지와 일이 같아. **일**은 **힘**을 주어서 일정 **거리**만큼 이동한 거야.
코뿔소가 선로 위에 있는 짐차를 밀어서 이동하면 **역학적 에너지**가 증가해.

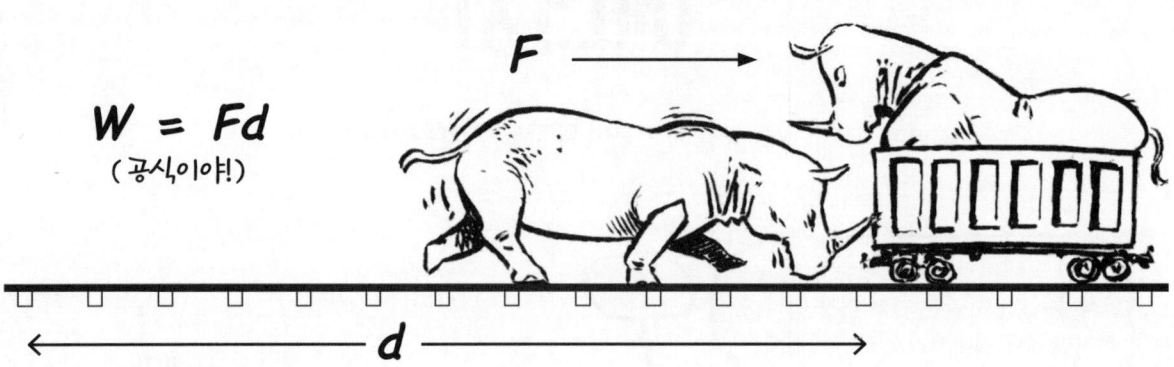

$W = Fd$
(공식이야!)

이제 짐차를 밀던 코뿔소가 갑자기
선다고 생각해봐(선로는 마찰이 없다).
짐차는 **계속** 일정한 속도로 **굴러갈** 거야.
짐차와 짐이 **운동에너지**를 갖게 된 거지.

$K.E. = \frac{1}{2}mv^2$

짐차를 미는 코뿔소의 일이 짐차에
에너지를 공급해서 **운동**에너지라는
새로운 에너지가 생긴 거야.

이해가 되니?

에너지를 이해할 때는 **이동**과 **변화**를 제대로 이해해야 해.
에너지는 움직이면서 모양을 바꿔.

징 징 징

살려줘요!

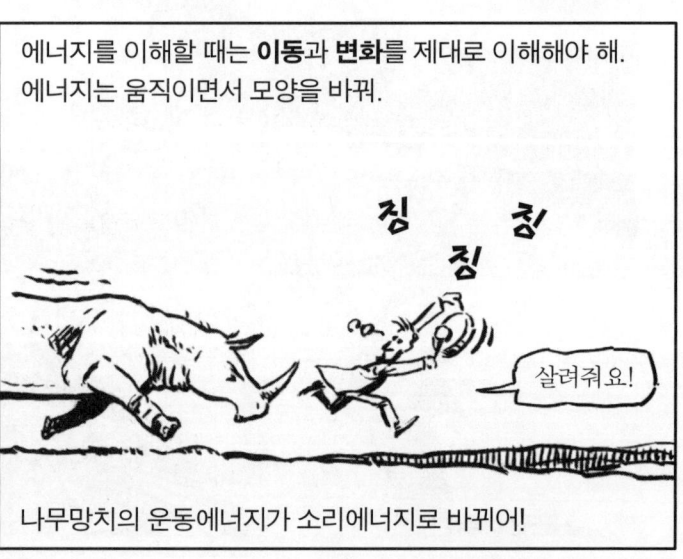

나무망치의 운동에너지가 소리에너지로 바뀌어!

변화를 조금 더 살펴보자. 두 물체를 서로 문지르면 따뜻해져. 두 물체의 운동에너지가 **열에너지**로 바뀌는 거야.

이유: 움직이는 분자의 **운동에너지**는 온도를 측정해서 알아내. 물체를 문지르면 분자에 힘이 가해지면서 분자가 더 빨리 움직이게 돼.

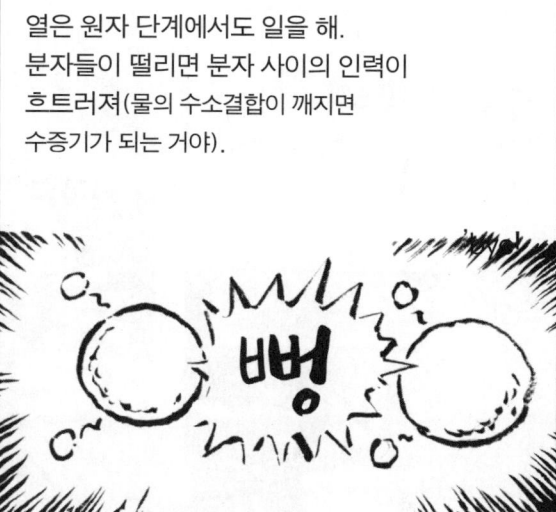

나무가 코뿔소를 따뜻하게 만들 수…

…있다는 걸 알다니, 좋구먼!

증기 기관에서는 열에너지가 **역학적 에너지**로 바뀌어. 열이 물을 끓이면 수증기가 팽창하면서 일을 하는 거야.

열은 원자 단계에서도 일을 해. 분자들이 떨리면 분자 사이의 인력이 흐트러져(물의 수소결합이 깨지면 수증기가 되는 거야).

수많은 형태의 에너지들은 **역학적 에너지**로 바뀔 수 있어. 교과서 대부분이 에너지를 일을 할 수 있는 '능력'이라고 정의하는 건 그 때문이야. 소리 에너지는 우리에게 잔소리를 할 수 있지.

에너지는 갑자기 사라지거나 나타나지 않아. 그저 돌아다니면서 형태를 바꾸는 거야. 우주에 존재하는 에너지 총량은 늘 같아. 그 같은 사실을 **열역학 제1법칙**이라고 해.

당장 일하러 나가!

한 계가 에너지를 얻어도 아무 일도 일어나지 않을 때도 있어. 움직임이나 열처럼 보이는 형태 없이 에너지를 머금은 채 그저 가만히 있는 거지.

예를 들어 쥐덫을 놓을 때는 강력한 스프링이 작용하는 방향과는 반대 방향으로 쥐덫을 젖혀.

뒤로 젖힌 쥐덫을 잠금쇠로 고정해놓으면 쥐덫에 에너지가 '저장'되는 거야.

고정해 놓은 쥐덫에는 **위치에너지**가 있어. 나중에 일을 할 수 있는 잠재력이 생기는 거지.

주의: 로봇 쥐임

나중에 일을 한다고? 무슨 일 말이야?

잠금쇠가 풀리는 순간 쥐덫은 움직이고 소리를 내면서 막대한 일을 하지.

쥐덫이 저장한 에너지를 전달받은 희생자는 몸의 일부가 움직이면서 짓이겨지지.

이 책을 만들 때 피해를 입은 동물은 저자들뿐이야!

55쪽에서 세포 바깥쪽은 +전하를 띠기 때문에 원형질막에 **전위차**가 생긴다고 했었지.

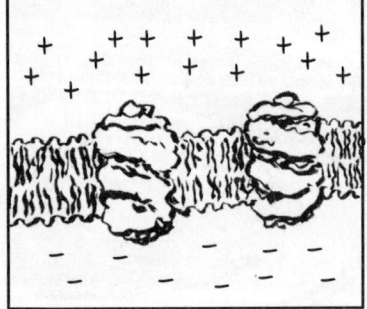

채널이 열리면 이온이 세포 안으로 들어와서 위치에너지가 운동에너지로 바뀌는 거야.

움직이는 이온이 전달하는 **전기에너지** 때문에 동물의 뇌와 신경계가 활동할 수 있어.

화학에너지

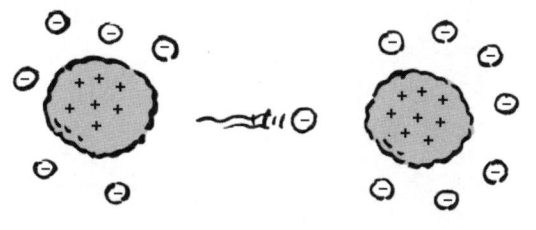

화학 반응이 일어날 때는 원자와 전자가 움직여. 원래 있던 결합이 깨지고 새로운 결합이 생기는 거야.
에너지는 반응계 **안에서만** 움직일 수도 있고 반응계 **밖으로** 나갈 수도 있어.
산소와 메탄이 반응할 때는 **에너지를 방출해**(가스난로에서 불이 타오르는 건 그 때문이야).

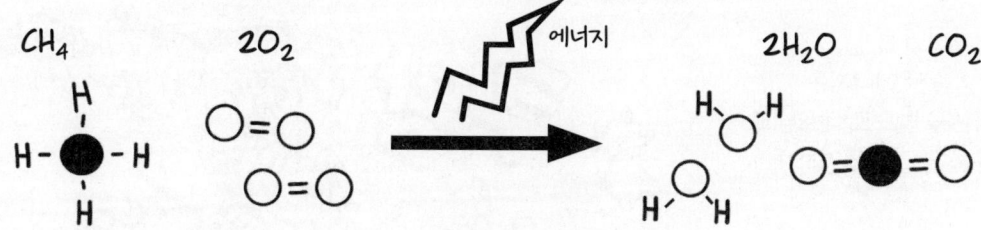

에너지를 방출하는 화학 반응은 모두 **발열반응**이라고 해.

나무를 태우는 반응은 분명히 열을 방출하는 발열반응이야.

포도당 산화 반응은 발열반응이야.
나무는 거의 대부분 포도당 중합체인 섬유소로 이루어져 있어서
나무를 태우는 과정은 사실 포도당을 태우는 과정이라고 할 수 있어.
반응 공식은 다음과 같아.

$$C_6H_{12}O_6 + 6O_2 \rightarrow 6CO_2 + 6H_2O$$

다음 장에서는 이 에너지가
어떤 일을 할 수 있는지 알아볼 거야.

세포 안에서 ATP가 분해되면
에너지가 나오는 이유는

$$ATP \rightarrow ADP + P_i$$

가 발열반응이기 때문이지.
ATP에서 방출된 에너지는
나트륨 이온을 밖으로 내보내고
칼륨 이온을 안으로 들여보내.

(음향 효과와 대화가 곧이곧대로
기록된 건 아니야!)

우주는 발열반응을 좋아해. 에너지는 퍼져나가는 경향이 있기 때문이야.* 그래서 화학자들은 발열반응은 **자발적으로** 일어난다고 표현해. 하지만 사실 발열반응이 자발적으로 시작하는 건 아니야. **활성화 과정**이 필요해.

불이 나려면 불이 필요한 것처럼 말이야.

으아아악, 한 번 난 불은 끄기 힘듭니다!

불꽃이나 불길이 화학 결합을 깨뜨리면 자유로워진 원자는 함께할 새 원자들을 찾아다녀.

어느 시점이 넘어가면 발열반응은 **스스로 에너지를 내서** 동일한 반응이 계속 일어나게 해.

불이 불을 키우는 겁니다!

포도당 산화 반응도 활성화되어야만 일어나. 활성화가 되지 않으면 포도당과 산소는 평화롭게 나란히 앉아 있을 거야.

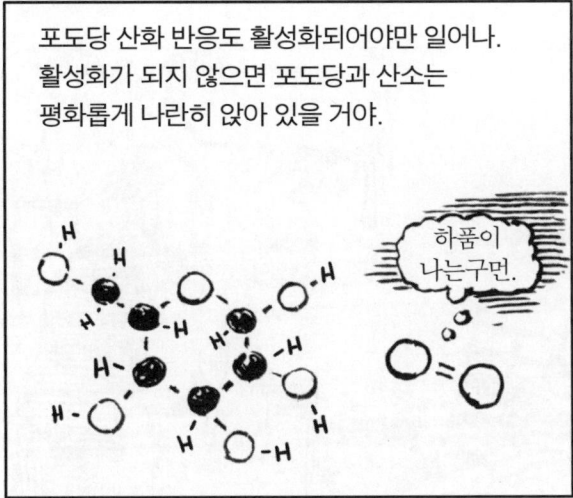

하품이 나는구먼.

ATP도 위치에너지를 밖으로 꺼내 다른 분자를 차리면 활성화되어야 해.

쥐덫을 설치하는 것처럼 말이야.

씰룩 씰룩

* 에너지가 넓게 퍼지는 이유는 에너지가 퍼질 가능성이 에너지가 모일 가능성보다 훨씬 크기 때문이다. 에너지가 거침없이 퍼지는 현상은 열역학 제2법칙으로 설명한다.

반응계 밖으로 빠져나가는 에너지를 **자유에너지**라고 불러. 자유에너지 변화량을 처음으로 알아낸 조지아 **깁스**의 이름을 따서 G라고 쓰지.

$$\Delta G = \Delta H - T\Delta S$$

조지아 W. 깁스
(1839~1903년)

ΔG는 반응이 일어날 때 **변하는** 자유에너지의 양을 뜻해. **발열반응**에서 ΔG는 0보다 작아.*

반응물질 + ΔG → 생성물질

$$\Delta G < 0$$

세상이 얻은 만큼 반응계는 잃는 거지!

*Δ(델타)는 특정한 수가 아니라 '변화량'을 뜻하는 과학 기호이다.

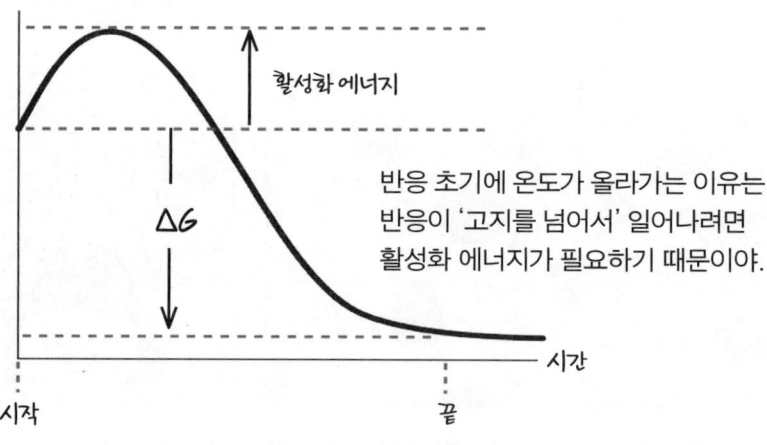

이 그래프는 발열반응에서 시간에 따라 자유에너지가 어떻게 변하는지를 보여줘. 시간이 흐를수록 반응계의 자유에너지는 점점 줄어들어.

반응 초기에 온도가 올라가는 이유는 반응이 '고지를 넘어서' 일어나려면 활성화 에너지가 필요하기 때문이야.

활성화 에너지는 **좋은** 거야. 활성화 에너지가 없으면 우리도, 다른 많은 물질들도 타버리거나 녹이 슬거나 폭발해버릴 테니까. 다행히도 이 세상을 이루는 분자들은 서로 단단히 붙어서 위치에너지를 간직하고 있어!

고마워, 우주.

생물계는 어떻게 활성화 에너지를 극복할 수 있을까? 어떻게 반응이 일어나게 할 수 있을까? 분명히 성냥으로 불을 붙이는 것도 아닌데 말이야.

그건 바로 **효소** 덕분이지.
60쪽에서 본 것처럼 물질대사 반응에는 저마다 관여하는 효소가 있어.
효소의 활성 부위(들)는 반응물질을 유리한 위치에 놓기 때문에
물질들이 무작위로 돌아다니는 것보다는 훨씬 쉽게 만날 수 있어.

효소는 활성화 에너지를 낮춘다.

일반적으로 큰 분자를 분해하는 **이화작용**은 **발열반응**이고
큰 분자를 합성하는 **동화작용**은 **흡열반응**이야.
흡열반응은 **자유에너지를 흡수해**.

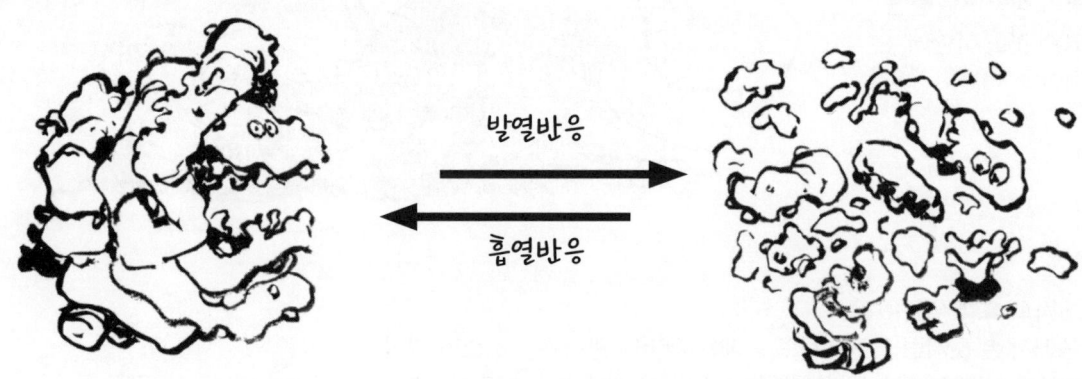

포도당 산화 반응(이화작용)은
에너지를 방출해.
포도당 합성반응(동화작용)은
에너지를 흡수하지.
물과 이산화탄소가 결합해
포도당과 산소가 되는
반응은 절대로 **자발적으로**
일어나지 않아.

그런데 녹색 식물은 물과 이산화탄소로 포도당을 아주 많이 만들어내. 어떻게 그럴 수 있을까?

우주는 발열반응을
선호한다는 거 기억하지?
에너지는 '널리 퍼져가고' 싶어 해.
그렇다면 흡열반응은
어떻게 일어나는 걸까?
어떻게 우주에 퍼져 있는
에너지를 끌어올 수 있을까?

예를 들어 포도당으로 **글리코겐**을 만드는 과정은 동화작용이자 흡열반응이야.
포도당 단위체는 **절대로** 자발적으로 긴 사슬을 만들지 않아.

(효소의 도움을 받은)
UTP가 한 대 차주면
포도당 사슬이 만들어지지.

글리코겐 합성이라는 흡열반응은 UTP 분해라는 발열반응과 **짝지어져** 있어.
원자가 완전히 재배열 되었을 때 전체 반응은 에너지를 방출하는 것으로 끝이 나.

글리코겐 + 포도당 + UTP → 더 길어진 글리코겐 + UDP + P_i

여기서 우리는 ATP(와 UTP, GTP)의
발차기가 얼마나 효율적인지
알 수 있어.

$$ATP \rightarrow ADP + P_i$$

라는 발열반응은 전체 반응의 일부로
흡열반응이 **일어날 수 있을** 정도로
많은 에너지를 생성해.

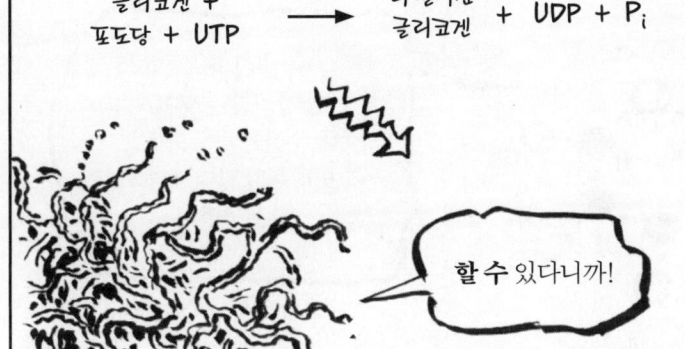

물론 ATP(와 UTP, GTP)를
분해하면 세포는 곤란해져.
세포는 ATP를 어떻게
다시 채우는 걸까?
세포는 ATP를 충분히
가지고 있어야 해.
하지만

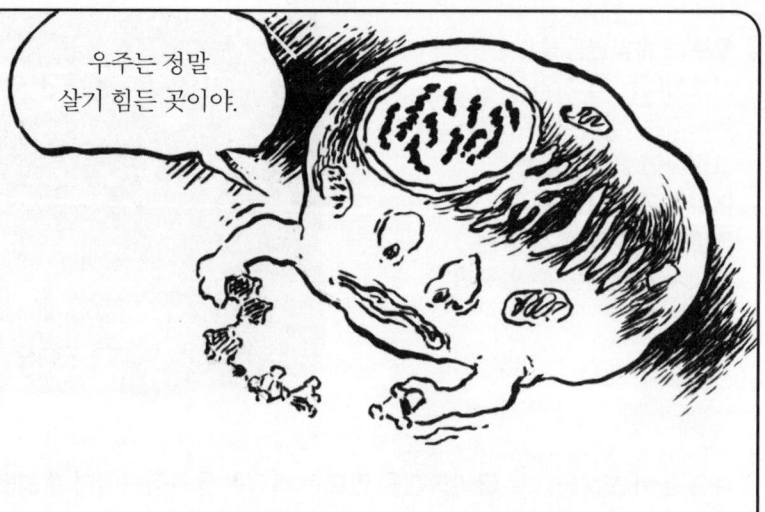

ADP + Pi → ATP

반응이 일어나려면
에너지를 흡수해야 하는걸.

ATP를 만드는 과정은 쥐덫을 설치하는 과정과 비슷해.
어딘가에서 에너지를 가지고 와야 하는 거야.
손으로 쥐덫을 설치할 때는 쥐덫과 **사람의 물질대사**를 짝지어야 해.
쥐덫을 젖혀서 설치하려면 ATP를 쪼개서 근육을 움직여야 하고.

세포가 ADP와 Pi를 결합하려면 어떤 발열반응이 일어나야 할까?

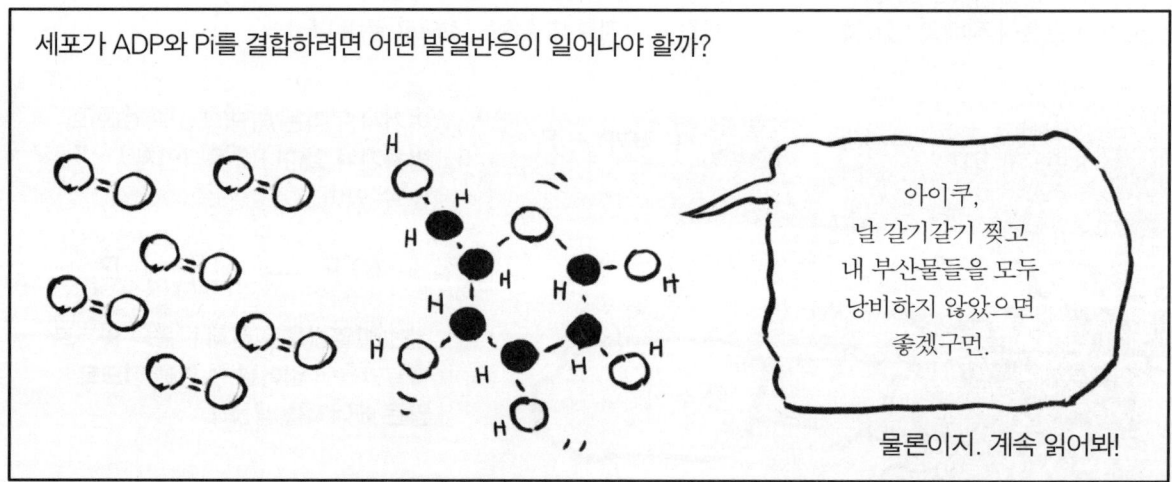

Chapter 6
세포 호흡

12단계 프로그램

보통 사람들에게 호흡이란 **숨을 쉰다**는 뜻이야. 하지만 생물학자들에게 호흡은 조금 뜻이 달라. 세포 단계에서 호흡이란 음식(보통은 당이다)에 들어 있는 **화학에너지**를 밖으로 꺼내서 **ATP를 만드는** 특별한 방법이야.

공기를 호흡하는 유기체들은 **산소**와 당을 결합해 자유에너지를 끌어내지. 하지만 동물의 장 깊은 곳에 사는 박테리아 같은 많은 유기체는 산소가 전혀 없는 곳에서도 호흡할 수 있어. 공기가 없어도 호흡을 하는 거야!

우리는 물질과 에너지를 얻으려고 먹어.
음식은 몸에 질소와 인, 탄소 같은 기본 물질을 줄 뿐 아니라
생화학 반응을 일으킬 수 있는 **연료**를 공급해.

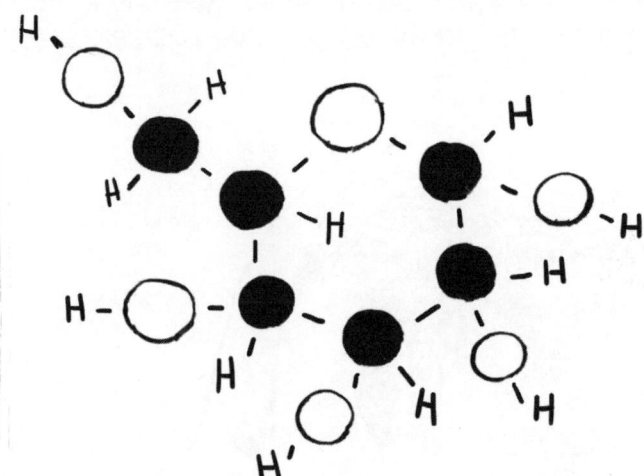

거의 모든 유기체가
좋아하는 연료가 있어.
포도당 $C_6H_{12}O_6$이야.

이 발열반응에서는 공기에 든 산소가 포도당을 산화해.

$$C_6H_{12}O_6 + 6O_2 \rightarrow 6CO_2 + 6H_2O$$

세포는 포도당 산화 반응에서 나온 자유에너지를 몸이 사용할 ATP를 합성하는 데 이용해.
열량이 중요한 건 그 때문이야. 콘칩의 열량은 콘칩이 산화됐을 때 방출한 에너지의 양을 뜻해.

산소 호흡을 하는 유기체들은 포도당 한 분자로 ATP를 36개 정도 만들 수 있어.
포도당을 분해하는 발열반응은 ATP를 생성하는 흡열반응과 **짝을 짓고** 있어.
전체 반응은 이렇게 정리할 수 있지.

이 반응의 에너지원을 알아보려면 가장 작은 **전자**를 들여다봐야 해.

산소는 탄소나 수소보다 훨씬 강하게 전자를 끌어당겨. 물에서도 전자는 수소보다는 산소에 더 가까이 있어.

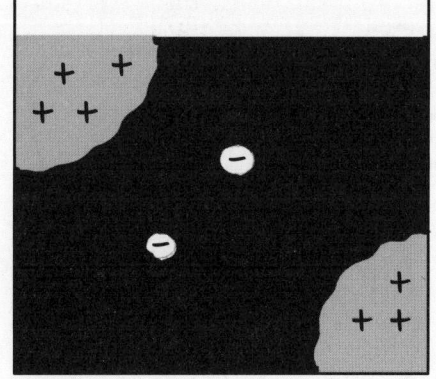

전자가 산소 쪽으로 '떨어질' 때는 보통 **에너지를 방출해**.
메탄(CH_4)이 산화될 때는 메탄 분자 한 개당 산소는 전자를 여덟 개 얻어(71쪽 참고).

반응 전 산소 결합에는 전자가 8개 있어.

반응이 끝난 뒤에 산소 결합은 전자가 16개가 되지.

$$CH_4 + 2O_2 \rightarrow CO_2 + 2H_2O$$

포도당 산화 반응이 진행되는 동안 포도당 분자 한 개가 산소에게 넘겨주는 전자는 24개야. 산화되기 전에는 48개 전자가 산소와 결합해 있어. 반응이 끝난 뒤에는 72개로 늘어나고. 그러니까 반응이 끝난 뒤에 산소가 24개 전자를 얻게 되는 거야.

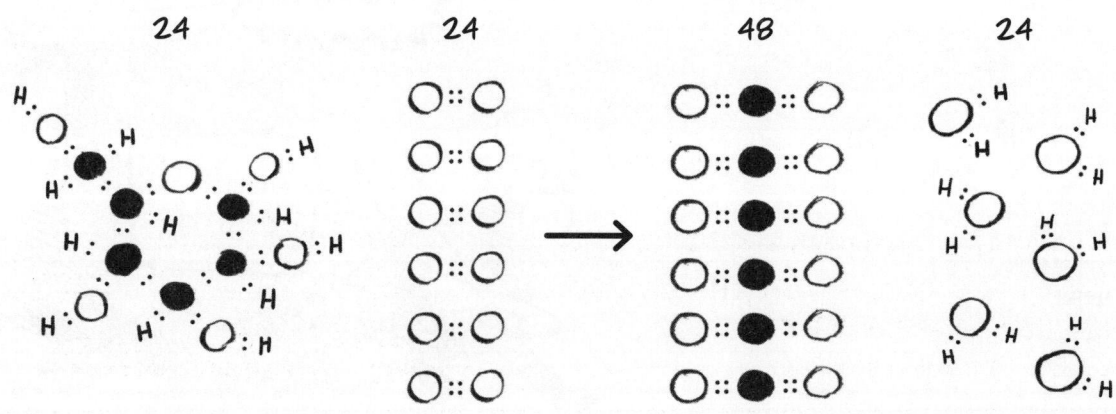

전자가 많으면 방출하는
에너지도 많아.
포도당이 한꺼번에 모두 산화되면
큰 폭발이 일어나서 세포가
곤란해져.

하지만 세포는 아주 영리한 전략을 구사해.
포도당을 열두 번에 걸쳐서 아주 천천히 산화하는 거야.
포도당은 한 번 분해될 때마다 전자를 두 개씩 내놓는데, 이 전자는 **산소에게 가지 않아**.

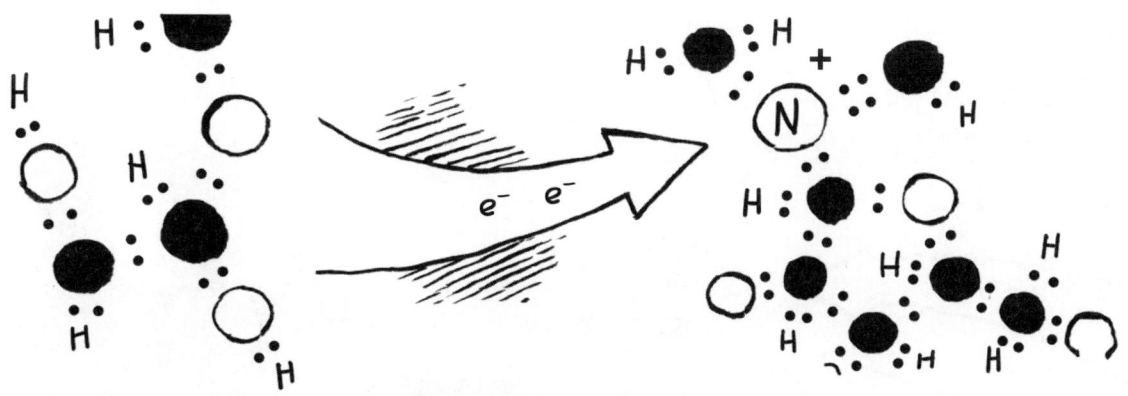

그게 무슨 말이냐고? 산소가 없는데 어떻게 산화가 되는지 궁금하다고?
화학자들은 누구에게 어떤 방법으로 주든지 **전자를 주는 과정**을 '산화'라고 정의하기로 했어.
그러니까 **전자를 주는 물질**이 산화되는 거야. 전자를 받는 물질은 환원된다고 해.
이런 식으로 전자를 주고받는 반응을 **산화 환원 반응**이라고 해.

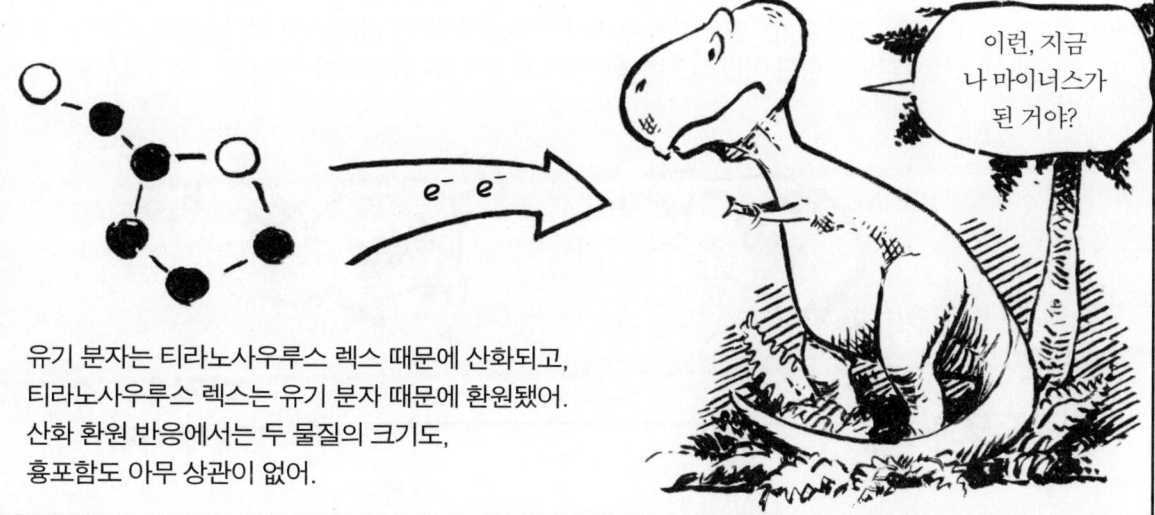

유기 분자는 티라노사우루스 렉스 때문에 산화되고,
티라노사우루스 렉스는 유기 분자 때문에 환원됐어.
산화 환원 반응에서는 두 물질의 크기도,
흉포함도 아무 상관이 없어.

포도당의 산화제(전자를 받는 물질)는
니코틴아민 아데닌 디뉴클레오티드(NAD⁺)라는
전하를 띤 유기 분자야.

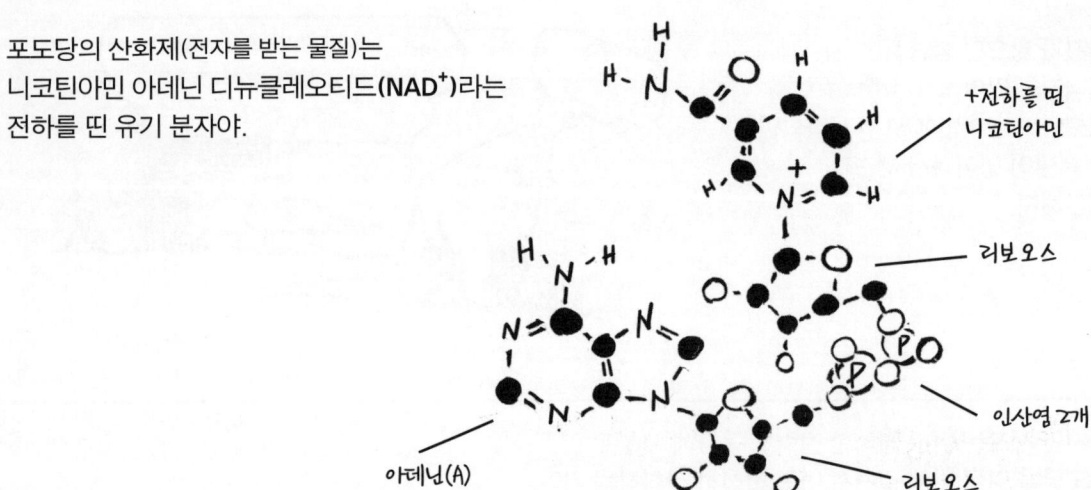

NAD⁺의 끝에 있는 니코틴아민은 포도당에서 전자 두 개와
양성자 한 개를 받고 근처에 있는 물 분자에게서
양성자를 한 개 더 받아 **NADH + H⁺**가 돼.

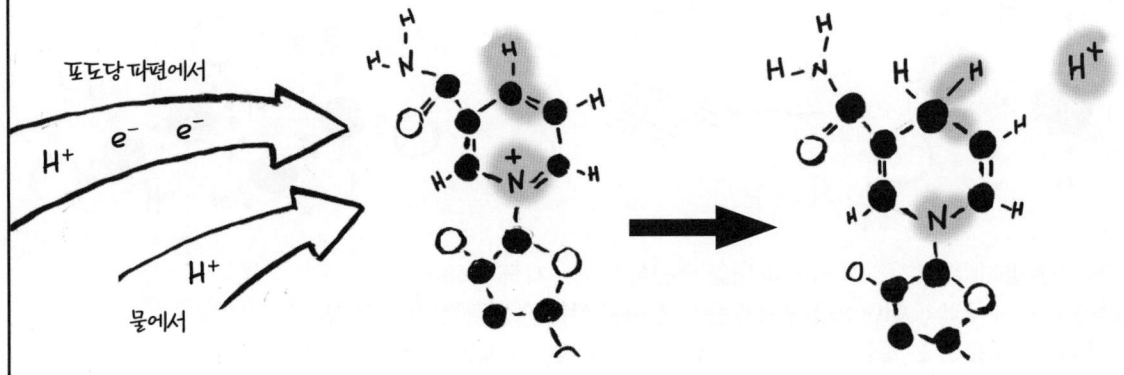

이제 원자의 실제 모양은 잊고 NAD⁺를 전자를 두 개 운반하는 **돼지 저금통**이라고 생각해보자.
포도당 산화 반응에서 환원 반응은 이런 식으로 일어나(물은 일단 생각하지 말자).

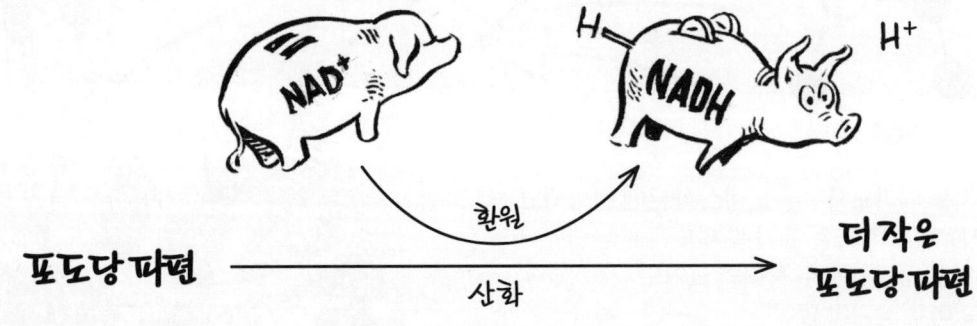

해당 과정 (해당이란 당을 분해한다는 뜻이야!)

다시 말해서 해당 과정에서는 새로운 분자를 만들기 전에
ATP 분자를 두 개 소비하는 거야(투자하는 거지).
그러면 불안정한 과당-1,6-인산이라는 분자가 돼(수소 원자는 그리지 않았어!).

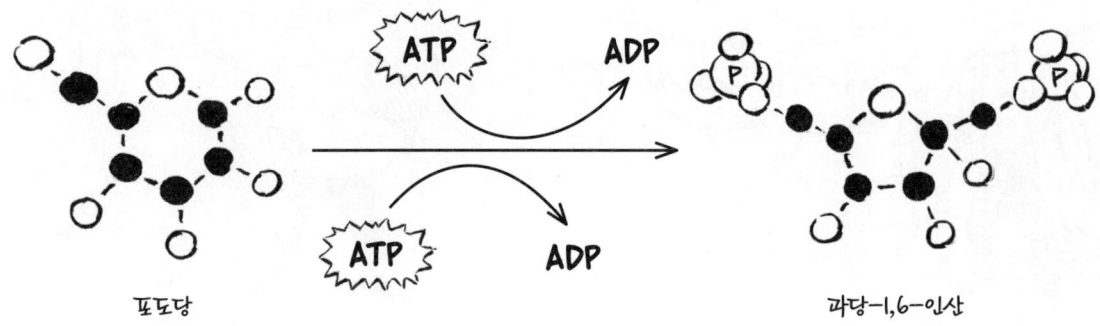

네 번째 효소는 과당-1,6-인산을 아주 쉽게 반으로 쪼개.

반 조각이 난 3탄소 사슬은 더 많은 반응 과정을 거칠 준비를 하지.

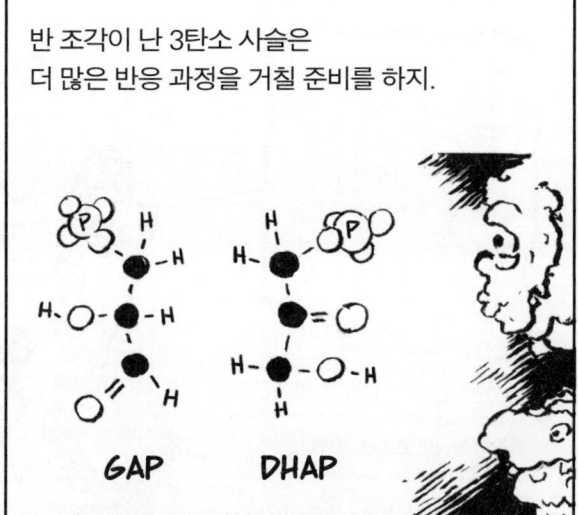

이제 첫 번째 ATP가 만들어졌어. **GAP**는 NAD$^+$를 만나 산화돼.
여기에 P_i 추가되면 GAP는 ADP를 ATP로 바꿀 수 있을 만큼 에너지가 커져.

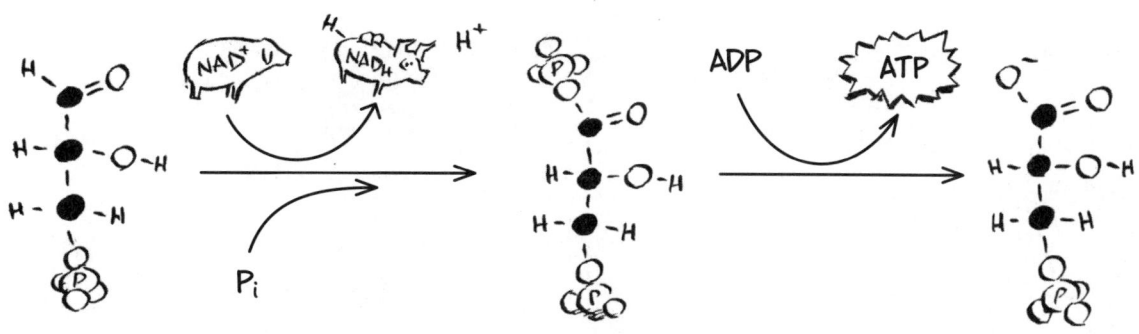

이 ATP 생성에는 **포스포글리세린산 인산화효소**라는 효소가 관여해.
이 효소는 GAP(효소의 기질)에서 인산 이온을 빼내 ADP에게 줘.
이 **기질 단계에서 일어나는 ATP 생성 과정**이 해당 과정의 네 단계 가운데 첫 번째 단계야.

또 다른 효소인 **초성포도산염** 인산화효소는
생성물질을 비틀어 남아 있는 외로운 인산 이온을
떼어내 ATP를 하나 더 만들어.

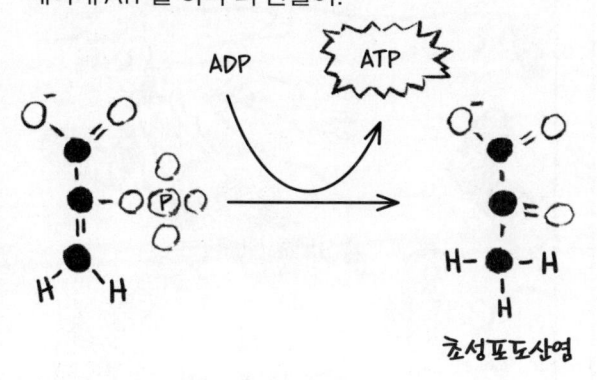

다른 3탄소 사슬에도 **같은** 일이 일어나고,
최종 결과는 다음과 같아.

GLUCOSE + 2ATP + 2NAD$^+$
$\rightarrow$
2PYRUVATE + 4ATP + 2NADH + 2H$^+$

해당 과정에서는 포도당 분자 한 개가 ATP 분자 두 개를 만듭니다. 세포가 사용할 에너지를 만드는 해당 과정은 산소 없이 진행됩니다.

생물학자들은 해당 과정이 자유 산소가 전혀 없었던 수십억 년 전에 만들어진 고대 생물들의 에너지 생산 방법이라고 생각합니다.

정신을 차리고 암모니아 냄새를 맡아봐!

해당 과정은 **효율이 낮습니다**. 포도당이 NAD$^+$에 전자를 네 개밖에 주지 못하니까요. 포도당은 아주 조금만 산화될 뿐입니다. 하지만 전자 네 개가 운반하는 에너지도 아주 많습니다.

시간이 흐르고 대기에 산소가 쌓이자 유기체는 포도당 한 분자에서 전자를 24개 빼내는 방법을 알아냈고, 훨씬 많은 에너지를 사용할 수 있게 되었습니다.

이제는 산소가 아주 많군요. 공기를 잔뜩 들이마셔…… 폐에 신선한 산소를 가득 넣어봅시다.

아!

유산소 유기체 호흡의 효율적인 마지막 단계들을 이해하려면 일단 산소를 듬뿍 **들이마셔야** 하니까요.

미토콘드리아 속으로

> 산소가 있으면 ATP를 아주 많이 만들 수 있습니다.

> 산소만 있으면 세포는 ATP를 고작 **두 개**밖에 만들지 못하는 해당 과정과 달리 거의 **20배** 이상 많은 ATP를 만들 수 있습니다.

> 진핵생물에서는 남은 포도당의 산화 과정과 ATP 생성 과정이 **미토콘드리아**라고 하는 특별한 세포소기관에서 일어납니다.

> 미토콘드리아의 외막으로 들어가면 미토콘드리아의 **기질**을 감싸고 있는 아주 구불구불한 내막이 보입니다.

산소가 있으면 진핵세포는 중요한 성분을 모두 미토콘드리아로 보내. 바로 다음과 같은 물질이 미토콘드리아의 기질로 가는 거야.

산소(O_2) 분자
해당 과정으로 만든
초성포도산염 두 개.

NADH 두 분자에서
나온 전자 네 개(ATP를 두 개
사용한 비용으로 생긴 전자들이다.
NADH는 미토콘드리아 막을
통과하지 못한다).

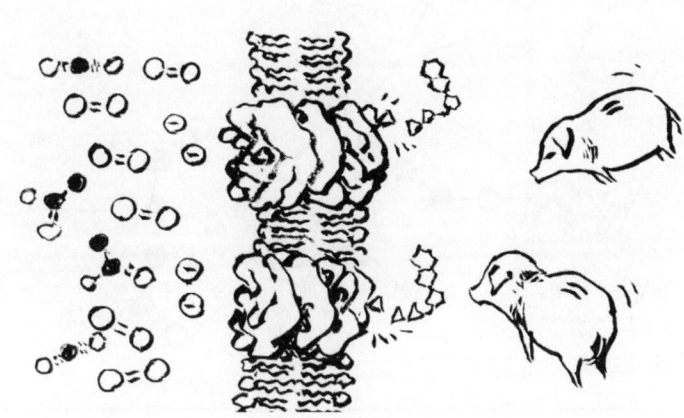

미토콘드리아의 기질로 들어간 초성포도산염은 NAD⁺를 만나 산화되면서 이산화탄소 분자 한 개를 떨어뜨려.

그리고 아세틸기는 꼬리에 꼬리를 물고 반응이 일어나는

크레브스 회로
에서 완전히 산화되지.

크레브스 회로는 아세틸기가 옥살아세트산이라는 4탄소 사슬과 결합하면서 시작해.
반응이 일어나면서 전자 여덟 개가 NAD⁺와 FAD에게 가고 이산화탄소가 두 개 떨어져나와. 그리고……
다시 옥살아세트산이 만들어져! 옥살아세트산이 다시 아세틸기랑 만나면 크레브스 회로가
다시 시작되는 거야(여기서는 자세하게 설명하지 않을 거야).

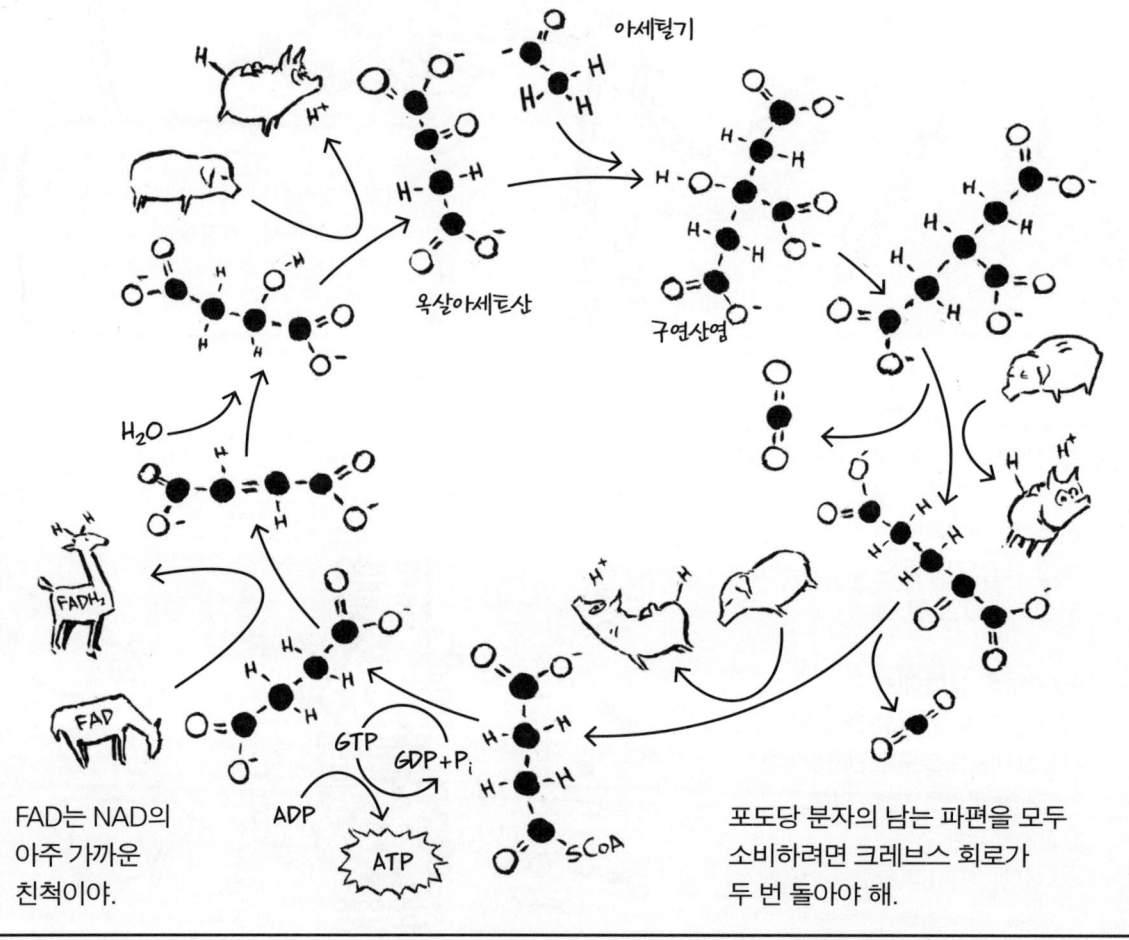

FAD는 NAD의 아주 가까운 친척이야.

포도당 분자의 남는 파편을 모두 소비하려면 크레브스 회로가 두 번 돌아야 해.

이제 포도당은 모두 산화가 됐어. 해당 과정까지 모두 포함하면 이 소규모 산화 환원 반응에서는 다음과 같은 결과가 나와.

포도당 파편은 NAD$^+$ 때문에 열 번 산화되고 FAD 때문에 두 번 산화되어 전자 24개를 내보내. 포도당은 모두 산화가 되는 거야.

이 반응에서는 양성자도 24개가 생기고

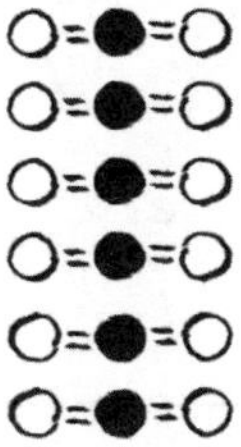

이산화탄소 여섯 분자는 노폐물로 버려져.

ATP의 순생산량은 **두 분자**에 불과하며 아직 산소 분자는 나타나지 않았어.
(이산화탄소 여섯 분자에 들어 있는 산소는 모두 포도당과 물에서 온 거야)

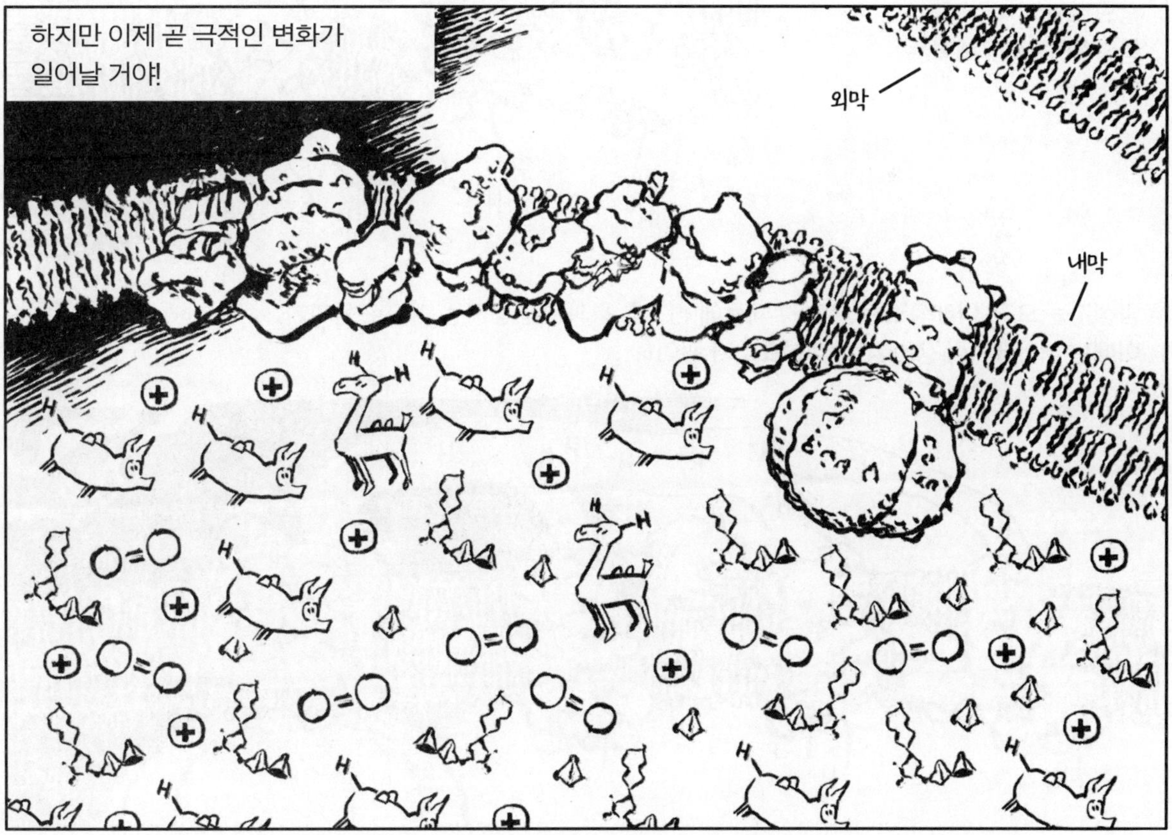

하지만 이제 곧 극적인 변화가 일어날 거야!

외막

내막

미토콘드리아의 내막에는 **수소 이온 펌프** 역할을 하는 단백질 복합체가 박혀 있어.

NADH와 FADH$_2$에서 나온 전자들은 산소에게 가는데, 직접 가지 않고 여러 펌프를 거쳐가게 돼.

이 **전자전달계**는 전류처럼 농도 경사를 이기고 펌프가 양성자를 '위로 올라갈 수 있게' 함으로써 막 내부를 통과할 수 있게 해줘.

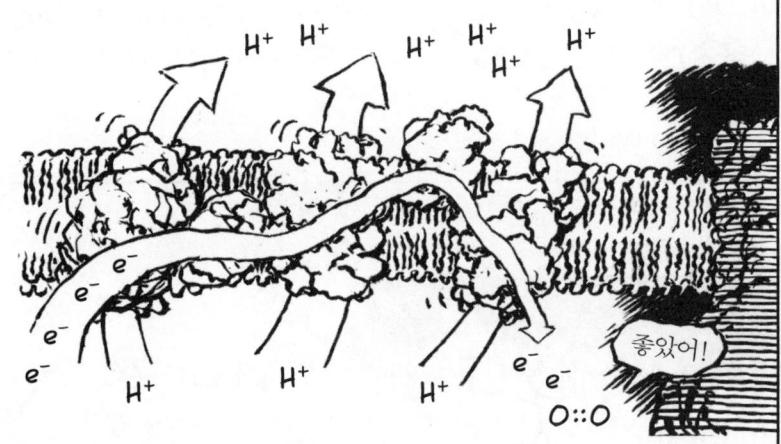

양성자는 오직 '아래쪽'으로만 가기 때문에 펌프를 통과한 양성자는 기질로 돌아가. 이때는 서양배처럼 생긴 **ATP 생성효소**가 관여해.

이런 양성자의 흐름을 **화학적 삼투작용**이라고 하고
이런 방법으로 ATP를 생성하는 과정을 **산화적 인산화 과정**이라고 해.

$10NADH+10H^+$ 반응과 두 $FADH_2$에서 나온 양성자 24개는 ATP 생성효소를 자극해서

34개

정도 되는 ATP를 만들어.
아주 **효율적**이지.

효소에서 나온 수소 이온(H^+)이 전자와 산소 분자(O_2)를 만나면 물이 돼.

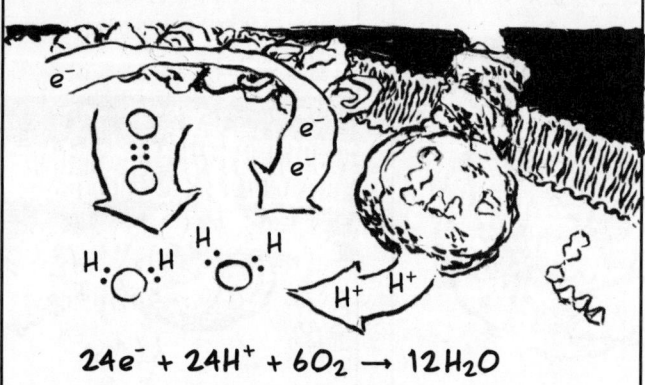

$$24e^- + 24H^+ + 6O_2 \rightarrow 12H_2O$$

잠깐, 물 분자가 열두 개라고? 포도당 산화 과정이 끝나면 물 분자가 여섯 개 만들어진다고 하지 않았나?

$$C_6H_{12}O_6 + O_2 \rightarrow 6CO_2 + 6H_2O$$

이런, 하하하하하하. 딸꾹.

맞아. 하지만 산화 반응이 일어날 때마다 물은 H^+를 빼앗겨.

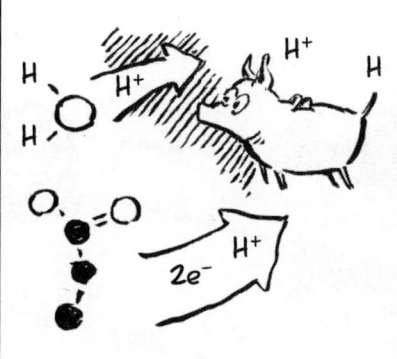

결국 물 분자 여섯 개가 포도당 산화 반응에 관여하고, 마지막까지 남기 때문에 전체 반응은 이렇게 쓸 수 있어.

$$C_6H_{12}O_6 + 6O_2 + 6H_2O \rightarrow 6CO_2 + 12H_2O$$

물 분자들은 일단 분해되었다가 다시 결합합니다.

어쨌든 호흡을 할 때는 포도당 한 개마다 물 분자 여섯 개가 **새로** 필요해. 이 물은 수증기가 되건 땀이 되건 간에 어디론가 가야 해.

그렇다면 ATP는 모두 몇 개가 남을까? 포도당 산화 반응에서 변하는 ATP 양은 다음과 같아.

	ATP 생성량/소비량
예비 반응	-2
해당 과정	4
미토콘드리아 전자전달계	-2
크레브스 회로	2
ATP 생성효소	34
총합	**36**

물론 한 번 먹을 때 포도당을 한 분자만 먹지는 않아. 보통 사람 세포는 **1초**에

1000만 개

정도 되는 ATP를 끊임없이 만들어.

제발 숨 쉬는 거 잊지 말아요.

간단히 말해서 호기성 호흡은 크게 두 단계로 나뉘어.
첫 번째 단계에서는 포도당이 완전히 산화되면서 이산화탄소를 배출해.
해당 과정, 미토콘드리아로 들어가는 과정, 크레브스 회로가 이 단계에 속해.

$$C_6H_{12}O_6 + 6H_2O \longrightarrow 6CO_2 + 24e^- + 24H^+$$

두 번째 단계는 전자가 산소 쪽으로 떨어지면서
ATP를 다량으로 만들 에너지를 방출하는 과정이야.
양성자와 전자가 산소와 결합해서 물을 만들어.

$$24e^- + 24H^+ + 6O_2 \longrightarrow 12H_2O$$

호흡을 정의하다(마침내!)

우리 같은 진핵생물은 우리가 사용하는 ATP를 거의 모두 미토콘드리아에서 만들어.

원핵생물은 원형질막에 있는
전자전달계를 이용해.
양성자도 세포 밖으로
직접 내보내고.
세포 밖으로 나간 양성자는
ATP 생성효소를 통해
세포 안으로 들어오고
세포질에서 ATP를 만들어.

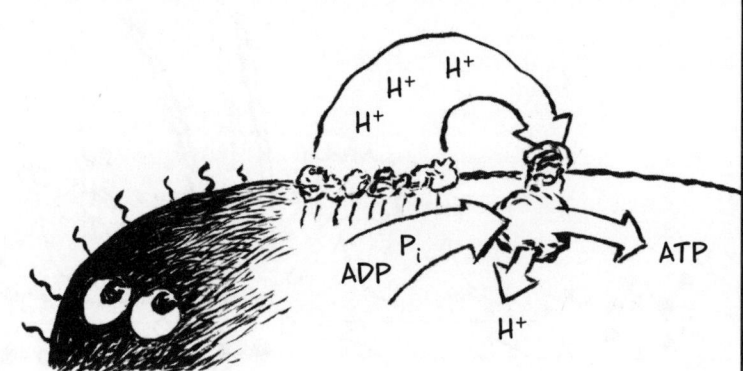

어디에서 일어나건 이 핵심 과정이 바로 **호흡**이야!
호흡은 특히

 산화되는
연료에서
'떨어져나온'
전자의 에너지를 사용해 (간접적으로)
APT 생성효소라는 특별한 효소가
활동하게 하는 과정이라고 할 수 있어.

생물학자들에게 호흡은 언제나 전자전달계가 관여하는 과정이야.
하지만 전자전달계를 통과하는 전자가 언제나 **산소**에게 가는 건 아니야.
혐기성 호흡에서는 산소가 아닌 다른 '최종 전자 수용체'에게 가.

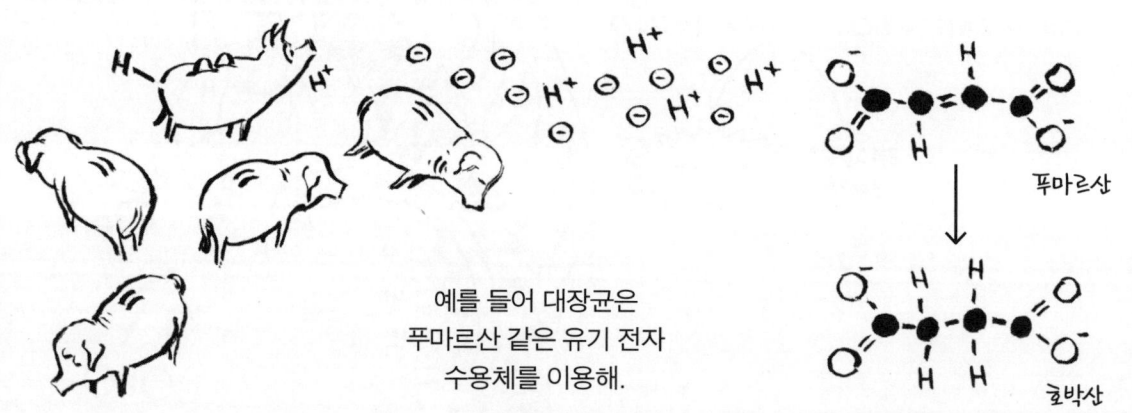

예를 들어 대장균은
푸마르산 같은 유기 전자
수용체를 이용해.

냄새가 나는 탈황세균은 황산으로 '호흡'을 할 수 있어. 황산염을 분해해서 '썩은 달걀 냄새'가 나는 황화수소(H_2S)를 만들지.

쉬와넬라 오나이덴시스 박테리아는 우라늄(!) 같은 중금속으로 호흡하기 때문에 방사능 오염수를 정화할 수 있어.

누구 방귀 뀌었나?

아이고, **기묘**하구먼.

연료도 다양하게 선택할 수 있어. 세포들은 대부분 당을 선호하지만 사실상 유기 분자라면 무엇이든지 산화될 수 있어.

난 탄수화물 안 먹어.

하지만 까다로운 (아니면 안목 있는) 세포들은 순수한 포도당과 산소만을 연료로 고집해. 예를 들어 신경세포가 그래.

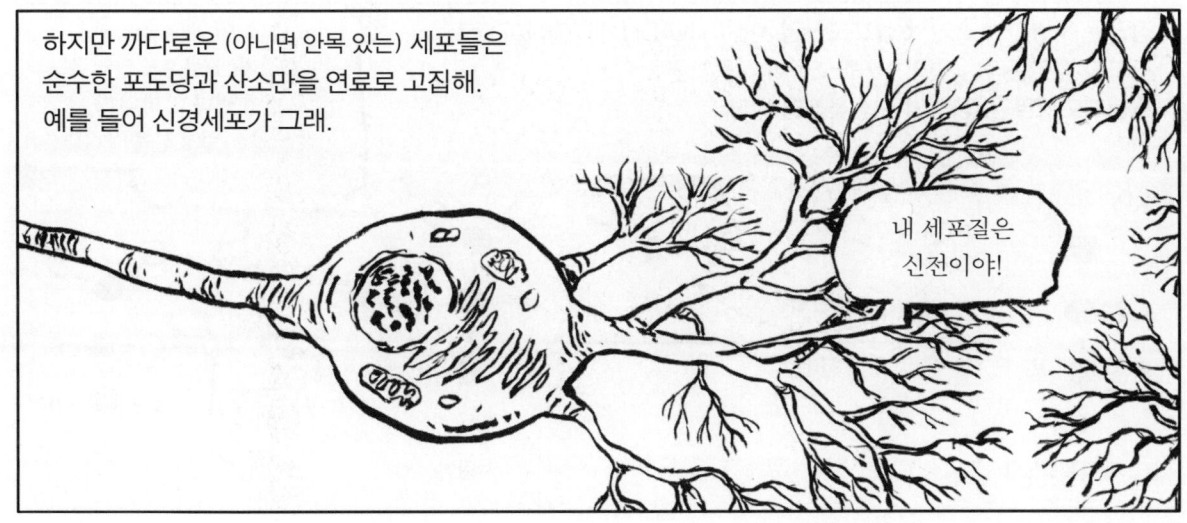

내 세포질은 신전이야!

발효

호흡에서 ATP는 거의 모두 ATP 생성효소가 만듭니다.

하지만 기질에 있는 인산염을 ADP에 전달해주는 효소들이 만드는 ATP도 있어. (87, 90쪽 참고!)

이 과정에는 전자전달계도 산소 같은 최종 전자 수용체도 양성자 흐름도 ATP 생성효소도 관여하지 않아.

해당 과정에는 네 단계 기질 수준 ATP 생성 과정이 있는데, 종합하면 다음과 같은 반응이 일어나(두 번 반복되는 거야).

그런데 계속해서 해당 과정이 일어나려면 NAD^+를 반드시 다시 채워야 해. 세포는 어떤 방법으로 NADH가 계속 쌓이는 걸 막을까?

정답은 특별한 효소가 **초성포도산염** 자신이 $NADH+H^+$를 NAD^+로 산화되게 만든다는 거야. 이 효소들이 작용하면 초성포도산염은 젖산 이온인 **젖산염**이 돼.

이 과정을 효소가 초성포도산염을 **발효했다**고 합니다. 젖산염은 **발효산물**입니다.

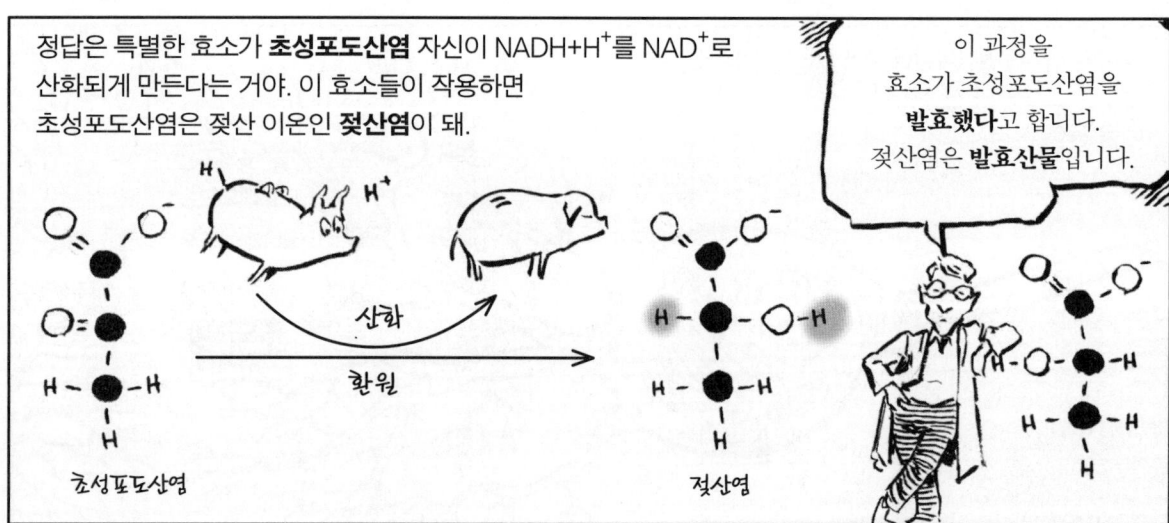

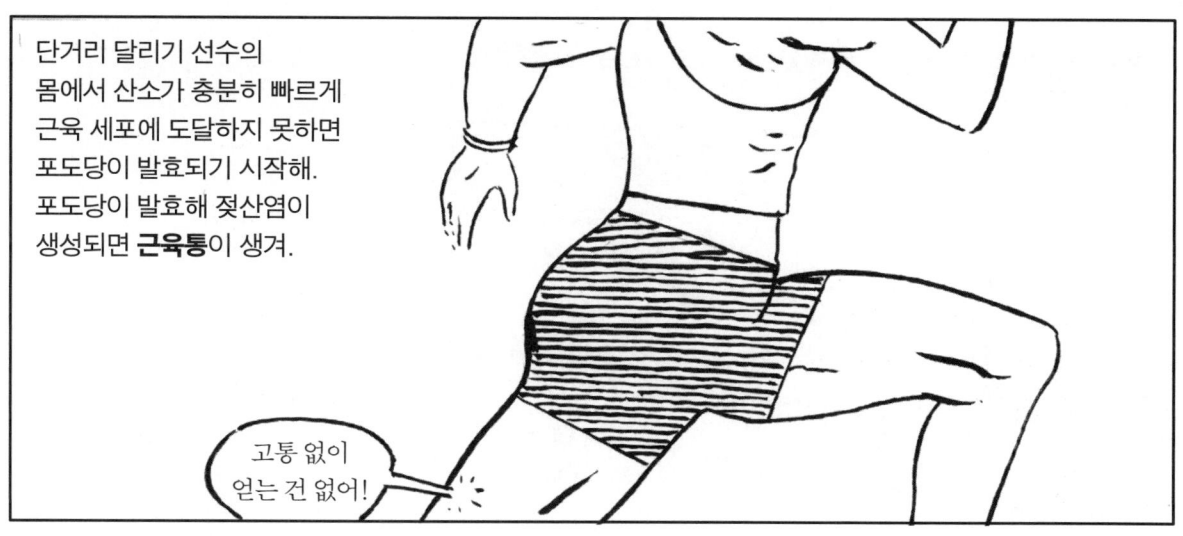

단거리 달리기 선수의 몸에서 산소가 충분히 빠르게 근육 세포에 도달하지 못하면 포도당이 발효되기 시작해. 포도당이 발효해 젖산염이 생성되면 **근육통**이 생겨.

고통 없이 얻는 건 없어!

초성포도산염을 분해하면서 이산화탄소를 방출하고 NADH + H$^+$를 산화해 **에틸알코올**을 생성하는 발효도 있어.

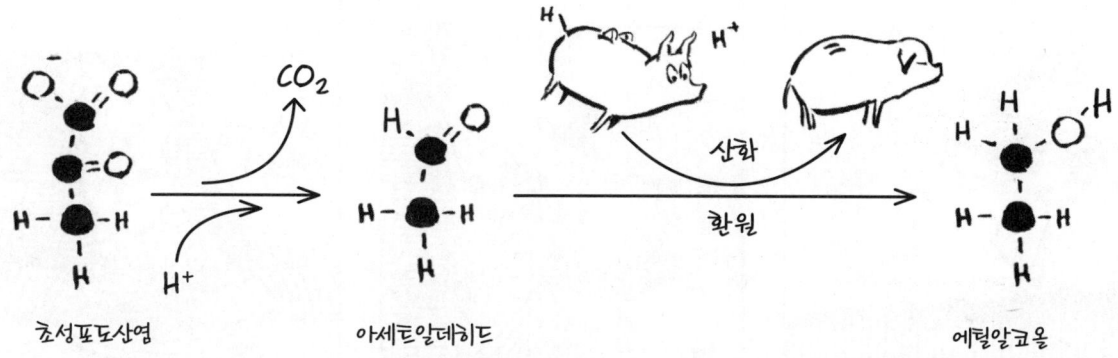

초성포도산염 → 아세트알데히드 → 에틸알코올

양조업자들은 효모와 박테리아를 다양하게 발효해 맥주나 와인 같은 알코올음료를 만들어.

모두 살아 있지!

유기체에 존재하는 효소에 따라 반응은 다르게 일어나지만 발효는 모두 NADH + H$^+$(나 환원되어 있던 다른 전자 수용체)를 산화하고 계속해서 ATP가 생성되게 해.

조오아! 이제는 숨을 내쉬고 뒤로 물러나서 큰 그림을 생각해보자.

음식을 먹는다는 건 외부 세계에서 에너지를 얻는 방법이지.	자기 자신을 먹어서 에너지를 얻을 수는 없어.	다른 모든 동물과 많은 생명체처럼 사람은 생명체의 또 다른 형태인 유기물을 먹어.
	왜? 살을 빼는 좋은 방법 같은데. 	진흙에 있는 에너지로는 충분하지 않아. 
일할 때는 유기물인 포도당을 무기물인 이산화탄소로 바꿔. 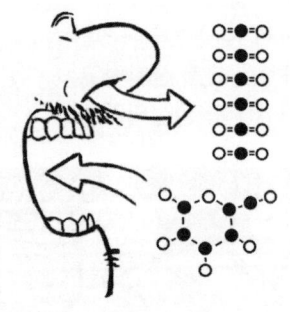 유기 탄소가 들어와 무기 탄소로 나가는 거야.	호흡은 생명의 왕국에서 음식을 제거해. 유기 탄소의 총량을 줄이고 이산화탄소의 양을 늘리지.  숨이 막혀!	모든 유기체가 유기물을 먹기만 한다면 결국 생명은 사라지고 말 거야. 하지만 그런 상황은 벌어지지 않아. 왜 그럴까? 

Chapter 7
광합성

멋진 일을 해내는 태양복사에너지

지구에서 살아가는 동물들은 모두 이 세상에 존재하는 유기물을 먹어.
숨을 쉴 때마다 유기물인 포도당을 무기물인 이산화탄소로 바꾸지.
이 세상에서 무기 탄소를 유기 탄소로 되돌리는 작용이 일어나지 않는다면
결국 동물들이 먹을 음식은 사라지고 말 거야. 다행히 식물이 좋은 일을 해주고 있어.
식물은 공기에 든 이산화탄소를 흡수해서 유기물로 바꾸거든.
다시 말해서 **공기를 먹는 거야**.

식물은 **탄소고정**이라는 방법을 사용해.
기체 이산화탄소처럼 '자유롭게' 움직이던 탄소가 식물 세포 안으로 들어가면 유기 분자에 **붙잡혀**.
탄소를 고정해서 식물은 자신과 다른 생명체가 먹을 음식을 만드는 거야.

세포 속으로 들어간 이산화탄소와 물은 인산염을 두 개 가지고 있는 5탄당
(**리불로오스 1,5 이인산[RuBP]**)과 결합하고 이 분자는 다시 인산염을 한 개 가진 3탄당으로 분해돼.

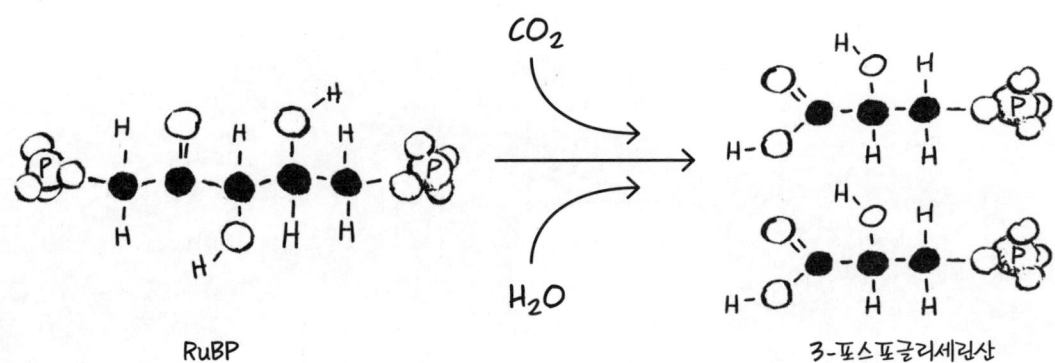

RuBP   3-포스포글리세린산

이 반응에 관여하는
효소는 하나야.
루비스코라는
거대 단백질인데,
분자량이 50만 정도 되는
루비스코는 지구에서
가장 많으면서도
가장 중요한 효소지.

물에서 산소와 수소를 떼어낼 방법은 한 가지밖에 없습니다. **수소 폭탄**을 이용한 엄청난 발열반응이 동시에 일어나게 하는 겁니다. 정말입니다. 농담이 아니에요!

하늘에서 끝없이 일어나고 있는 열핵폭발을 활용하는 거지요. 우리의 태양 말입니다.

전등을 이용해도 됩니다.

쾅 쾅

포도당을 만들 때는 빛이 내는 고에너지 입자(광자)가 필요하기 때문에 이 반응을

광합성

이라고 해.

광자 수십억 개가 사라졌어!

쾅!

$$6CO_2 + 6H_2O \longrightarrow C_6H_{12}O_6 + 6O_2$$

식물 세포에는 태양에너지를 붙잡을 수 있는 특별한 기계가 있어.

식물 세포에는 마름모처럼 생긴 **틸라코이드**라는 녹색 구조물을 막으로 감싼 **엽록체**가 있어.

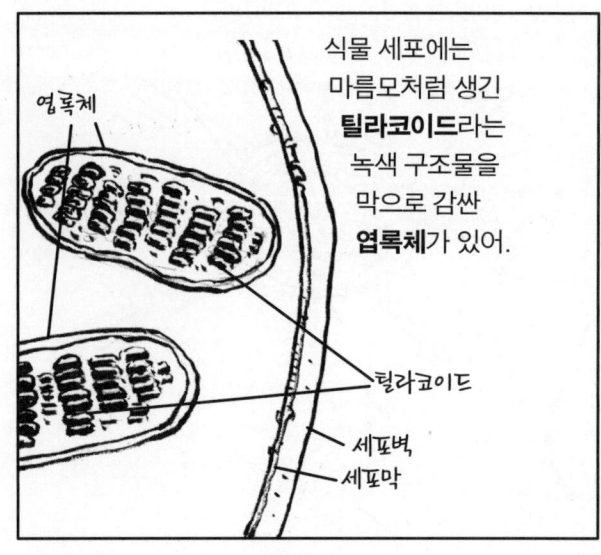

엽록체
틸라코이드
세포벽
세포막

틸라코이드에는 빛을 잡을 수 있는 **엽록소**라는 광수용체가 있지.

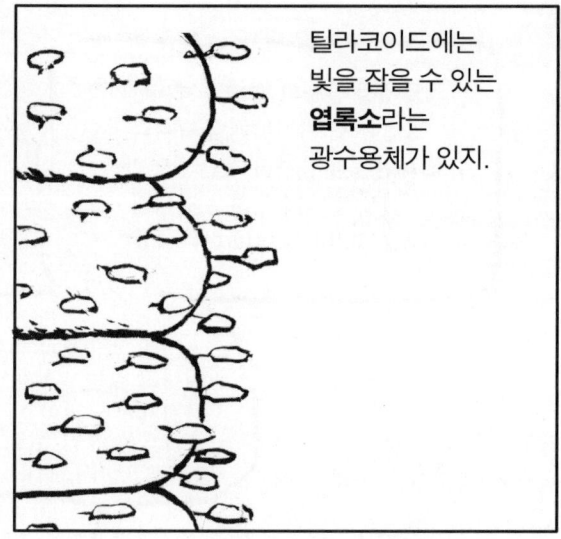

손잡이가 달린 냄비처럼 생긴 엽록체의 '손잡이'는 틸라코이드에 붙어 있고 넓적한 '팬'으로는 광자를 잡아. 팬 한 가운데에는 마그네슘 원자가 있어. 식물의 엽록소는 a와 b라는 두 종류가 있는데, 음영 부분처럼 아주 약간의 차이만 있어.

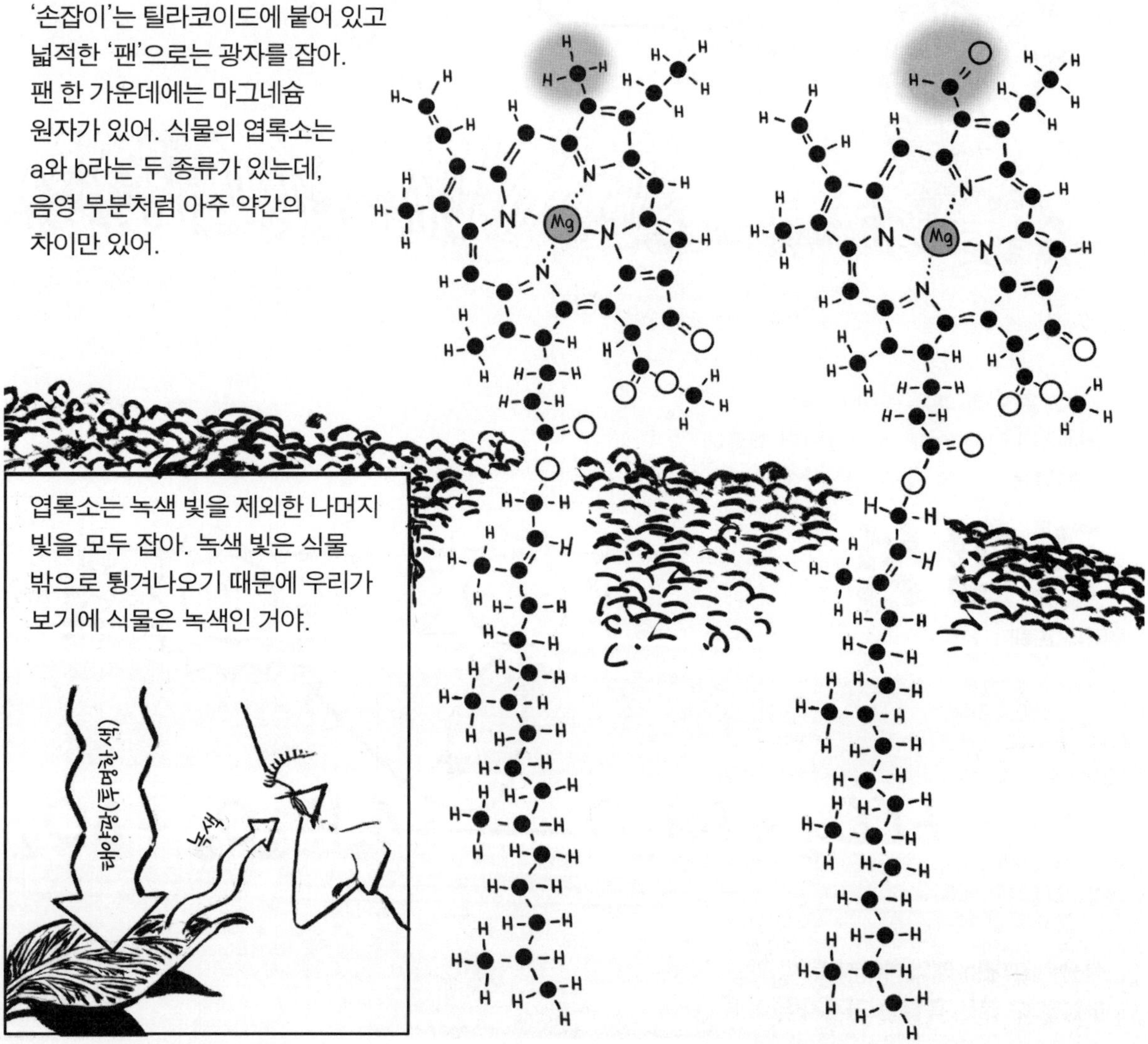

엽록소는 녹색 빛을 제외한 나머지 빛을 모두 잡아. 녹색 빛은 식물 밖으로 튕겨나오기 때문에 우리가 보기에 식물은 녹색인 거야.

광합성은 세포 안으로 들어온 광자가 엽록소의 전자 하나를 튕겨내면서 시작해.

밖으로 튕겨나간 고에너지 전자는 아주 좋은 일을 하지만 지금은 엽록소 이온에 집중하자!

전자를 너무나도 강렬하게 원하는 엽록소$^+$는 그 자신도 전자라면 사족을 못 쓰는 **산소**를 이길 수 있어. 엽록소$^+$는 **물**을 **산화**시키고 전자를 하나 가져와. 뭐, 대단한 업적은 아니야. 양성자도 떠나버리니까.

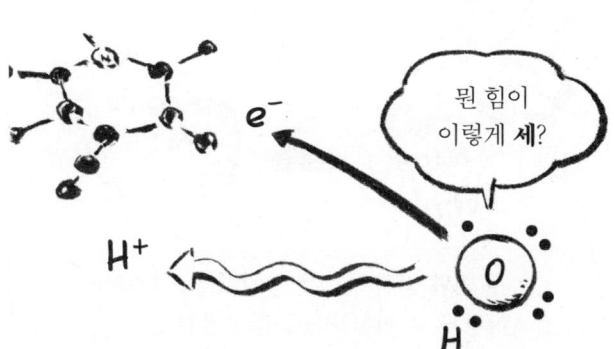

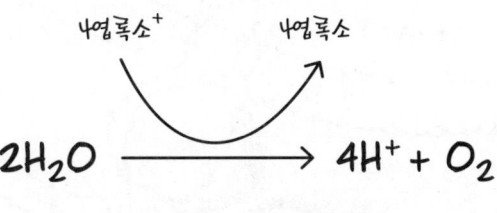
엽록소$^+$는 같은 일을 네 번 해서 결국 산소 분자 한 개를 만들어.

$$4엽록소^+ \rightarrow 4엽록소$$
$$2H_2O \rightarrow 4H^+ + O_2$$

만들어진 산소는 식물 밖으로 빠져나오고 양성자는 그대로 녹아 있어.

주의!

광합성의 첫 단계는 물을 만드는 호흡의 마지막 단계와 같다. 전체적으로 광합성 과정은 호흡 과정을 뒤로 되돌리는 것과 비슷하다.

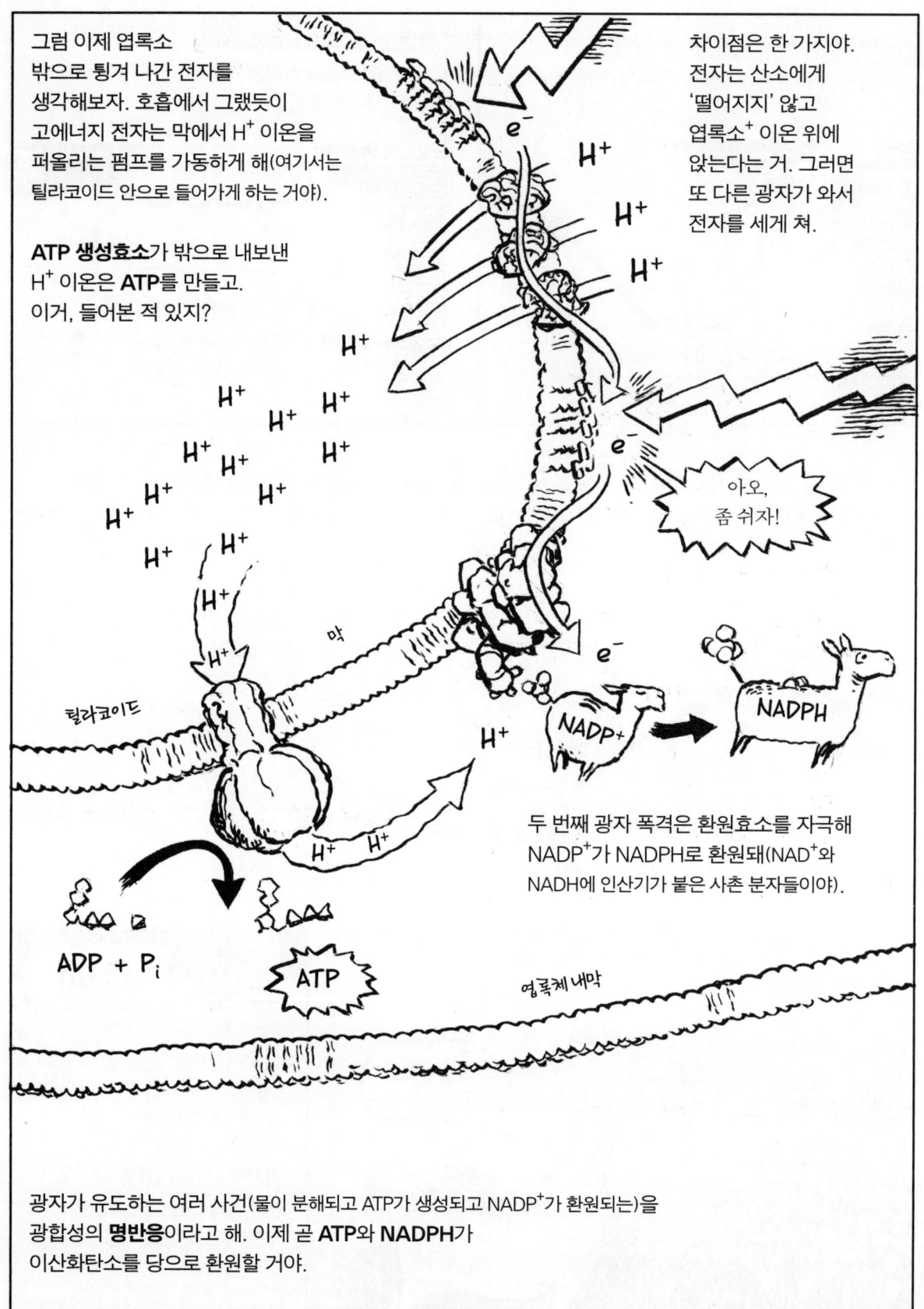

캘빈 회로는 ATP의 힘을 이용해 탄소를 RuBP에 고정한 물질을 환원해 당을 만들고 더 많은 RuBP를 생성해 같은 과정이 반복되게 해.
탄소 수를 세어보면 이산화탄소 세 분자와 RuBP 세 분자(둘이 합쳐 탄소는 18개야)가 3탄당 한 분자와 RuBP 세 분자를 만들어낸다는 걸 알 수 있을 거야.

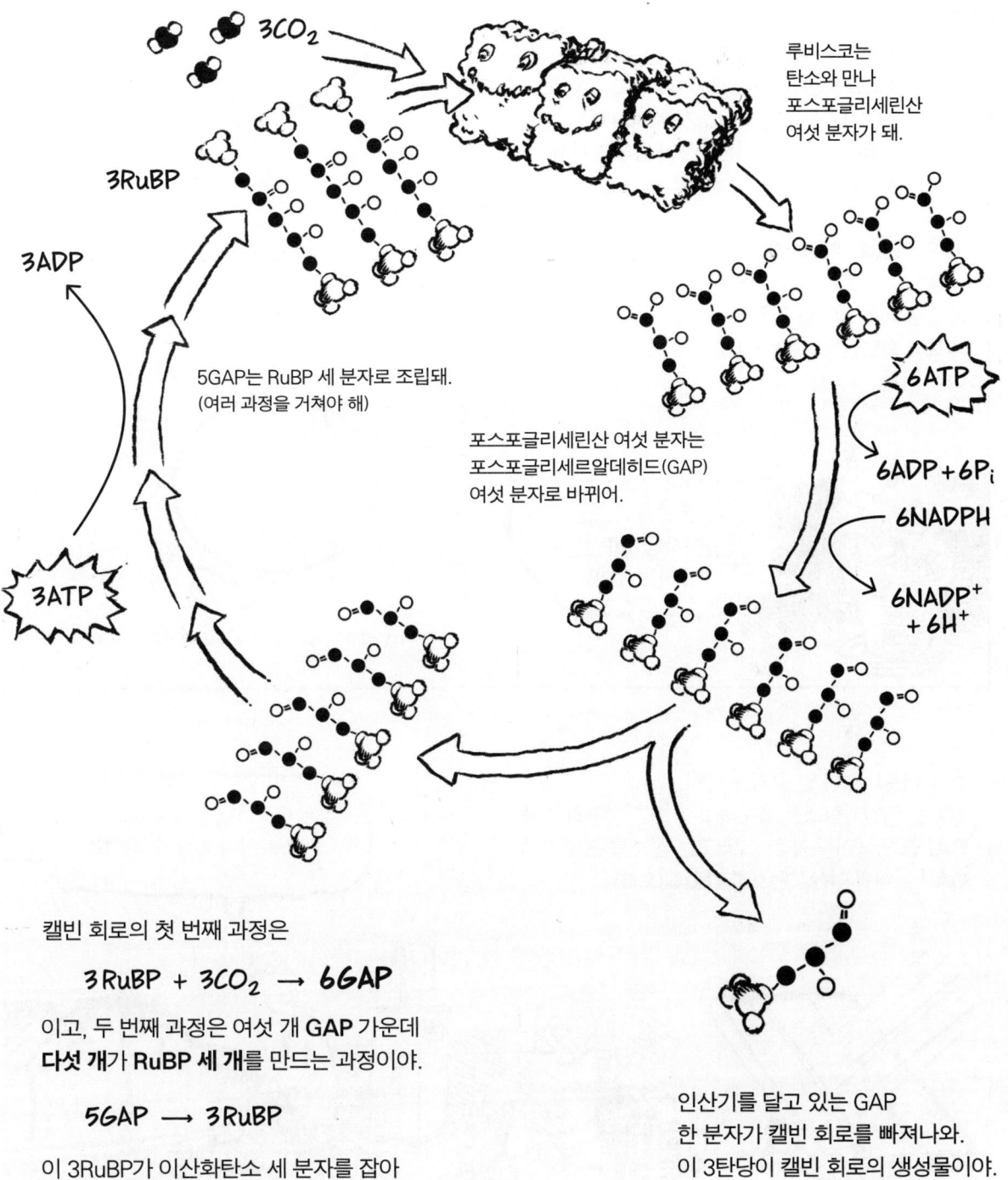

루비스코는 탄소와 만나 포스포글리세린산 여섯 분자가 돼.

포스포글리세린산 여섯 분자는 포스포글리세르알데히드(GAP) 여섯 분자로 바뀌어.

5GAP는 RuBP 세 분자로 조립돼.
(여러 과정을 거쳐야 해)

캘빈 회로의 첫 번째 과정은

$$3RuBP + 3CO_2 \rightarrow 6GAP$$

이고, 두 번째 과정은 여섯 개 GAP 가운데 **다섯 개가 RuBP 세 개**를 만드는 과정이야.

$$5GAP \rightarrow 3RuBP$$

이 3RuBP가 이산화탄소 세 분자를 잡아 다시 캘빈 회로를 돌리는 거야.

인산기를 달고 있는 GAP 한 분자가 캘빈 회로를 빠져나와. 이 3탄당이 캘빈 회로의 생성물이야.

캘빈 회로를 돌리면 GAP(포스포글리세르알데히드) 한 개가 밖으로 나와. 식물은 GAP로 무엇을 할까?

다른 진핵생물들처럼 식물도 GAP를 일부는 **호흡**을 하는 데 써.

GAP는 초성포도산염으로 산화돼.
초성포도산염은 미토콘드리아로 들어가고.
초성포도산염은 아세틸기가 되고 크레브스 회로가 돌아가면서 이산화탄소가 빠져나가.
전자(e^-)와 수소 이온(H^+)이 흘러가면서 APT를 만드는 장비에 동력을 공급해.

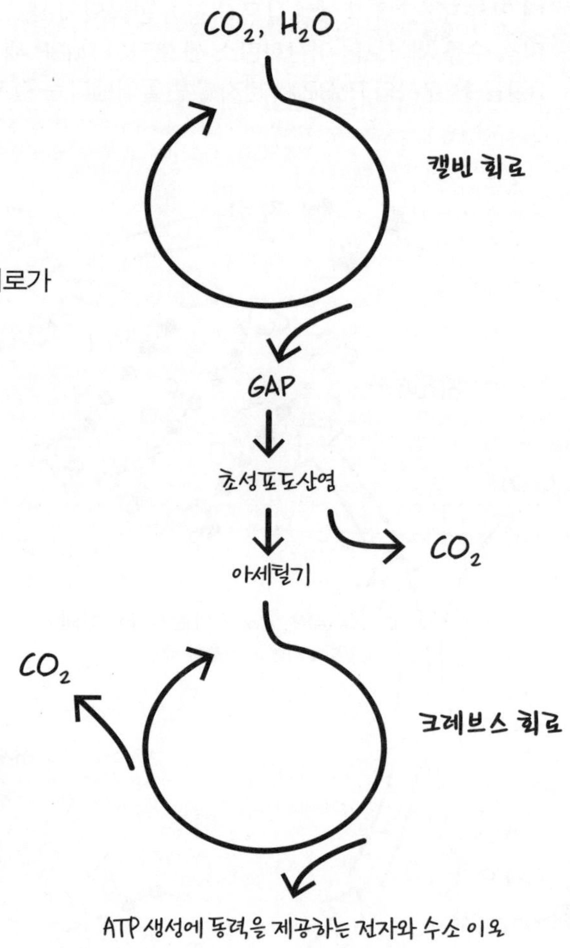

맞아. **식물도 호흡을 해.**
식물도 다른 모든 유기체처럼 연료를 태운 ATP를 이용해 세포의 흡열반응이 일어나게 하는 거지.

우린 달라. 하지만 **아주** 다르지는 않아.

CO_2, H_2O

캘빈 회로

GAP

초성포도산염

CO_2

아세틸기

CO_2

크레브스 회로

ATP 생성에 동력을 제공하는 전자와 수소 이온

조금 터무니없는 일 같기는 하지.
식물은 이산화탄소를 흡수하고 산소를 방출하면서 **GAP**를 만들어(광합성). 그러고는 산소를 흡수하고 **GAP**를 태워 이산화탄소를 방출해(호흡).

태양전지로 합성 휘발유를 만드는 거라고 할 수 있겠죠.

하지만~

식물은 생산한 **GAP** 가운데 극히 일부만 호흡에 사용해. 대부분은 **저장**하고 **자기 몸**을 만드는 데 쓰고. 태양은 식물에게 필요한 연료보다 훨씬 많은 에너지를 보내줘.

우리는 태양이 빛날 때 건초를 만들지.

기회를 제대로 포착한다는 뜻이야.

GAP 두 분자는 **포도당**을 만들고 포도당은 긴 사슬(**폴리머**)을 만들 수 있어.

포도당 폴리머인 **섬유소**는 단단한 세포벽을 만들기 때문에 식물은 가지, 줄기, 목질부를 만들 수 있어. 예를 들어 셀러리는 거의 대부분 물과 섬유소로 이루어져 있지.

감자, 참마, 토란 등은 포도당 폴리머인 **녹말**을 저장해.

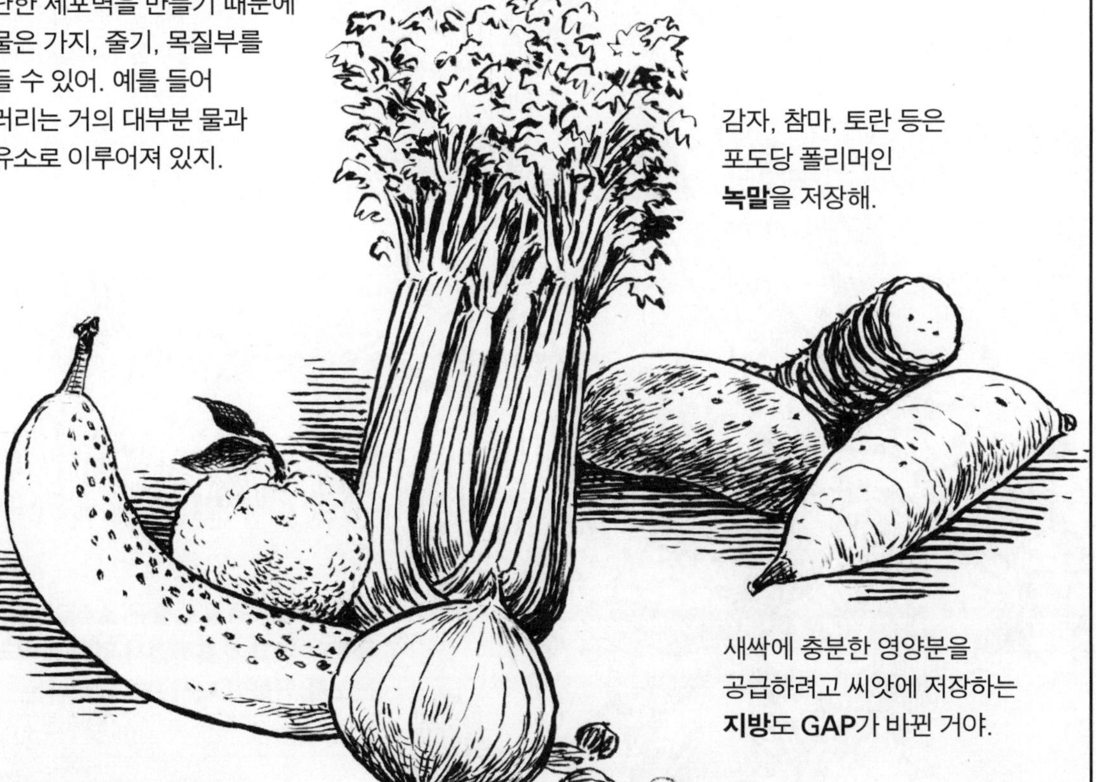

새싹에 충분한 영양분을 공급하려고 씨앗에 저장하는 **지방**도 GAP가 바뀐 거야.

포도당(이나 다른 단당류)은 **과일**에 단맛을 줘. 단맛은 과일을 먹고 씨앗을 퍼트릴 동물들을 유혹해.

요컨대 식물은 자신에게 필요한 연료보다 더 많은 탄소를 고정할 수 있어.
호흡으로 내보내는 이산화탄소의 양보다 **광합성으로 흡수한 이산화탄소의 양이 많다**는 뜻이지.
흡수하는 산소보다 **내보내는 산소가 더 많다**는 뜻이고.

CO_2

O_2

결론:
식물은 공기 중에 있는 이산화탄소를 흡수하고 산소를 내보내.
그리고 **에너지가 풍부한 유기물질도** 함께 생산하지.

동물한테는 정말로 좋은 소식이야.
동물이 먹고 호흡하면서 없앤 음식과 산소를 식물이 다시 보충해준다는 뜻이니까.

식물(과 무기물로 직접 연료를 만드는 모든 유기체)은

생산자 라고 해.

과학용어로는 **독립영양생물**이라고 하지.
생산자들 덕분에 생물학이 가능한 거야.

쇼는 계속되어야 해!

식물뿐 아니라 시아노박테리아 같은 광합성 유기체들은 엽록소 때문에 청록색을 띠어.

소비자 (종속영양생물)는

모두 유기물만 먹을 수 있어.
동물, 균류, 대부분의 박테리아는 종속영양생물이야.

음, 적어도 내가 총괄 책임자 아닐까?

생산은 흡열반응이야.
따라서 생산자는 모두 외부에서 에너지를 흡수해야 하는데,
그 에너지는 거의 대부분 **태양**에너지야.

그건 (거의) **모든 지구 생명체가 결국 태양에너지에 의지해 살아간다**는 뜻이야.
소비자는 생산자를 먹으니까.

내가 보기엔 모두 다 수혜자라고.

그렇게 생각하시든지!

마지막으로 알아야 하는 건 태양에너지 말고도 **다른 에너지원**을 사용하는 생산자도 있다는 거야.

이렇게 어두운 곳에서도 생명이 살아!

아주 깊은 바닷속에서 녹은 암석이 유독한 유황 가스를 내뿜는 곳에서 살아가는 유기체도 있어.

이 독특한 원핵생물들은 태양에너지가 아니라 이 바다 화산이 뿜어내는 열을 이용해 연료를 만들어.

우린 천국에서 살고 있다고!

하지만 에너지원에 상관없이 적용되는 원리는 언제나 같아. 독립영양생물이 만들면 종속영양생물이 가져가는 거!

원하는 건 모두 가져가도 돼. 단지 우리를 당연하게 여기지는 말라고!

Chapter 8
의사소통

지금쯤이면 단백질이 세포의 일꾼이라는 사실을 분명하게 알고 있을 거야.
단백질은 모든 물질대사 반응을 촉진하거나 진정시켜. 세포막으로 물질을 통과시켜
세포 화학을 유지하고 물질이 가득 든 주머니를 운반하고 섬유와 구조물을 만들어.
단백질이 하는 일은 아주 많아.

일반적으로 세포는 각자
특별한 임무를 맡은 수백만 개
단백질 분자를 한꺼번에
아주 효율적으로 사용해.
세포 안에서 단백질들이
서로 방해하지 않고 자기 일을
할 수 있는 이유는 무엇일까?
어째서 수많은 분자 기계들이
함께 일할 수 있을까?
그건 모두 서로 **소통**하기
때문이야.

단백질은 '시작', '그만',
'더 많이', '더 적게',
'열어', '닫아',
'나 여기 있어' 같은
간단한 신호에만 반응해.
실망했다고? 이봐,
단백질은 아주 조그만
분자일 뿐이라고!

이런 간단한 신호들을 **화학**의 '언어'라고 해.
한 효소가 기질 위에서 열심히 먹고 있는데 아주 작은 신호 전달 물질이 도착했다고 생각해봐.
이 신호 전달 물질은 기질과 결합하는 효소의 '활성 부위'가 아닌 다른 곳에 내려앉는 거야.

신호 전달 물질과 결합한 효소 분자는
적절하게 맞추어놓은 전하의 균형이 깨져서
모양이 바뀌게 돼.

그럼 효소는 하던 일을 멈추고 더는 기질과
결합할 수 없게 되지. 이 작은 신호 전달 물질은
효소에게 '그만' 하라는 신호를 보낸 거야.

화학 신호를 받아
모양이 변하는 반응을

알로스테릭 효과

라고 해. 앞에서 이미
알로스테릭 효과를 본 적이 있어.
결합물질의존성 채널을
이야기할 때 말이야(54쪽).
결합물질의존성 채널은
결합물질과 결합하기 전까지는
채널 뚜껑을 닫아둬.*

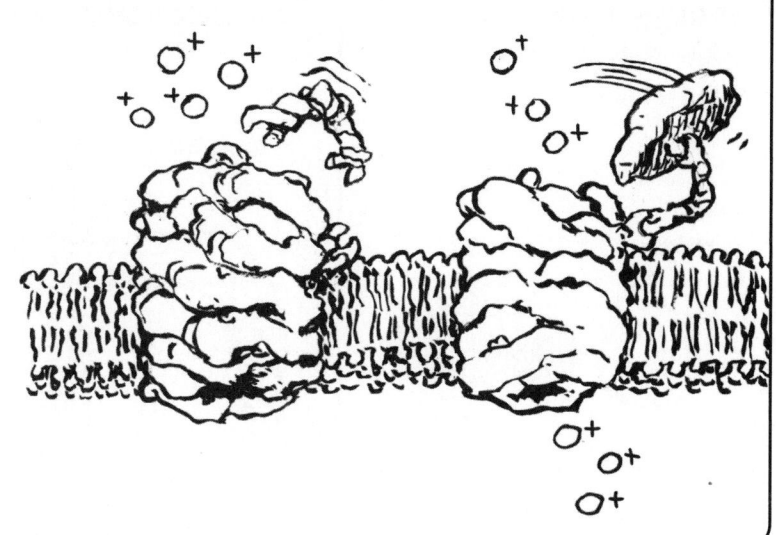

이런 변화는 그 자체로는 아주 미미하지만 1과 0만으로도 복잡한
컴퓨터 프로그램을 짤 수 있는 것처럼 이런 변화들이 한데 합쳐지면 엄청나게 복잡해져.
알로스테릭 효과가 있는 세포막 단백질은 **수용체**라고 불러.
수용체는 외부 세계의 정보를 세포에게 전달해.

예를 들어 포도당 수용체는
세포 밖에 있는 포도당과
결합해 **'음식'**이 왔음을 알려.

포도당이 수용체에 붙으면
세포 안에 있는 수용체
끝부분이 구부러지고,
아주 많은 일이 시작되지.

알았어!

* 결합물질의존성 채널들은 결합물질이 닫아주기 전까지는 열려 있다.

채찍같이 생긴 **편모**를 움직여 헤엄치는 박테리아의 포도당 수용체는 어떤 일을 할까?

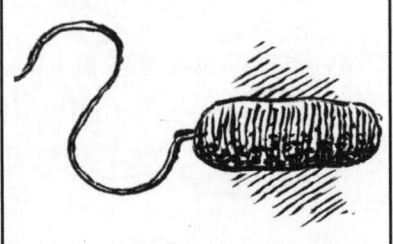

편모는 양성자를 에너지로 사용해 회전하는 커다란(그리고 인상적인) 단백질 모터가 편모를 움직여.

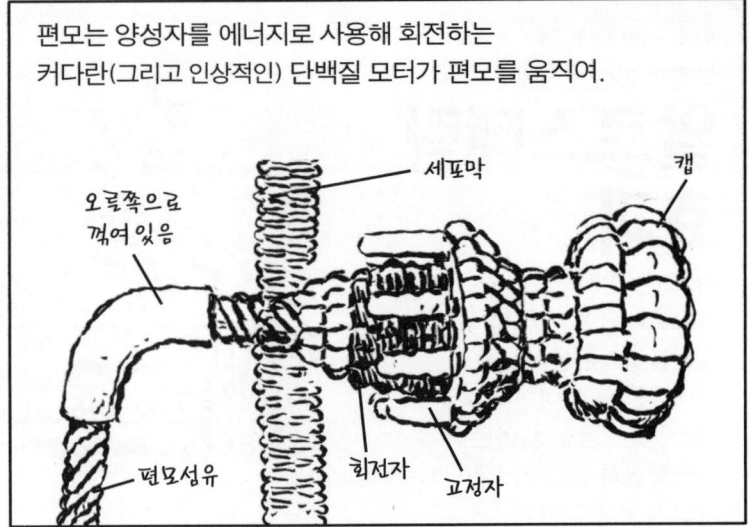

세포막 · 캡 · 오른쪽으로 꺾여 있음 · 편모섬유 · 회전자 · 고정자

편모는 (세포 내부에서 보았을 때) 반시계방향으로 돌면서 박테리아가 **앞으로 쭉 나가게** 해줘.

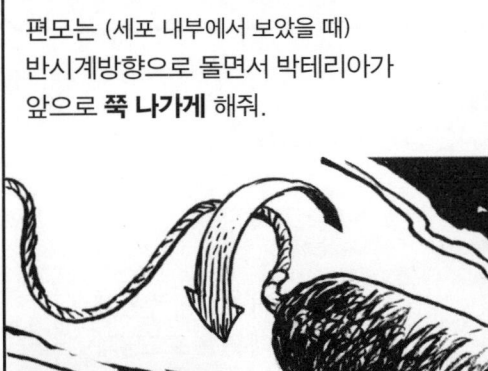

편모가 시계방향으로 돌아가면 박테리아는 느긋하게 제자리를 맴돌게 돼.

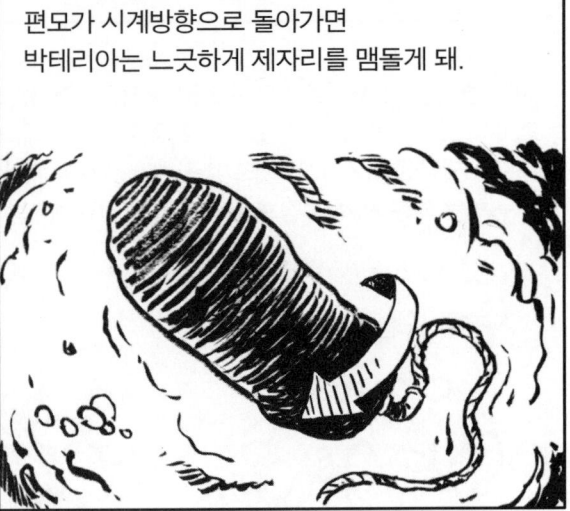

박테리아의 생애는 앞으로 갈 것이냐 제자리에 있을 것이냐를 무작위로 선택하는 과정이야.

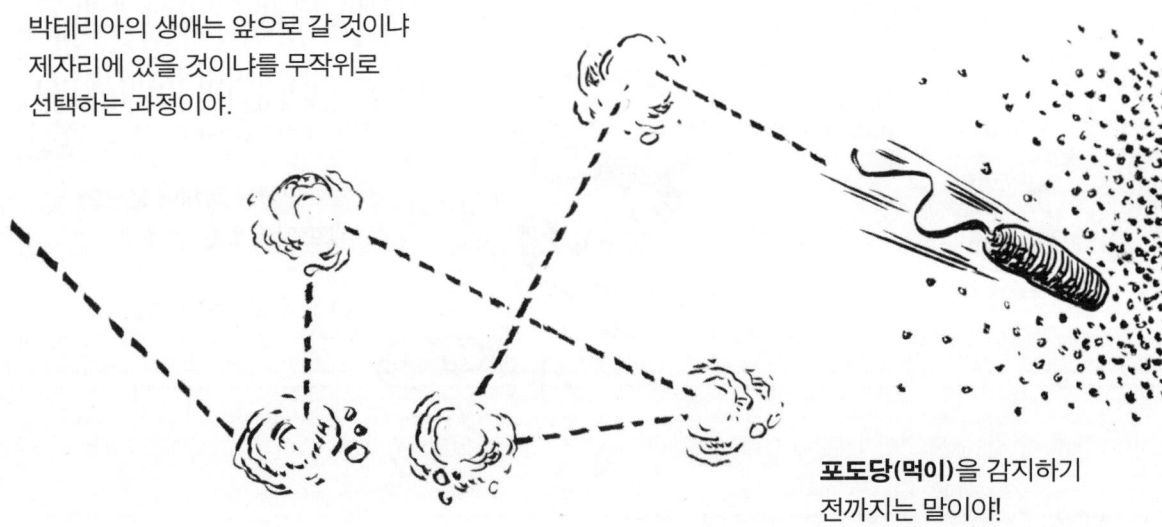

포도당(먹이)을 감지하기 전까지는 말이야!

포도당이 세포막 표면에 있는 수용체와 결합하면 수용체는 편모의 회전판을 **반시계방향으로만** 돌리라는 신호를 보내.

그러면 박테리아는 아무 방향으로나 나가게 돼.

포도당에서 **멀어지면** 신호는 사라져. 신호를 놓친 박테리아는 편모를 아무 방향으로나 돌리다가 다시 앞으로 나가.

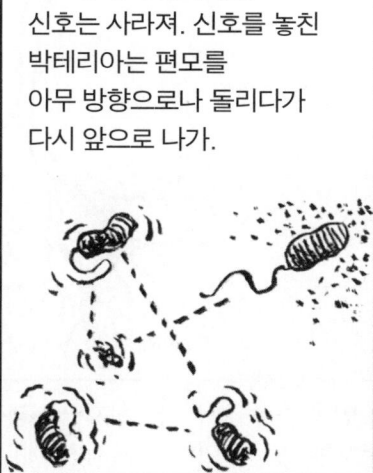

다시 포도당을 만나면 박테리아는 조금 더 앞으로 가. 포도당 안으로 조금 더 깊이 들어가는 거야.

포도당에 이끌려 무작위로 나가는 방향을 계속해서 수정하는 단순한 방법이 박테리아가 **먹이를 향해 헤엄쳐갈 때** 사용하는 전략이야.

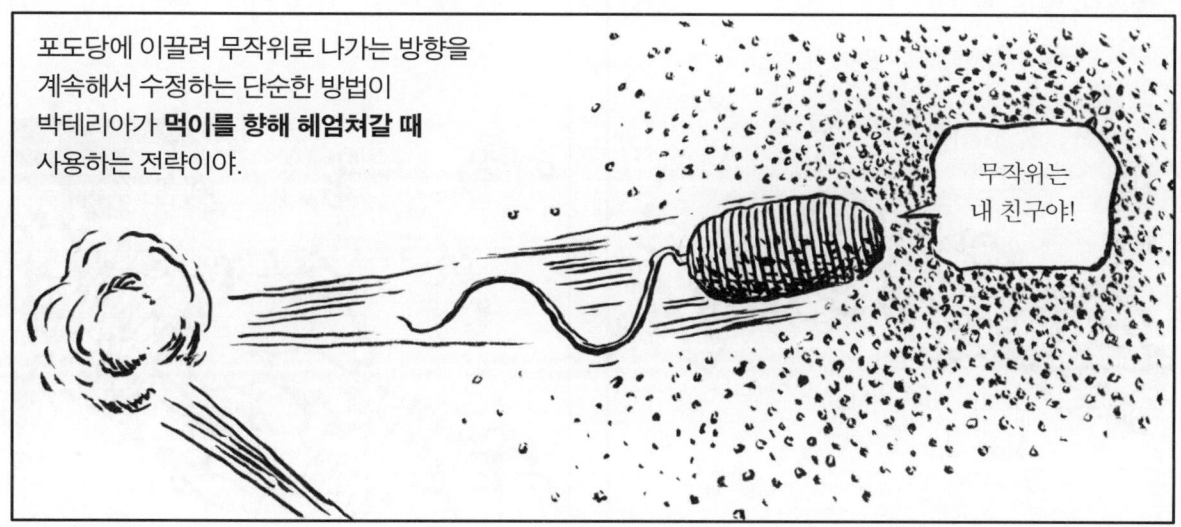

동물의 신경세포 (뉴런)

가 신호를 전달하는 방법은 훨씬 복잡해. 몸의 전선이라고 할 수 있는 뉴런은 전기 자극을 감지해. **수상돌기**가 전기 자극을 감지하면 그 신호는 아래 있는 긴 **축삭돌기**를 따라 내려가. 무엇이 이런 일을 하는 걸까? 알로스테릭 단백질이 그런 일을 하는 거야. 정확하게 말하면 나트륨 채널이 하는 거지.

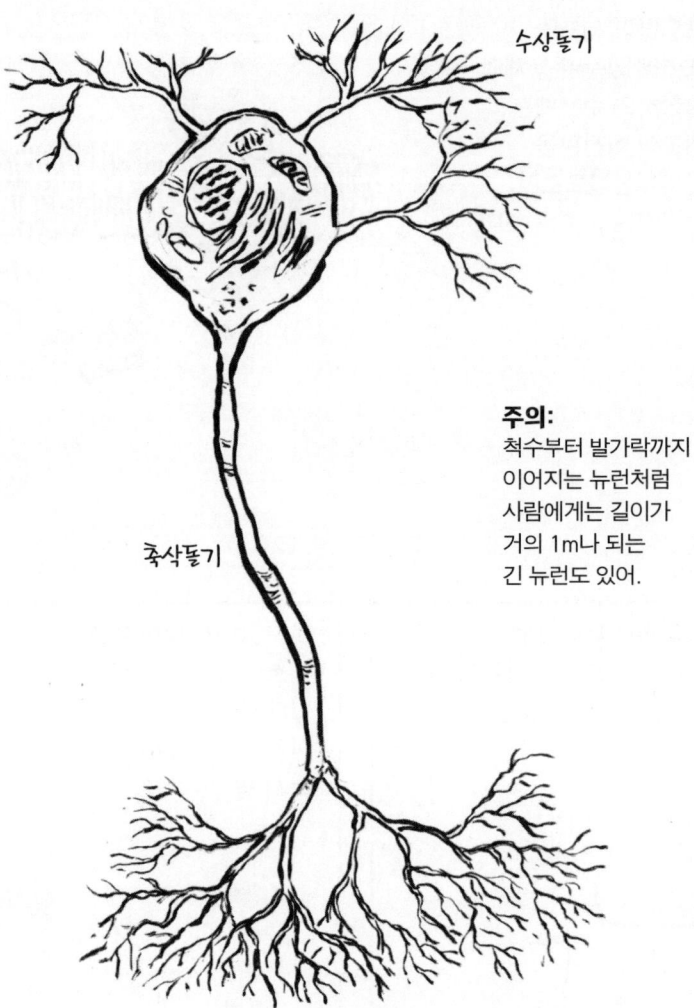

수상돌기

축삭돌기

주의:
척수부터 발가락까지 이어지는 뉴런처럼 사람에게는 길이가 거의 1m나 되는 긴 뉴런도 있어.

다른 세포들 대부분처럼 뉴런도 세포 밖의 나트륨 이온 농도가 더 높은 상태를 유지하고 나트륨 채널은 닫아둬.

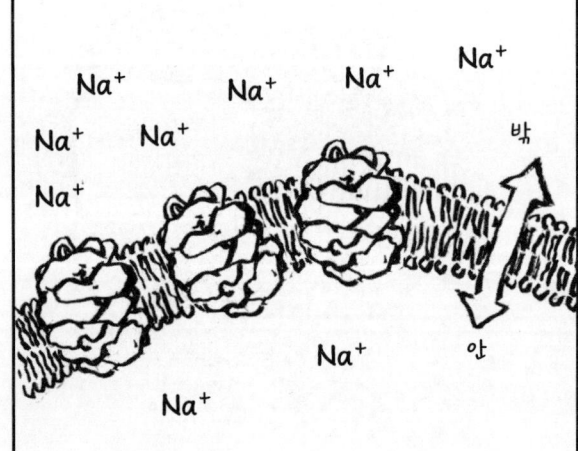

하지만 **신경전달물질**이라고 하는 도파민, 에피네프린, 질산 같은 작은 분자가 오면 나트륨 채널이 열려.

신경전달물질이 결합물질처럼 작용해 나트륨 채널의 문을 여는 거야.	나트륨 이온이 세포 안으로 들어가면 세포막 양옆에 형성된 **전압차**가 조금 줄어들어.	신호가 강하면 전압차는 충분히 줄어들어서 세포는 활발하게 활동하게 돼.

뉴런의 나트륨 채널이 대부분 **전압의존성 채널**이기 때문에 그래.
나트륨 채널은 전압이 충분히 낮아졌을 때만 열려.
채널이 열리면 나트륨 이온이 뉴런 안으로 밀려들어 가면서
축삭돌기를 따라 신경 신호가 번개처럼 빠르게 움직여.

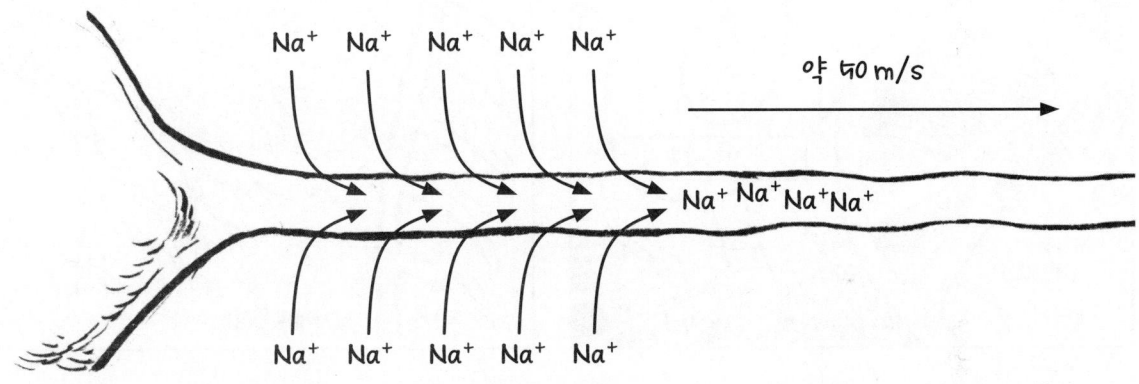

이런 방법으로 뉴런은 미약한 신경전달물질의 신호를 엄청난 전기 신호로 바꿀 수 있어.	자신이 받은 신호를 신경전달물질을 이용해 다른 뉴런에 단순히 **전달**만 하는 뉴런도 있어. 뉴런 사이에 존재하는 틈을 **시냅스**라고 해.	신호를 받은 **운동뉴런**은 근육을 수축하는 것처럼 실제로 몸에 변화를 만들어. 고마워, 전압의존성 채널아!

조금 더 부연 설명을 해줄게. 숲에서 나는 늑대 소리를 들었을 때 이 농부의 운동신경에서는 어떤 일이 일어날까? 	소리가 압력파의 형태로 고막을 때리면, 고막에서 생긴 진동은 작은 뼈를 움직여서 액체로 가득 차 있는 달팽이관을 자극해.
달팽이관 안에는 작은 털이 있는데, 이 털들은 주변 액체가 진동하면 전기화학 상태가 변해. 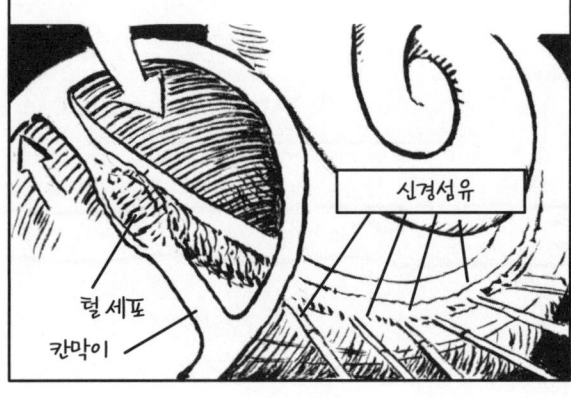	달팽이관의 털들은 청각신경으로 이어지는 뉴런을 향해 신경전달물질을 방출해.
신경 자극이 뇌로 들어가면 뇌는 그 자극을 분석해. 늑대 울음소리가 들리는 상황은 **위험하다**는 결론을 내리는 거지. 	그러면 뇌는 호르몬을 저장하는 부신으로 신호를 보내. 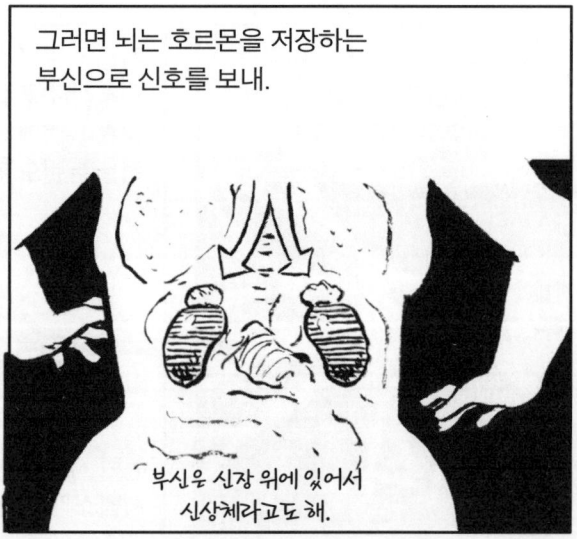

같은 종 구성원에게도 신호를 보낼 수 있어.

박테리아도 같은 종의 박테리아에게 '말'을 할 수 있어. 예를 들어 바다에 사는 발광박테리아*는 끊임없이 AHL이라는 화학 신호를 방출해.

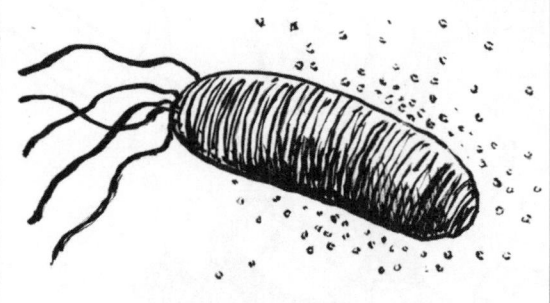

* 원래 학명은 *Vibrio Fischeri*였는데 이제는 *Aliivibrio fischeri*이다.

발광박테리아가 한 개체만 있을 때는 AHL은 널리 퍼져버리지만 여러 개체가 함께 있을 때는 AHL의 농도가 증가해.

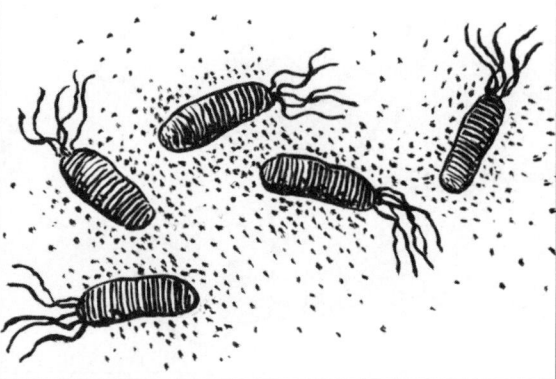

발광박테리아가 충분히 많이 모여 **정족수**에 이르면 AHL의 농도도 충분히 높아져서……
분자 스위치가 켜지고……

모든 개체가 반딧불이처럼 **빛**을 내게 돼!

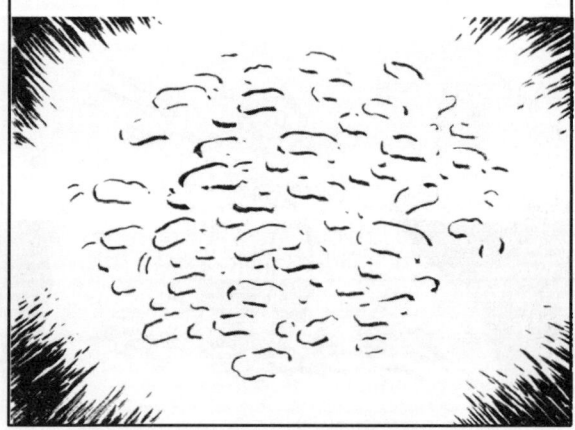

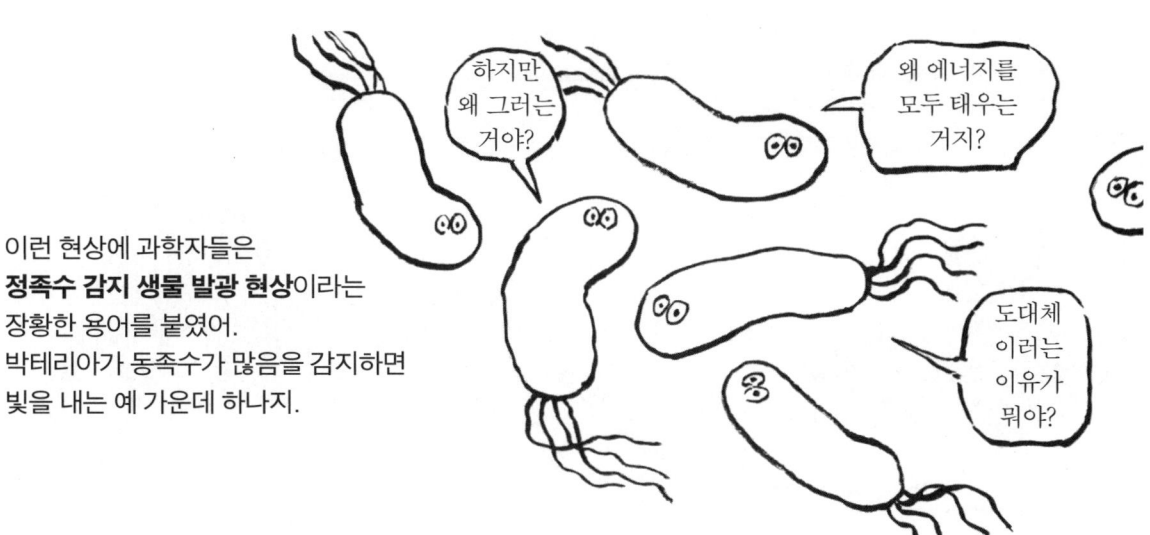

이런 현상에 과학자들은 **정족수 감지 생물 발광 현상**이라는 장황한 용어를 붙였어. 박테리아가 동족수가 많음을 감지하면 빛을 내는 예 가운데 하나지.

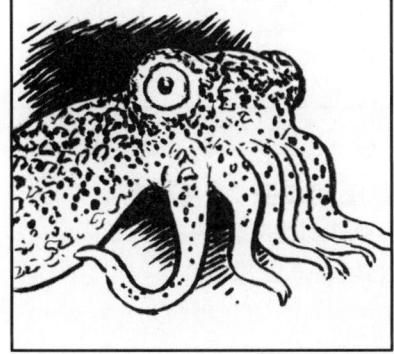

정말로 왜 그러는 것일까? 무엇보다도 큰 이유는 발광박테리아가 하와이에 서식하는 특별한 오징어 몸속에서 산다는 데 있어.

흔히 수면 가까이에서 헤엄치는 오징어들의 그림자는 밑에 있는 천적을 유혹해.

그런데 발광박테리아가 빛을 발하면 오징어의 그림자가 사라지게 되지.

그 덕분에 오징어도 박테리아도 무사할 수 있어.

내가 왜 서퍼들을 먹는지 궁금해하더군.

발광박테리아가 필요한 정족수에 도달하지 못하면 빛을 내지 못하고, 숙주와 박테리아 모두 위험해져.

오! 좋았어!

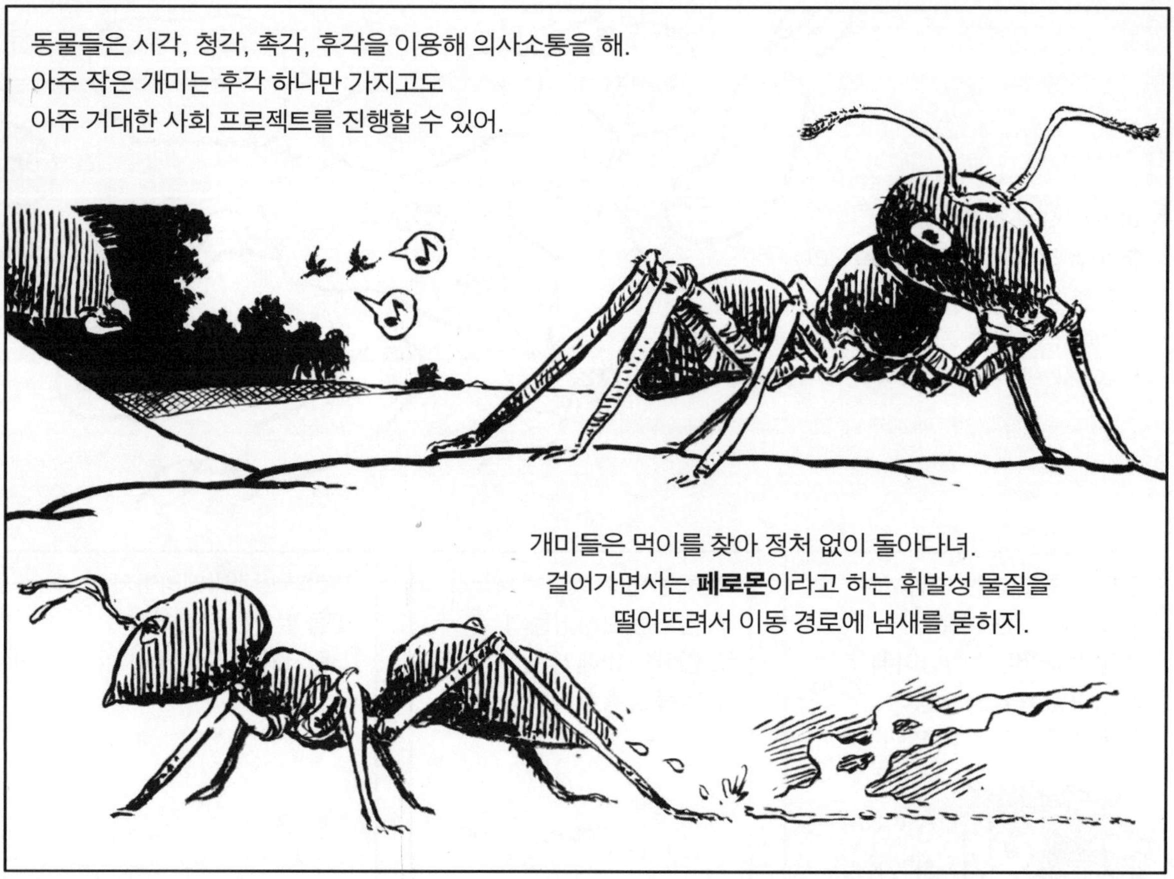

동물들은 시각, 청각, 촉각, 후각을 이용해 의사소통을 해.
아주 작은 개미는 후각 하나만 가지고도
아주 거대한 사회 프로젝트를 진행할 수 있어.

개미들은 먹이를 찾아 정처 없이 돌아다녀.
걸어가면서는 **페로몬**이라고 하는 휘발성 물질을
떨어뜨려서 이동 경로에 냄새를 묻히지.

먹이를 찾은 개미는 자기가 운반할 수 있을 만큼만 먹이를 들고……

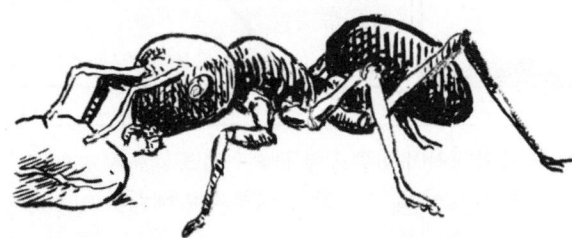

자기가 남긴 페로몬 흔적을 따라 돌아와.

개미의 더듬이에는 **페로몬 수용체**가 있어.
이 수용체들은 결코 하찮지 않은
개미의 뇌*로 신경 신호를 보내.

* 개미의 뇌에는 뉴런이 25만 개가 있다. 개미의 뇌는 달팽이의 뇌보다는 20배가량 크고
원숭이의 뇌에 비해서는 1만 2000분의 1 정도로 작다.

그럼 개미는 자기가 남긴 냄새를 따라가게 돼. 다시 페로몬을 남기면서 말이야.

지나가다가 그 개미가 남긴 냄새를 맡은 다른 개미는 그 길에 따라가면서 더 많은 냄새를 남겨.

다른 개미가 자취를 따라간 길이 둥지로 가는 길이라면 따라가던 개미는 둥지 앞에서 방향을 돌려 다시 반대 방향으로 가.

이런!

페로몬을 따라가면서 더 많은 페로몬을 묻히는 개미가 많아지면 결국에는 군대가 행렬하는 것처럼 많은 개미가 같은 길을 가게 돼. 개미들의 행진은 먹이가 사라지고 개미들이 흩어져 냄새가 옅어질 때까지 계속돼.

25만 개 뉴런으로 이루어진 개미의 뇌에는 여섯 가지 **규칙**이 저장되어 있는 것이 분명해.

만약에 이런 일이 벌어지면	**그때는** 이렇게 하기!
페로몬 길도 없고 운반할 먹이도 없으면	페로몬을 뿌리면서 무작정 걷기
페로몬 길이 있고 운반할 먹이가 없다면	페로몬을 뿌리면서 그 길 따라가기
길을 따라왔더니 집이고 운반할 먹이가 없다면	뒤로 돌아서 페로몬 뿌리면서 다시 가기
먹이가 있다면	먹이를 들고 방향 바꿔 길 따라가기
먹이를 운반하고 있다면	페로몬을 뿌리면서 그 길 따라가기
먹이를 가지고 집으로 왔다면	먹이를 저장하고 다시 방향 바꿔 길 따라가기

논리적이지!

식물도 '말'을 해. 해충이 공격을 해오면 공기 중으로 화학 물질을 방출해.

이 화학 물질은 가까운 이웃 식물에게 공격자를 막을 독성 물질을 만드는 등, 방어할 준비를 하라고 알려줘.

나무꾼을 막을 방법이 있기는 해?

숲에 사는 식물들은 뿌리에서 살아가는 균류나 박테리아 망을 이용해 통신하기도 해.

나무가 고정한 탄소는 많은 양이 포도당과 포도당 부산물의 형태로 뿌리로 내려가. 지하 세계에 형성되어 있는 조직망은 나무가 만든 영양분들을 전혀 다른 생물종에게도 나눠주는 역할을 해. 아프거나 죽어가는 나무가 이제 막 자라고 있는 다른 종의 어린 나무에게 포도당을 주는 거지.

이런 방법으로 숲은 마치 살아 있는 한 개체처럼 숲의 전체 항상성을 유지할 수 있는 거야.

혹시 너는 네가 엄청나게 큰 무언가의 일부라는 생각해본 적 있어?

나보다 더 큰 게 있다고?

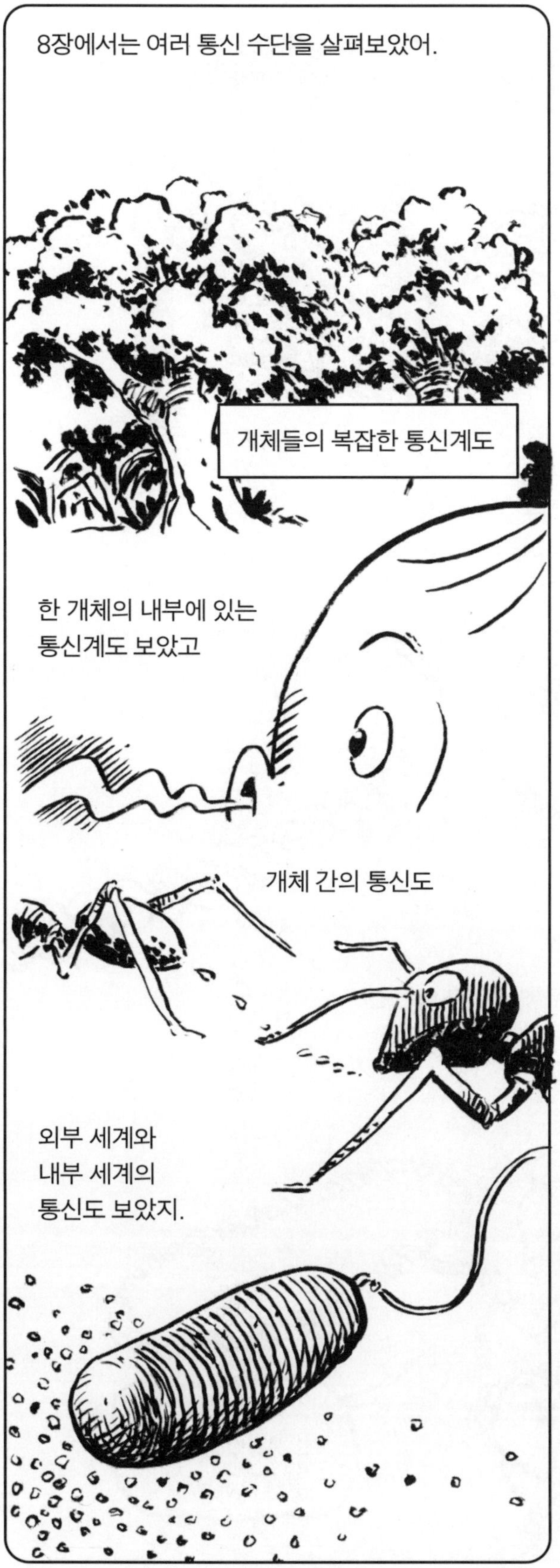

8장에서는 여러 통신 수단을 살펴보았어.

개체들의 복잡한 통신계도

한 개체의 내부에 있는 통신계도 보았고

개체 간의 통신도

외부 세계와 내부 세계의 통신도 보았지.

그런데 생명체들의 통신 수단은 분자 단계에서는 모두 동일해. 화학(과 전기화학) 신호를 이용해 단백질의 모양을 바꾸는 거야. 유기 신호가 한 단백질의 구조를 바꿔 여러 반응이 일어나게 하는 거지.

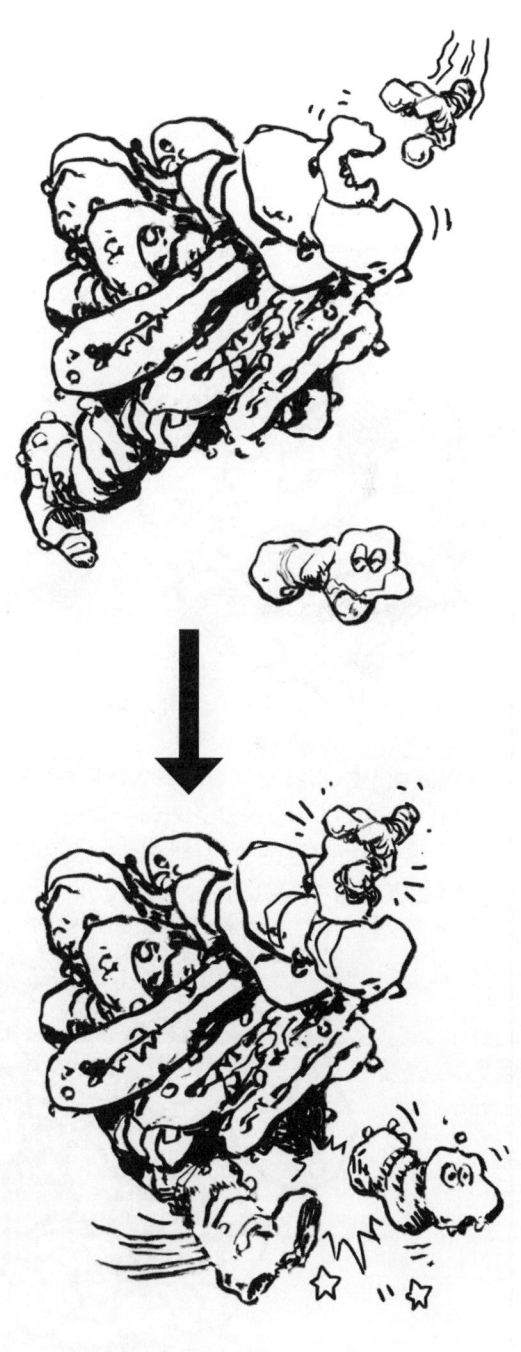

다른 식으로 표현하면 **유기체**는 **정보를 처리한다**고 할 수 있어. 모든 유기체에는 끊임없이 다른 개체와 **신호를 주고받는** 부분이 있는 거야.

> 이 두 손가락으로 내가 할 수 있는 일을 생각해봐.

신호를 주고받는 기술은 사실 생명체가 자료를 처리하는 기술 가운데 하나일 뿐이야. 나머지 자료 처리 과정에는 단백질 이상의 것들이 필요해.

모양을 바꾸는 거대 단백질(과 수많은 다른 단백질들) 뒤에 버티고 있는 건 완벽한 '도서관'이야. 정말로 거대한 정보 저장고가 있어.
모든 유기체는 수많은 분자 '책'에 정보를 새긴 완벽한 '사용설명서'를 가지고 있는 거야.

> 9장에서는 그 사용설명서를 살펴볼 겁니다.

Chapter 9
게놈 만나기

단백질을 만드는 방법

34쪽에서 본 것처럼 단백질은 단위체가 사슬을 이루거나 접힌 폴리머야. 접힌 사슬을 쭉 잡아당기면 아미노산들이 줄줄이 이어진 폴리펩타이드라는 걸 알 수 있지.

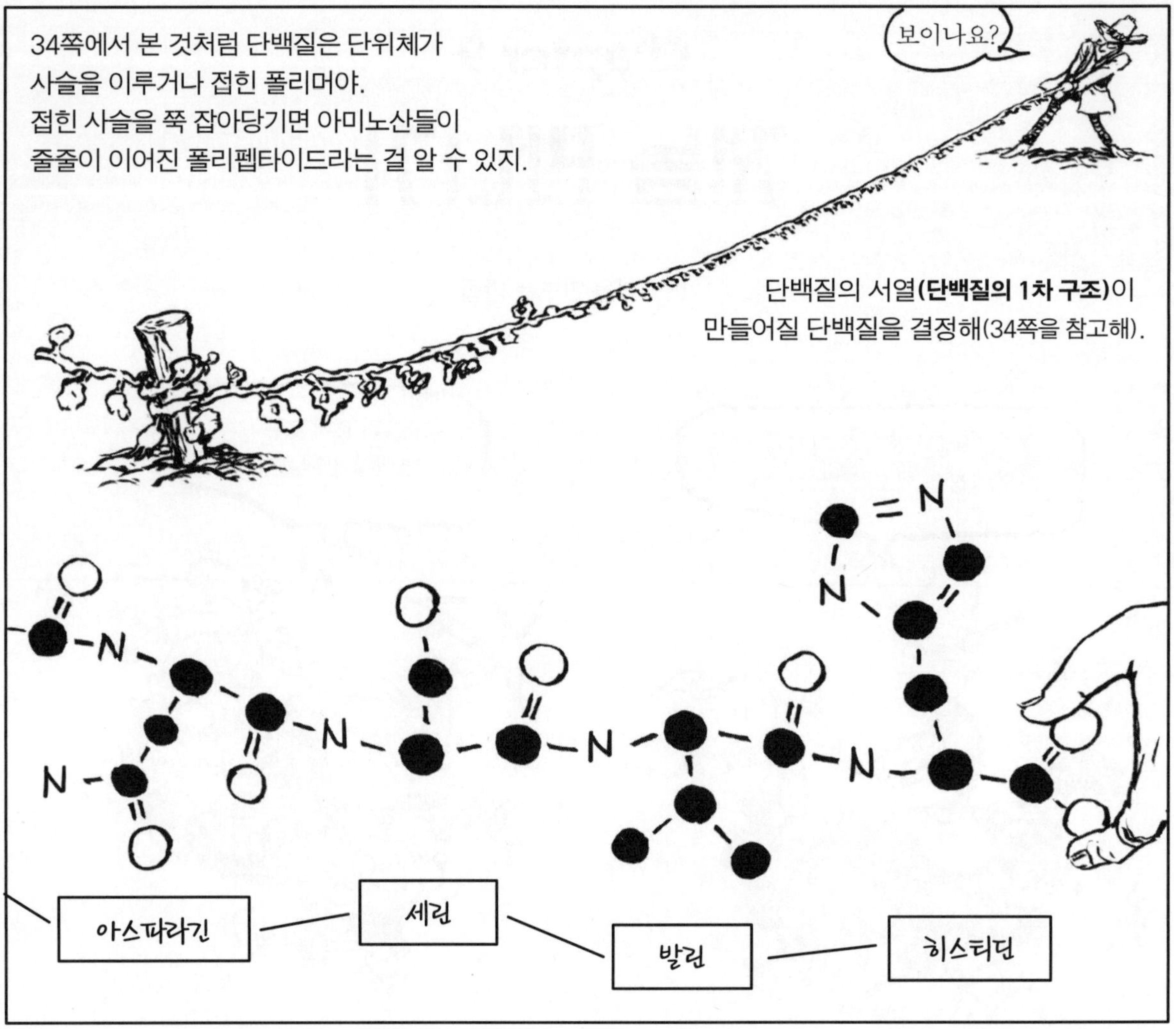

보이나요?

단백질의 서열(**단백질의 1차 구조**)이 만들어질 단백질을 결정해(34쪽을 참고해).

| 아스파라긴 | 세린 | 발린 | 히스티딘 |

배열된 아미노산 서열은 언제나 **동일한 방식으로만** 접혀.*
따라서 단백질을 만들려는 세포는 폴리펩타이드의 순서와 아미노산을 정확한 순서로 놓는 방법만 '기억하고' 있으면 돼.

이게 전부입니다.

* '거의' 언제나 그렇다고 해야 할지도 모르겠다. 샤페로닌 같은 도움 단백질이 영향을 미쳐 조금 바뀔 수가 있으니까.

세포가 아미노산을
정확한 순서로 배열할 수 있는 건
모든 단백질의 배열 순서를
간직하고 있기 때문이야.
세포의

게놈

이라고 부르는 이 순서는
아주 긴 DNA 분자에
기록되어 있어.

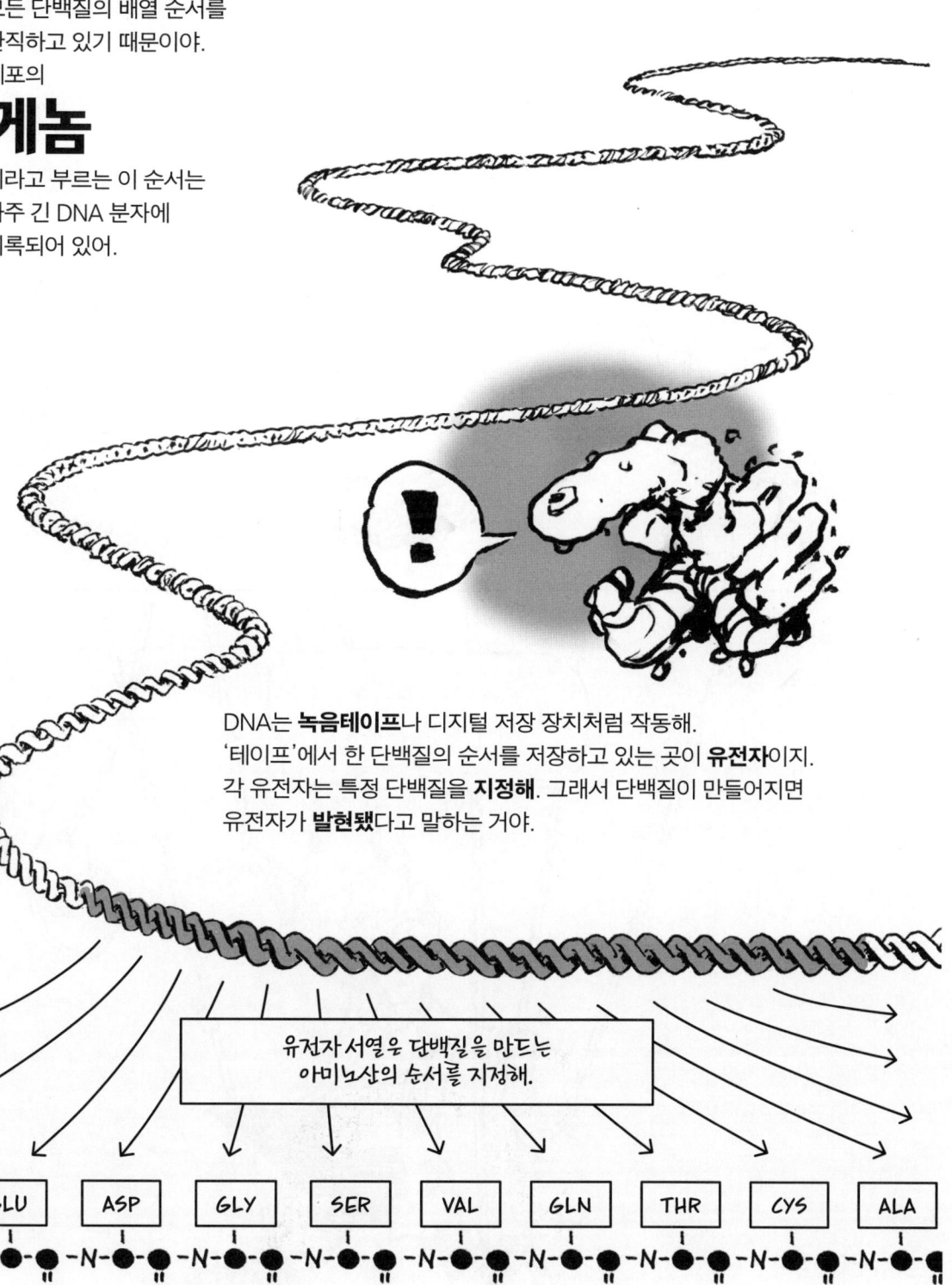

DNA는 **녹음테이프**나 디지털 저장 장치처럼 작동해.
'테이프'에서 한 단백질의 순서를 저장하고 있는 곳이 **유전자**이지.
각 유전자는 특정 단백질을 **지정해**. 그래서 단백질이 만들어지면
유전자가 **발현됐**다고 말하는 거야.

유전자 서열은 단백질을 만드는
아미노산의 순서를 지정해.

유전자는 생물학적으로 아주 독특한 일을 해. **정보를 저장**하는 거야.
어떻게 해서든지 게놈은 생명체에게 가장 중요한 분자의 구조를 **읽기 쉬운 형태**로 보존해.
세포는 DNA에 저장된 정보를 '읽고' 단백질을 만들어.

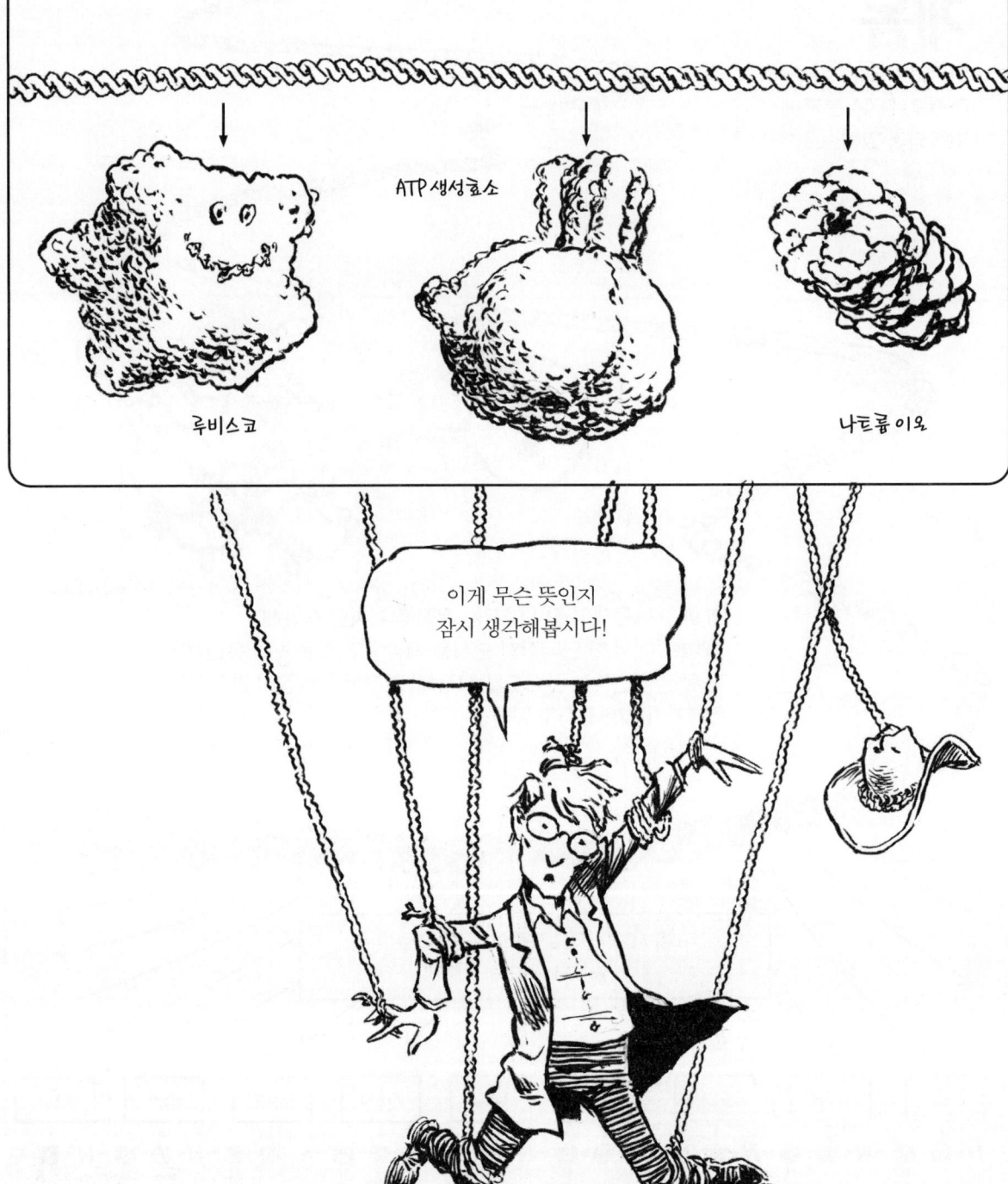

유전자는 단백질을 만드는 설계도이고 단백질은 유기체를 만들어.
따라서 유전자는 **유기체를 그 유기체답게 만들어준다**고 말할 수 있을 거야.
다른 유기체는 다른 유전자를 가지고 있어.

해파리, 코끼리, 선인장은
공유하는 유전자도 많아.
하지만 유기체마다
특별한 특성을 만드는
독특한 유전자도
가지고 있지.

사람들의 피부와 눈, 머리카락 색이 다른 이유는 유전자에 변이가 있기 때문이야.
유전자는 유기체의 특징을 결정해.

유전자랑 염색약 때문이지!

앞으로 알게 되겠지만 유전자는 다음 세대로 **전달돼**.
유전자는 부모와 같은 모습을 한 자손을 만들어.
게놈 과학이 활기를 띤 이유를 알겠지?

아들, 선인장하고 사랑하는 건 절대로 허락 못해!

DNA는 아주 중요한데도 그 양은 많지 않아. 원핵세포는 단 한 개 DNA에 자기 게놈을 모두 넣어뒀어. 원핵세포의 DNA는 대부분 닫힌 고리 모양이야.

진핵세포는 **염색체**라고 부르는 잘린 DNA 분자에 게놈 원본을 두 개* 담아두었어. 사람의 염색체는 46개(23쌍)야.

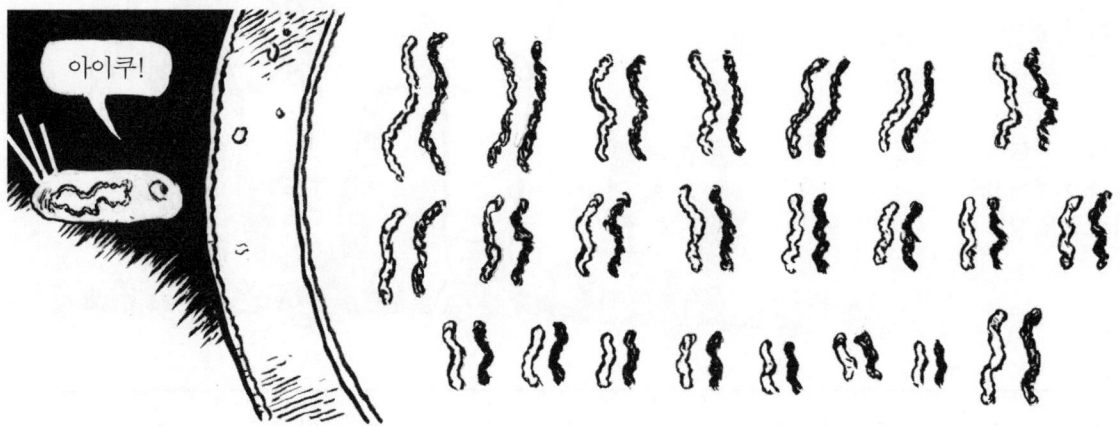

* 게놈 원본이 4개인 유기체도 있다.

DNA는 아주 중요한 물질이라서 세포는 단백질로 DNA를 감싸서 보호해.

진핵세포는 **세포핵** 안에 유전자를 담아 보관해.

아무리 조심해도 지나치지 않거든.

그와 달리 단백질을 만들 때는 쉬지 않고 작동하는 중장비를 사용해.
어떻게 해야 DNA를 망가뜨리지 않고 단백질을 만들어낼 수 있을까?

먼저 세포는 RNA라는 한 번만 쓸 유전자 **복사본**을 만들어.

유전자
GCACGCCACATGAGTTCAAGAGGCGAA
CGTGCGGTGTACTCAAGTTCTCCGCTT

RNA
GCACGCCACAUGAGUUCAAGAGGCGAA

이 **메신저 RNA(mRNA)**는 자신이 가져간 정보를 번역해서 단백질을 만들 테이프헤드를 통과해.

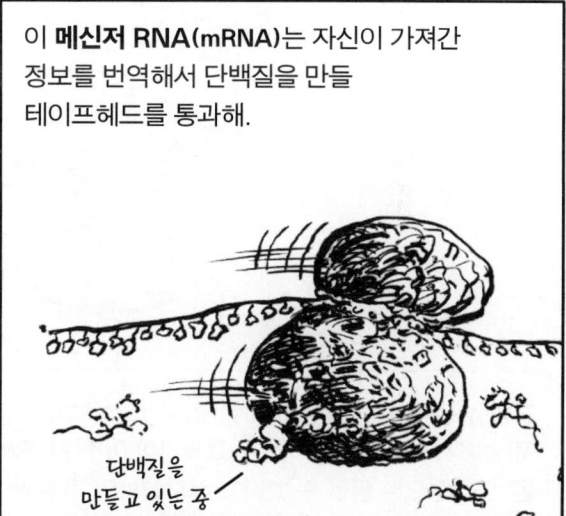

유전자는 두 단계로 발현해. 첫 번째는 RNA 전사 단계이고, 두 번째는 번역 단계야.
이 방법을 이용하면 중요한 유전 물질은 단백질 건설 현장에서 멀리 떨어져 있을 수 있어.

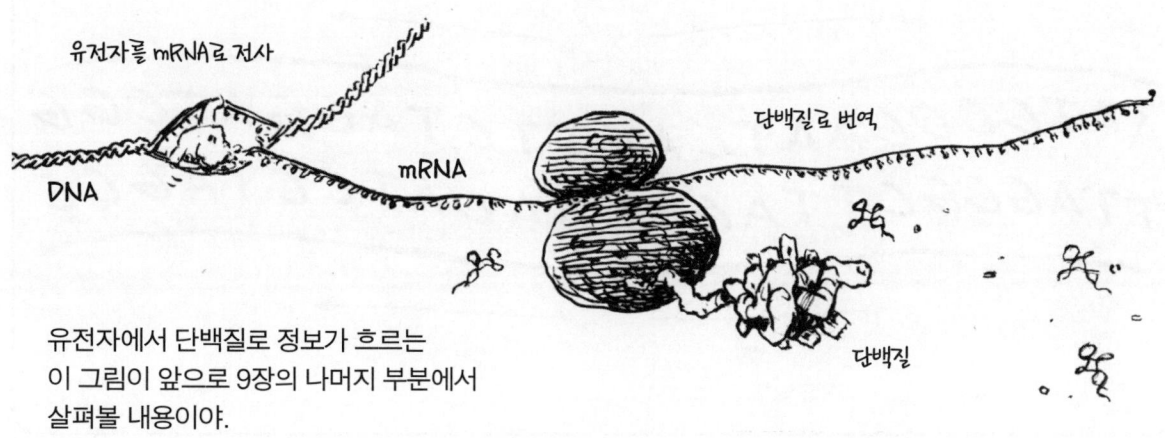

유전자에서 단백질로 정보가 흐르는
이 그림이 앞으로 9장의 나머지 부분에서
살펴볼 내용이야.

> 분자가 어떻게 정보를 저장해?

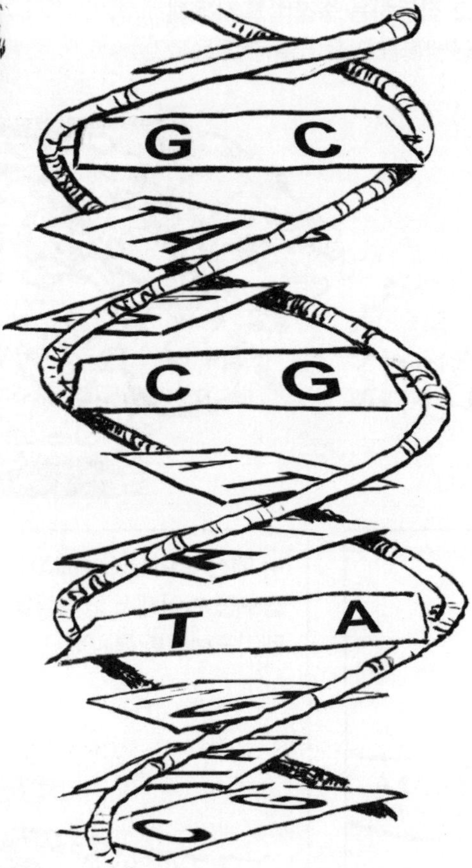

43쪽에서 본 것처럼 **DNA**는 나선형 계단처럼 비틀려 있는 이중 나선 구조를 하고 있어. DNA 가운데 놓인 '가로대'는 염기쌍이야.

염기에는 **A, C, G, T**가 있는데
A는 항상 **T**와
C는 항상 **G**와
짝을 지어.

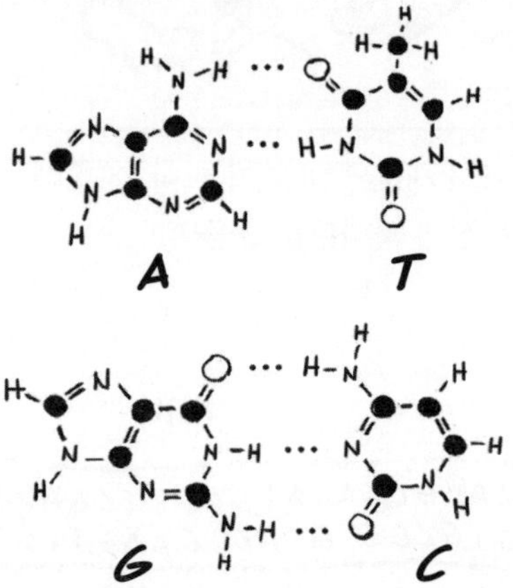

꼬임을 생각하지 않는다면 DNA는 서로 **상보적**인 글자들(**A**와 **T**, **C**와 **G**)이 짝을 지어 쭉 늘어서 있다고 할 수 있어. 그러니까 아주 긴 문서 같은 거지. 아주 긴 문서 **두 개**라고 할 수도 있겠다. 음, 양방향으로 읽을 수 있다고 생각해보면 긴 문서 **네 개**라고 할 수도 있겠지.
어느 방향이 진짜 유전자 서열 방향일까?

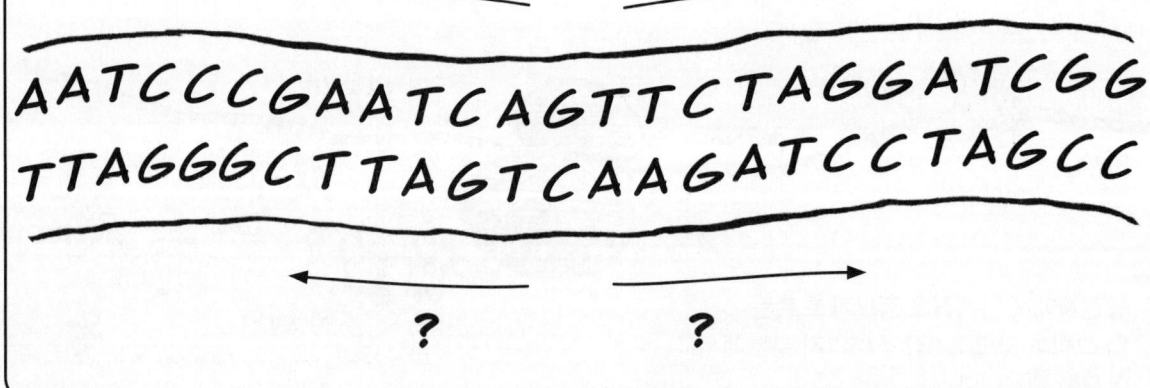

사실 핵산은
당의 5번 탄소가
고리 밖에 있어
한쪽으로 **치우쳐**
있기 때문에
선호하는 방향이 있어.

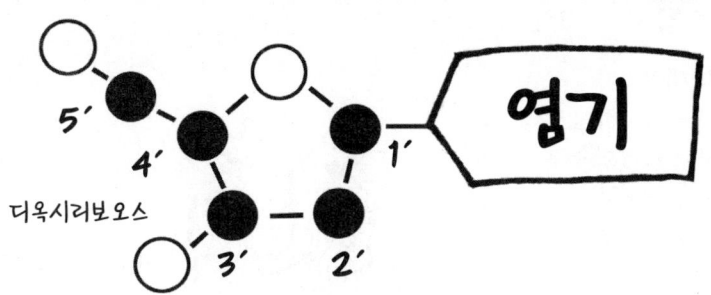

디옥시리보오스

핵산의 골격은 3번, 4번, 5번 탄소가 이어지는데 5번 탄소는 모두 한 방향을 가리켜.
DNA 가닥은 한 가닥은 5번에서 3번 탄소 방향으로, 다른 한 가닥은
3번에서 5번 탄소 방향으로 나아가지. DNA 두 가닥이
서로 **반대 방향**으로 나가는 거야.

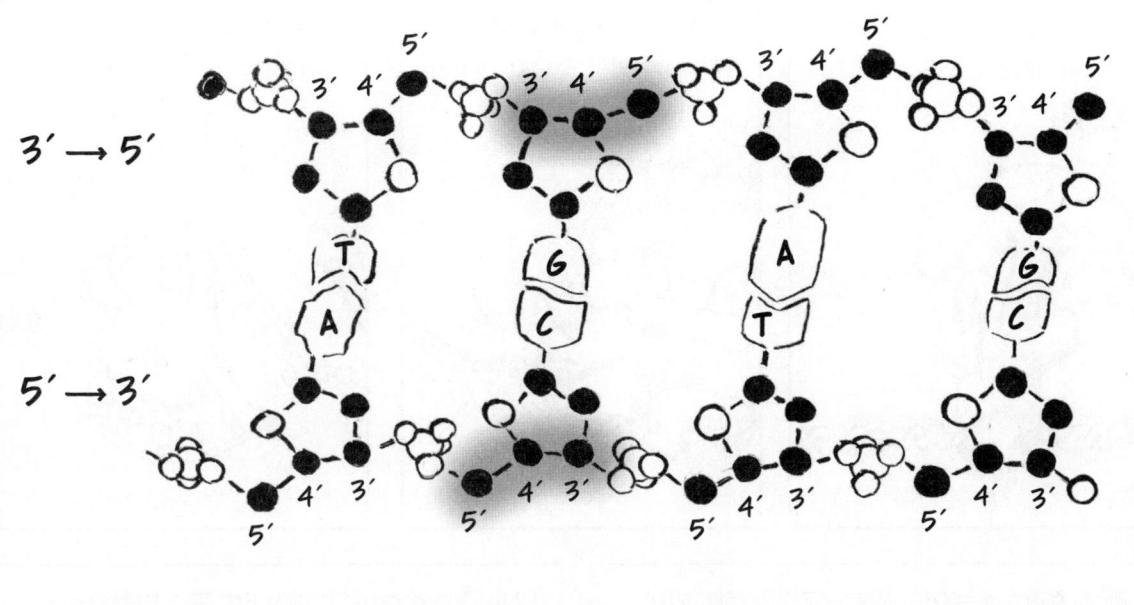

세포는 항상 시작점을
기준으로 **5번 탄소에서**
3번 탄소 방향으로
유전자를 읽어.
그러니까 유전자
서열은 한 개나
두 개밖에 없는 거야.

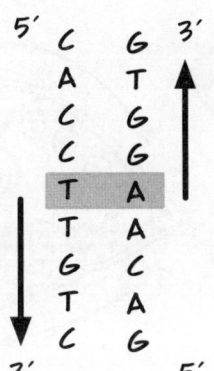

어느 방향으로 유전자 서열을 읽을지는
DNA 위에서 위쪽으로 이동하는 단백질이 결정해.
이 단백질은 곧 살펴볼 거야.

전사

먼저 **박테리아**가 유전자를 복사하는 방법부터 설명해줄게. 여기서는 유전자 가까이 앉아 있는 **시그마인자**(도움 단백질)와 RNA를 합성하는 **RNA중합효소**라는 두 단백질이 중요해.

시그마인자와 함께 있는 염기서열 / 유전자

RNA 중합효소가 지나가면 시그마인자는 중합효소를 붙잡아서……

중합효소가 작동해야 하는 유전자가 있는 곳으로 데려가.

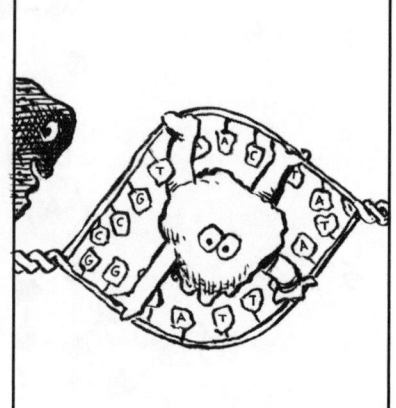

RNA 중합효소는 DNA 두 가닥을 넓게 벌리지.

RNA 중합효소는 어떤 방향으로 일을 해나가야 할까? 시그마인자가 그 길을 알려줘.

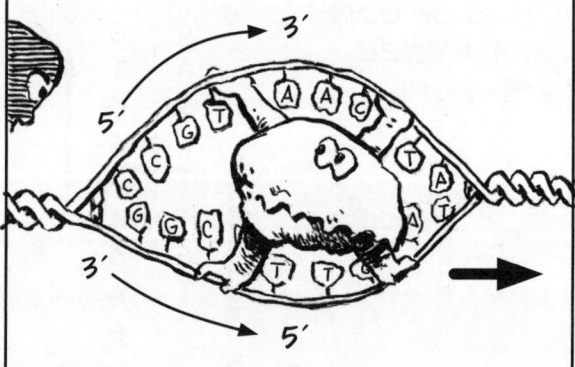

RNA 중합효소는 3번에서 5번 탄소 방향으로 **상보적** 염기를 만들면서 5번에서 3번 탄소로 나가는 복사본을 만들어.

DNA 위에 T가 있다면
RNA 중합효소는 A를 더하고
G가 있다면 C를 이어 붙이고
C가 있다면 G를 붙이고
A가 있다면, 저런?
U를 붙이고 있잖아?

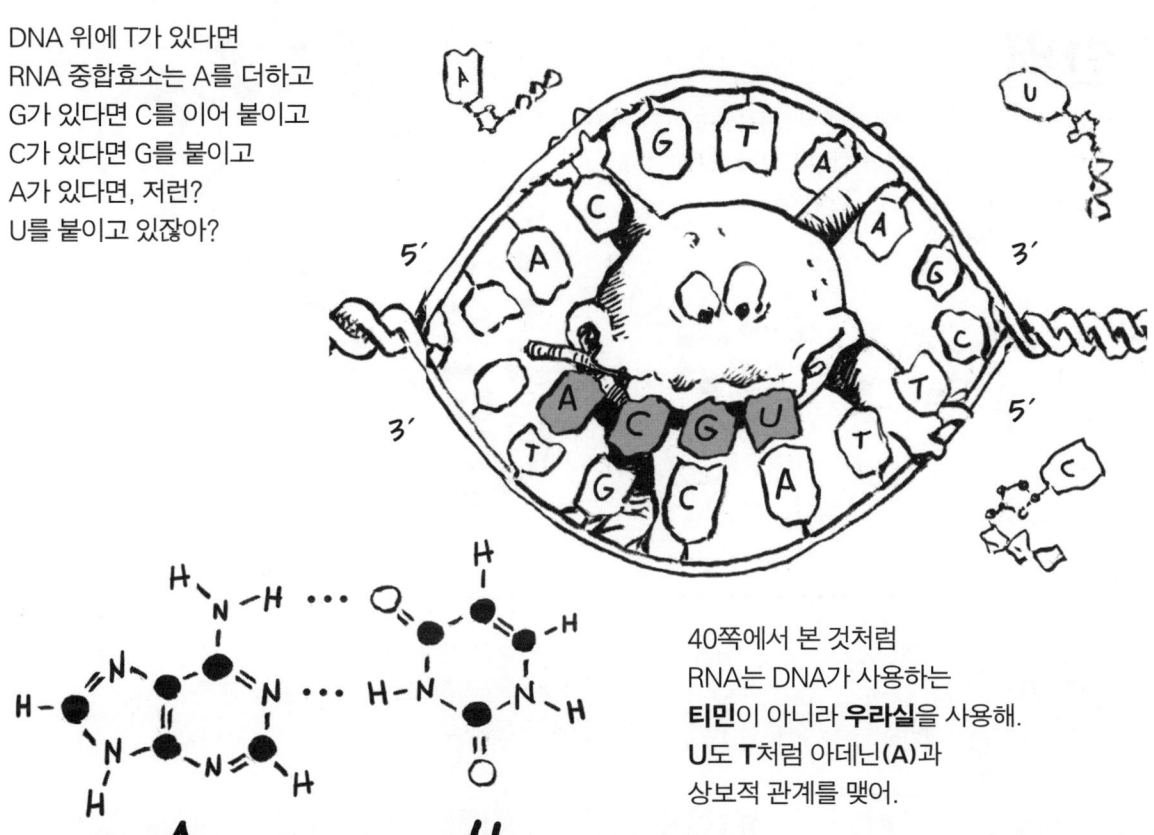

40쪽에서 본 것처럼
RNA는 DNA가 사용하는
티민이 아니라 **우라실**을 사용해.
U도 T처럼 아데닌(A)과
상보적 관계를 맺어.

5번에서 3번 탄소로 진행되는 DNA 가닥을 **주형가닥**이라고 해. 반대 가닥을 **반주형가닥**이라고 하고. 반주형가닥의 염기를 따라나가면서 RNA 중합효소는 (T 대신 U를 배열한다는 점만 빼면) **주형가닥과 정확히 같은 복사본**을 만들어내.

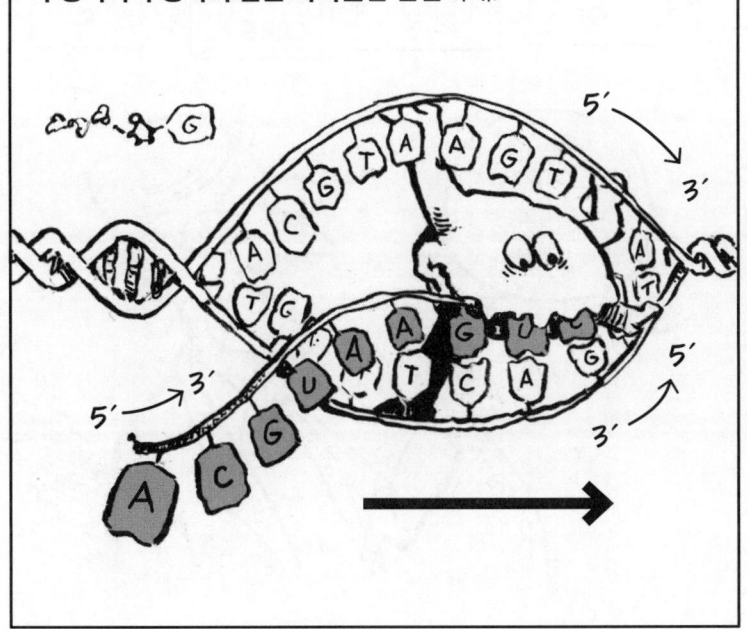

RNA 중합효소가 유전자의 끝부분에 도달하면 더는 복사본을 만들지 말라는 신호를 받게 돼. RNA 중합효소가 만든 DNA 사본을 **메신저 RNA(mRNA)**라고 해.

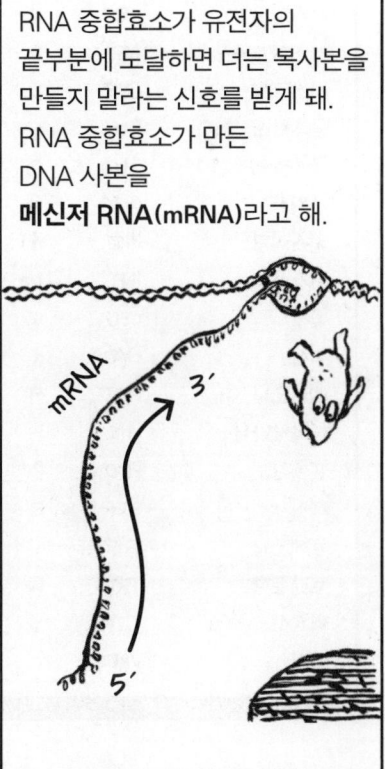

번역

유전자로 단백질을 만들려면 세포는 mRNA가 가져온 '정보'를 '읽을' 수 있어야 해. **ACU**나 **GAC**처럼 **세 염기**로 이루어진 유전 '단어'를 코돈이라고 불러.

5′ → 3′

단백질을 만드는 아미노산은 20개야.

염기 세 개로 이루어진 코돈은 단백질을 이루는 아미노산을 지정해(결정하는 거지).

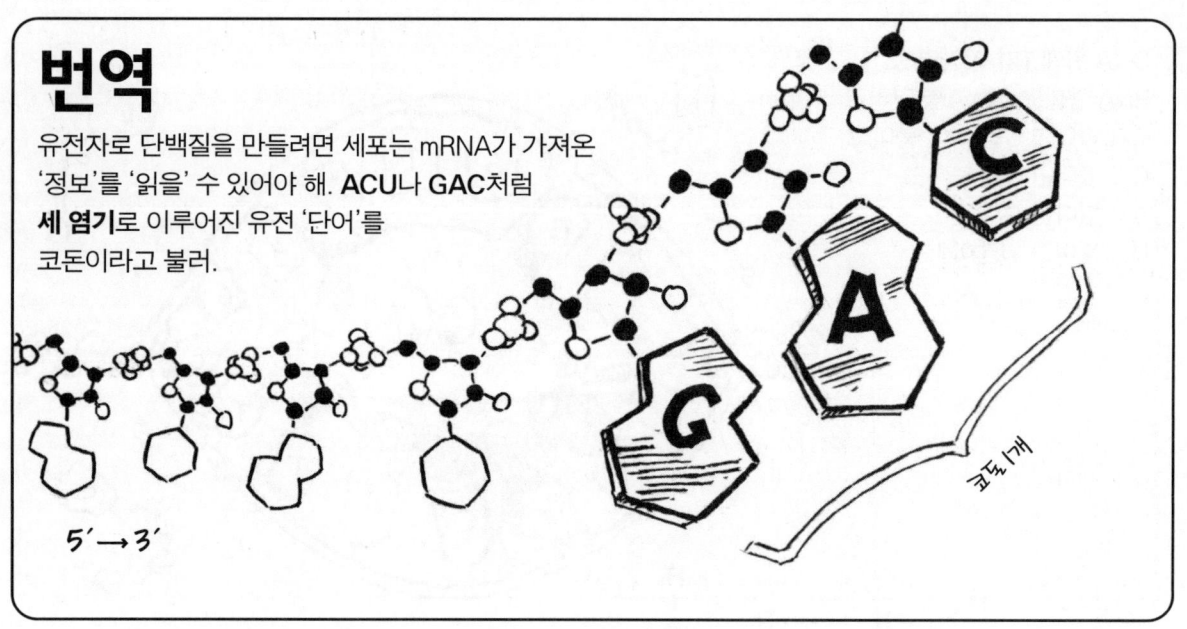

아미노산	약어	
알라닌	ALA	A
아르기닌	ARG	R
아스파라긴	ASN	N
아스파르트산	ASP	D
시스테인	CYS	C
글루탐산	GLU	E
글루타민	GLN	Q
글리신	GLY	G
히스티딘	HIS	H
이소류신	ILE	I
류신	LEU	L
라이신	LYS	K
메티오닌	MET	M
페닐알라닌	PHE	F
프롤린	PRO	P
세린	SER	S
트레오닌	THR	T
트립토판	TRP	W
티로신	TYR	Y
발린	VAL	V

mRNA는 암호로 이루어진 메시지라고 할 수 있습니다.

세 개씩 짝을 지어 아미노산을 지정하는 염기들을

유전 암호 라고 해.

UUU UUC	PHE	UCU UCC UCA UCG	SER	UAU UAC	TYR	UGU UGC	CYS
UUA UUG	LEU			UAA UAG	STOP	UGA	STOP
						UGG	TRP
CUU CUC CUA CUG	LEU	CCU CCC CCA CCG	PRO	CAU CAC	HIS	CGU CGC CGA CGG	ARG
				CAA CAG	GLN		
AUU AUC AUA	ILE	ACU ACC ACA ACG	THR	AAU AAC	ASN	AGU AGC	SER
AUG	MET			AAA AAG	LYS	AGA AGG	ARG
GUU GUC GUA GUG	VAL	GCU GCC GCA GCG	ALA	GAU GAC	ASP	GGU GGC GGA GGG	GLY
				GAA GAG	GLU		

유전 암호는 **중복**되기 때문에 64개(4×4×4) 코돈이 20개 아미노산을 지정해. 다른 코돈들이 같은 아미노산을 지정하는 '동의어'인 셈이야.

아미노산을 지정하지 않고 **그만두라**는 신호를 보내는 코돈도 세 개 있어.

유전 암호는 **겹치지 않아**. '단어'들은 빈 간격 없이 일렬로 쭉 늘어서 있어.

유전 암호는 **보편적**이어서 모든 유기체가 같은 암호를 사용해.

세포는 코돈을 가지고
어떻게 아미노산을 만들까?
세포에는 암호를 번역해 아미노산을
만드는 특별한 분자가 있어.
전달 RNA(tRNA)는 메시지와
단백질을 **직접 연결**해줘.

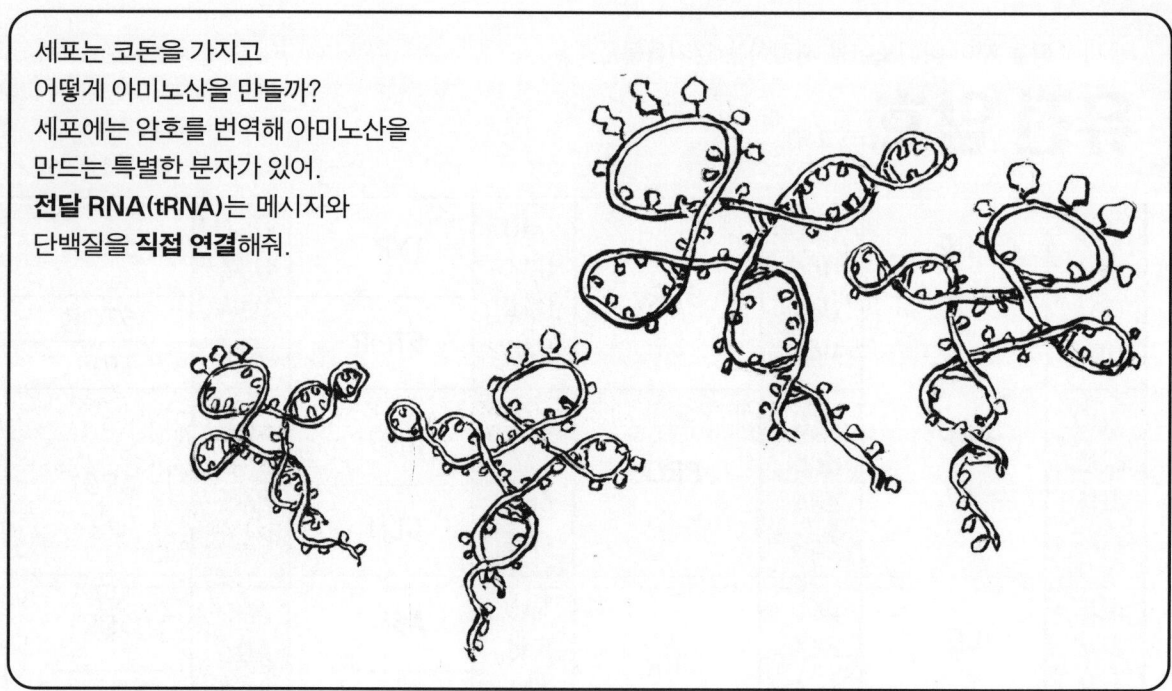

중요한 tRNA는
마치 열쇠처럼 생겼어.
염기 간 수소결합 때문에
tRNA는 비틀려서
염기 세 개로 이루어진
안티코돈이 있는
머리와 아미노산이
결합하는 부위가 있는
꼬리가 생겨.

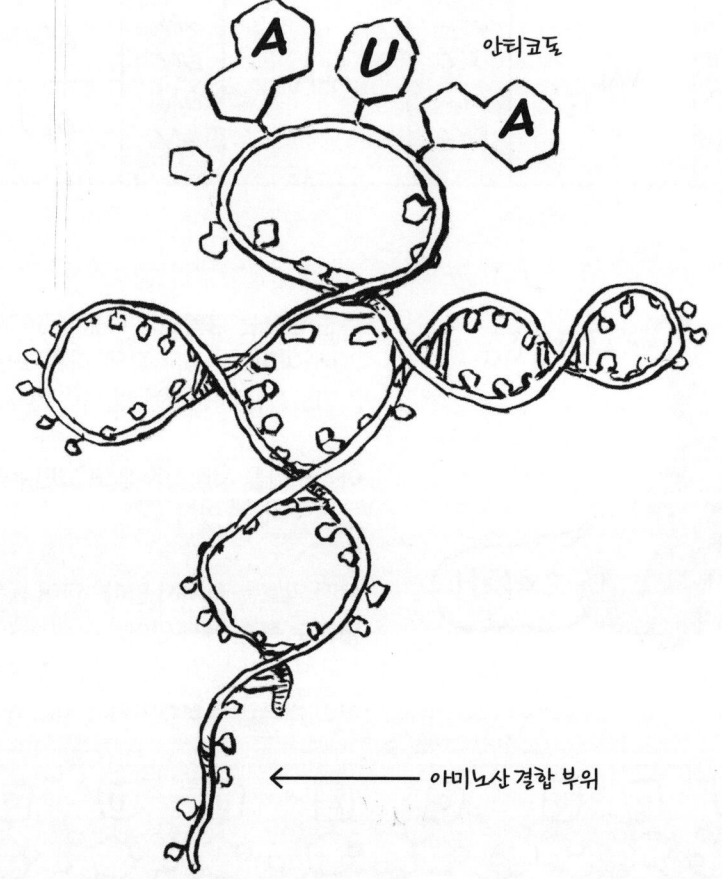

안티코돈

← 아미노산 결합 부위

tRNA는 모두 **특별한 아미노산**하고만 결합해. 예를 들어 안티코돈이 **UUU**인 tRNA의 꼬리에는 **리신**만 결합하는 거야.

이 tRNA의 안티코돈에는 mRNA에 있는 상보적인 코돈이 와서 결합하고. **tRNA가 mRNA의 암호를 해독하는** 거지.

리신

AAA
↓
리신

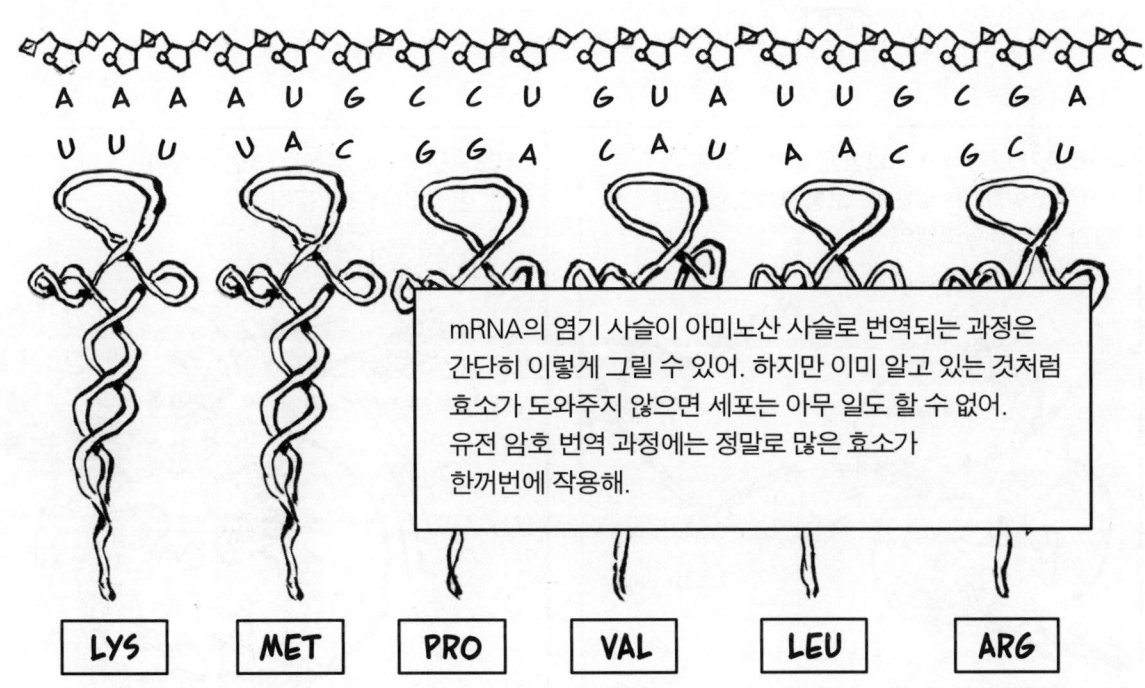

mRNA의 염기 사슬이 아미노산 사슬로 번역되는 과정은 간단히 이렇게 그릴 수 있어. 하지만 이미 알고 있는 것처럼 효소가 도와주지 않으면 세포는 아무 일도 할 수 없어. 유전 암호 번역 과정에는 정말로 많은 효소가 한꺼번에 작용해.

LYS   MET   PRO   VAL   LEU   ARG

리보솜

리보솜은 mRNA, tRNA, 아미노산이 함께 놓이는 '테이프헤드' 분자야. 수십 개 단백질과 RNA 분자 (rRNA, 리보솜 RNA)로 이루어진 리보솜은 크게 두 가지 기본 단위로 이루어져 있어.

박테리아에서 리보솜은 유전자에서 mRNA가 만들어지고 있을 때 활동하기 시작해.

tRNA가 결합할 '구멍'이야.

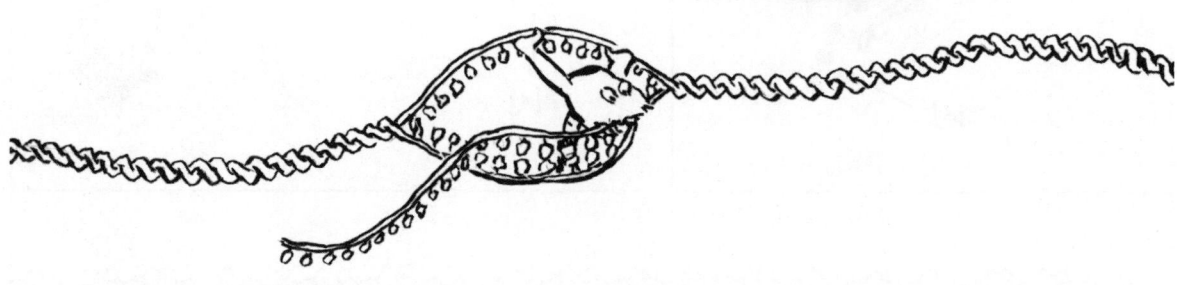

mRNA가 나타나면 리보솜은 (5번 탄소부터 3번 탄소 방향으로 읽을 때) 보통 **AGGAGG**인 결합 부위에 달라붙어.

리보솜은 **AUG** 코돈을 만날 때까지 3번 탄소 방향으로 움직여.

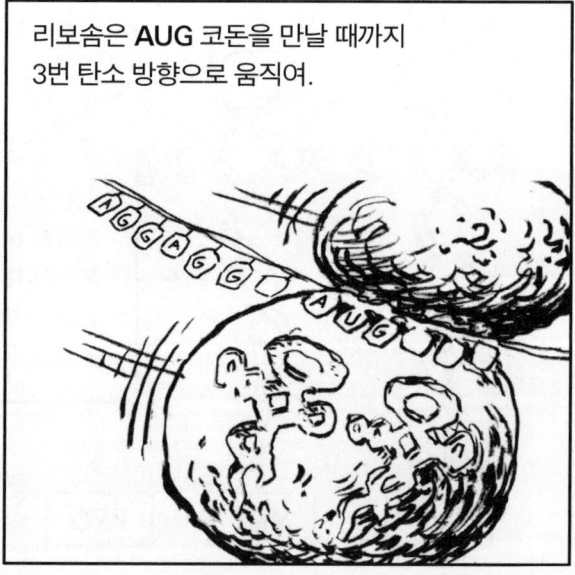

리보솜은 **메티오닌**을 지정하는 AUG와 상보적인 tRNA를 결합시켜. AUG는 언제나 mRNA의 첫 번째 코돈이고……

AUG가 지정하는 **메티오닌**은 모든 단백질의 첫 번째 아미노산이야. 이제 리보솜은 두 번째 상보적인 tRNA를 두 번째 코돈과 결합하게 해.

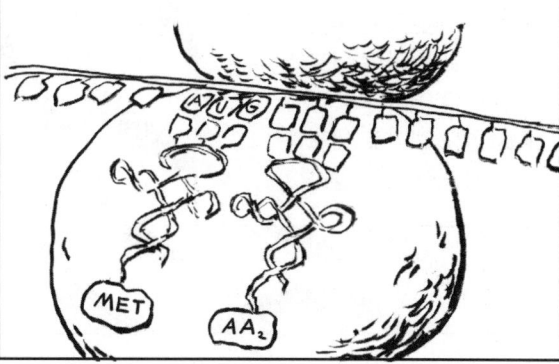

리보솜이 한 코돈씩 앞으로 나가. 두 번째 tRNA는 첫 번째 tRNA가 이동해 아미노산들은 결합하고 첫 번째 tRNA는 떨어져나가.

리보솜은 세 번째 tRNA와 상보적인 코돈이 지정한 아미노산을 결합시켜. 이 과정은 계속 반복되는 거야.

리보솜이 다시 앞으로 나가면 세 번째 아미노산은 점점 더 길어지는 사슬에 합쳐지고 다시 네 번째 tRNA가 도착하고……

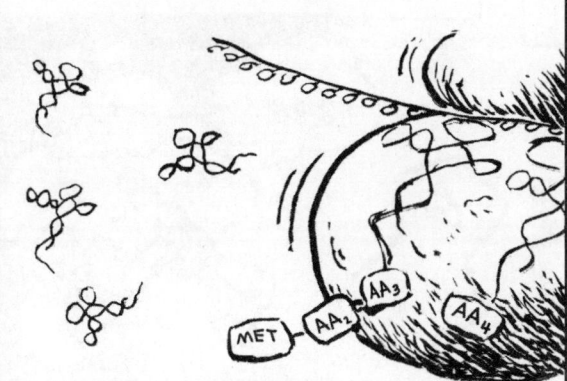

같은 일이 계속 반복돼. 리보솜이 **정지** 코돈에 도달해 번역이 끝날 때까지 한 번에 코돈 한 개와 아미노산 한 개가 계속해서 도착하는 거야. 유전자가 발현되는 거지!

진핵세포

는 진핵세포답게 아주 복잡한 방법으로 유전자를 발현해. 전사는 세포핵 안에서 일어나고 번역은 세포핵 밖에서 일어나는 식이지. 리보솜은 절대로 세포핵 안으로 들어가지 않아.

세포핵 안에서는 전사인자에 이끌려온 RNA 중합효소가 mRNA를 만들면서 전사 과정이 시작돼.

mRNA는 유전자를 완전히 전사할 때까지 세포핵 안에 머물러.

세포는 mRNA의 한쪽 끝에 있는 핵산의 5번 탄소에 **구아닌** 모자를 붙이고 다른 쪽 끝에 있는 핵산의 3번 탄소에는 A로 이루어진 **긴 꼬리**를 붙여서 mRNA의 연약한 양쪽 끝을 보호해.

그다음에는 mRNA를 편집해야 해. 이것이 아마도 진핵세포의 가장 독특한 특징인지도 몰라.

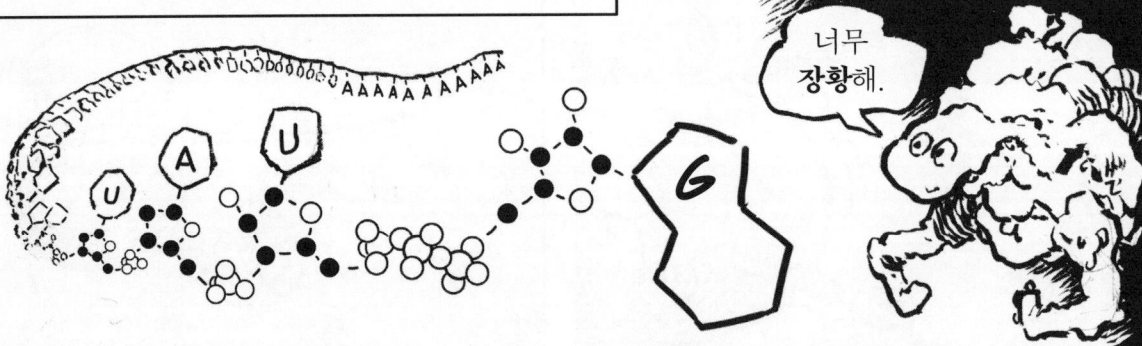

진핵세포의 유전자에는 **유전 정보가 없는 인트론**이 있기 때문에 RNA에서 그 부분은 제거해야 해.

네가 왜 여기 있는지는 모르겠지만 지금은 그 이유를 생각할 여유가 없어!

이어맞추기소체 단백질은 인트론을 '볼' 때마다 인트론의 양쪽 끝을 잡아당겨서 RNA에서 제거하고……

유전 정보를 가지고 있는 곳**(엑손)**을 완벽하게 이어붙여.

인트론에도 특별한 기능이 있는지, 있다면 어떤 일을 하는지를 아는 사람은 없어. 인트론은 진핵세포의 DNA에는 유전 정보가 없는 수수께끼 지역이 있음을 처음으로 알게 해주었어.

보호관도 씌우고 편집도 끝내면 mRNA는 리보솜이 있는 세포핵 밖으로 나가.

mRNA를 만나면 리보솜은 (원핵세포처럼 특별한 결합 서열이 있는 곳이 아니라) 구아닌 모자 아래쪽만을 붙잡아.

그런 다음에는 처음 마주친 **AUG** 코돈을 시작으로 아래쪽으로만 번역을 해나가.

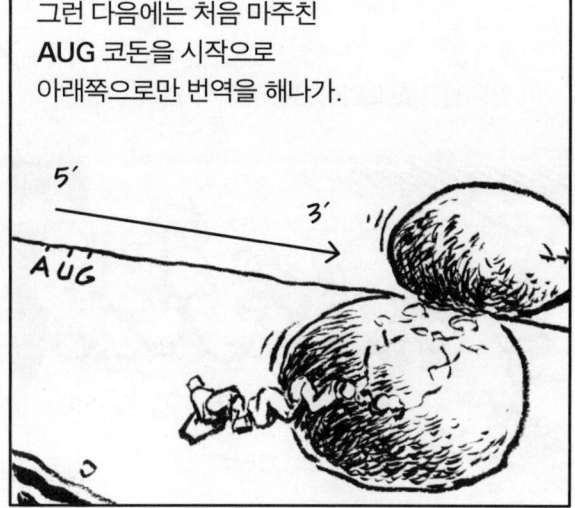

그다음에는 어떤 일이 벌어질까?
가까이 있는 단백질 복합체는 새로 자라는
단백질을 찾아다녀.

다른 단백질 복합체들의 시험에 통과하면
새로 생긴 단백질은 멀리 떠나. 리보솜, mRNA를
비롯해 단백질에 붙어 있는 모든 것들이
세포핵에서 나와 세포질로 들어가는 거야.

이제 단백질 공장은 세포질을 떠다니는 **자유 리보솜**이 되어
세포 안을 자유롭게 돌아다니며 단백질을 만들어.

하지만 멀리 가지 못하는 단백질도 있어.
신호서열이 있는 단백질이 그런 단백질들이야.
이 단백질은 **신호인식입자**에 묶여 있지.

신호인식입자는 **소포체** 벽에 있는
리보솜에 붙어 있어.

소포체에서 만들어진 단백질은 주머니(소낭)에 싸여
소포체 막에서 벗어난 뒤에 가까이에서
소포체와 마주 보고 있는 골지체를 향해 가.
골지체는 납작한 빵을 쌓아 놓은 것처럼 생겼어.

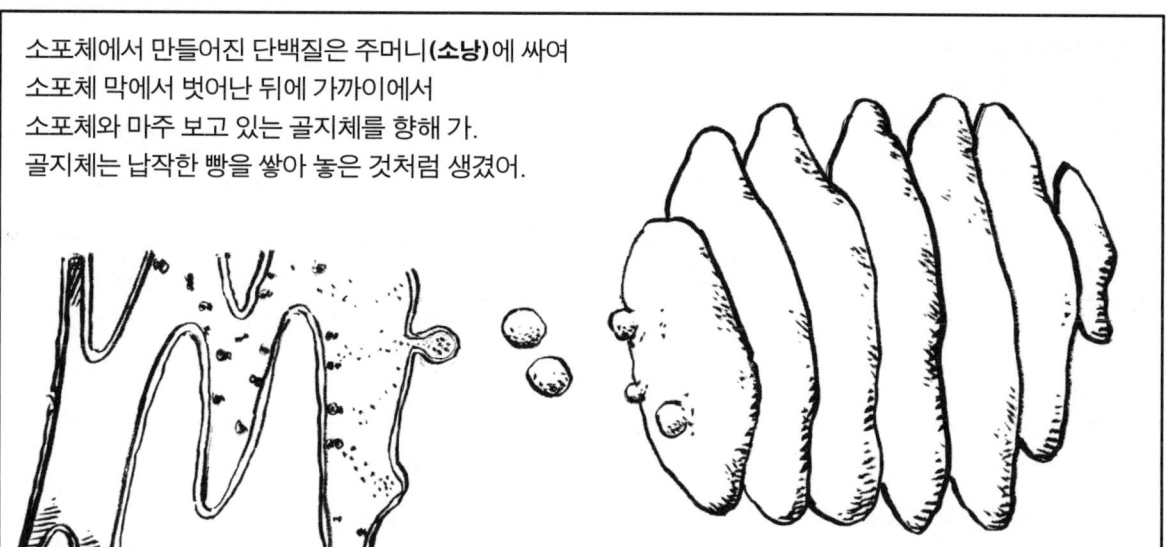

골지체는 주머니를 풀어 단백질이 층층이
쌓인 골지체를 통과하게 해.

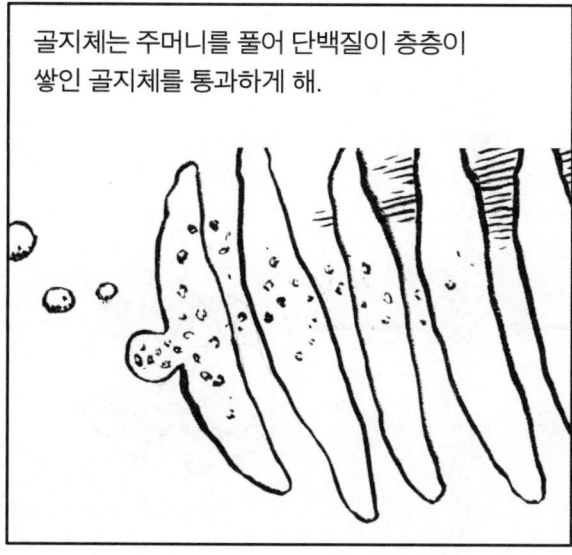

우편물을 취급하는 우체국처럼 골지체는
단백질을 같은 단백질이 함께 있도록 분류해.

분류된 단백질은 다시 주머니에 쌓여서 일해야 하는 곳으로
이동해. 단백질의 일터는 세포막 안에 있는
리소좀(단백질을 분해하는 세포소기관)일 수도 있고
세포 밖으로 완전히 나가는 곳에 있을 수도 있어.

그러니까 진핵세포는
아주 복잡한 방법으로
단백질을 만들고 단백질이
필요한 곳으로 보내는 거야.

차이도 있지만 원핵세포와 진핵세포가 단백질을 만드는 방법에는 공통점도 많아.
두 세포 모두 DNA에 유전자를 저장하고 mRNA로 유전자를 전사하고
리보솜과 tRNA로 단백질을 만들어. 사용하는 유전 암호도 같지.

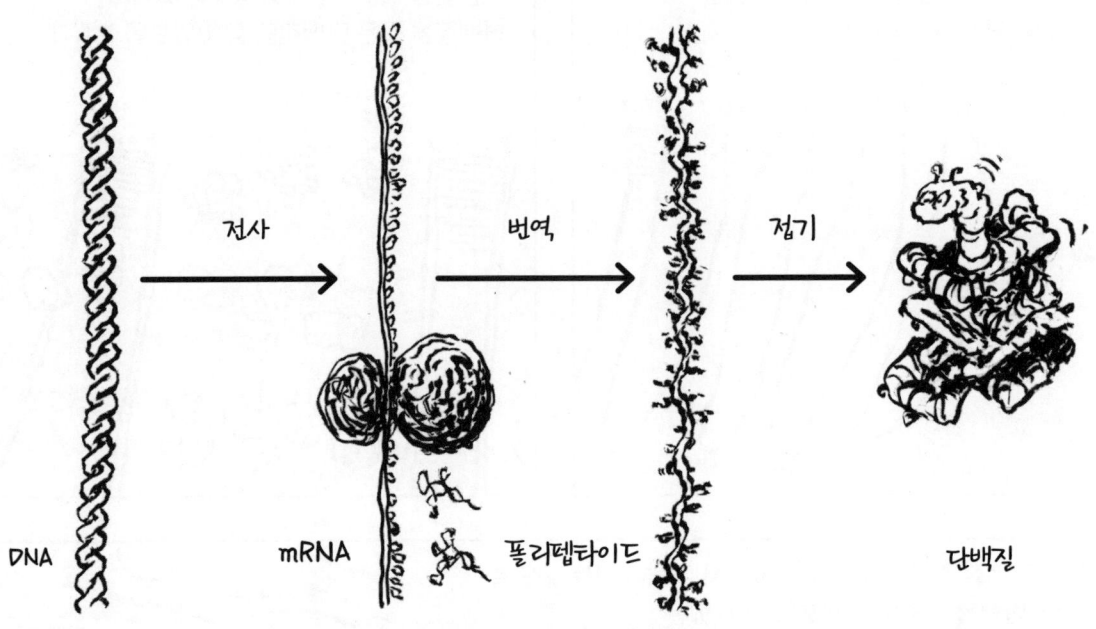

10장에서는 세포가
추가 비용을 들일 시기를
결정하는 방법을
알아볼 거야.

Chapter 10
유전자 조절

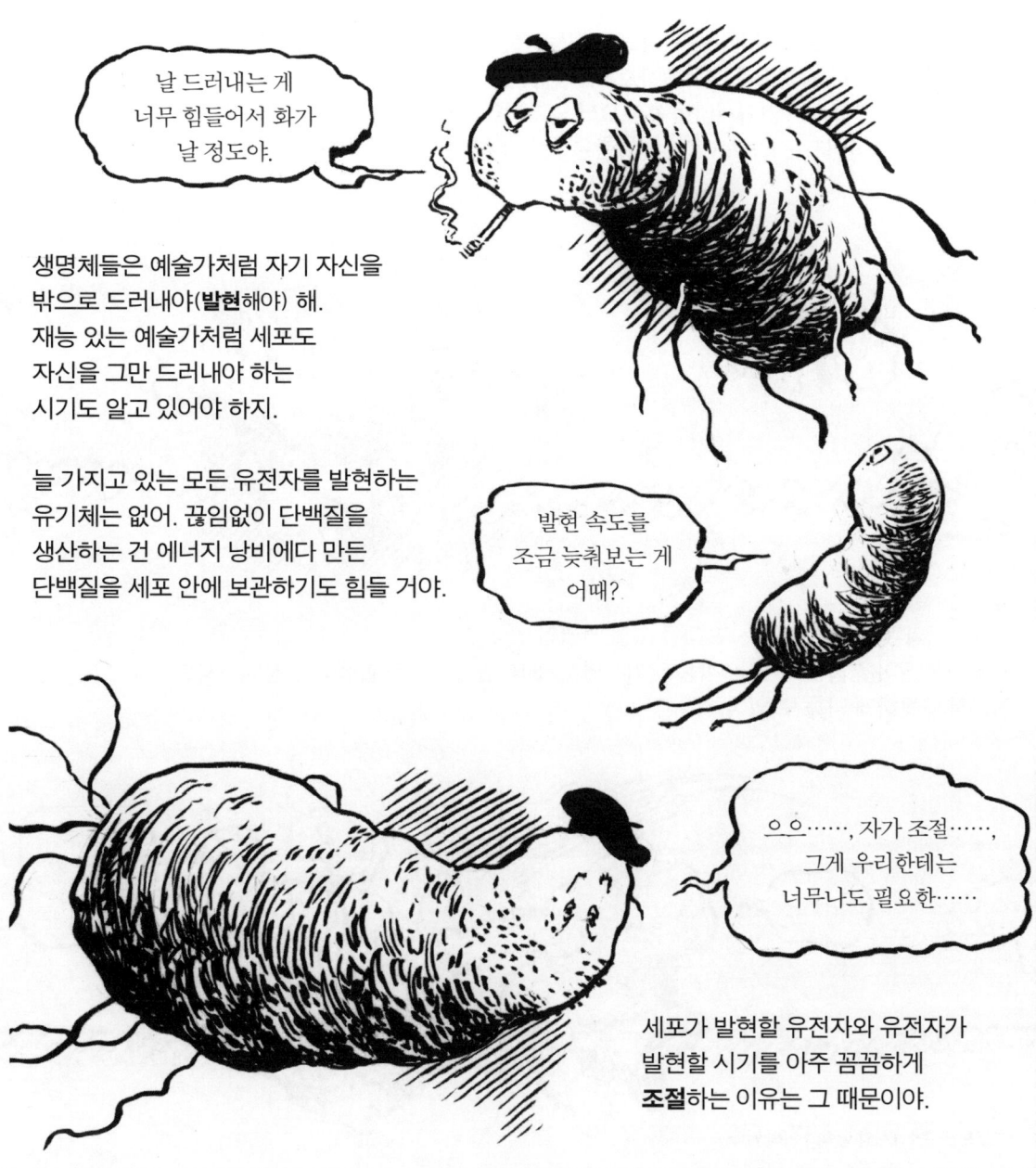

날 드러내는 게 너무 힘들어서 화가 날 정도야.

생명체들은 예술가처럼 자기 자신을 밖으로 드러내야(**발현**해야) 해. 재능 있는 예술가처럼 세포도 자신을 그만 드러내야 하는 시기도 알고 있어야 하지.

늘 가지고 있는 모든 유전자를 발현하는 유기체는 없어. 끊임없이 단백질을 생산하는 건 에너지 낭비에다 만든 단백질을 세포 안에 보관하기도 힘들 거야.

발현 속도를 조금 늦춰보는 게 어때?

으으……, 자가 조절……, 그게 우리한테는 너무나도 필요한……

세포가 발현할 유전자와 유전자가 발현할 시기를 아주 꼼꼼하게 **조절**하는 이유는 그 때문이야.

세포는 **전사** 스위치를 켜거나 끄는 방법으로 유전자 발현을 조절해. 한 유전자의 바로 앞에는 **조절단백질**이 결합할 수 있는 염기서열이 있어.

140쪽에서 본 것처럼 박테리아는 위쪽으로 이동하는 **시그마인자**가 RNA 중합효소를 유전자로 이끌어줘. 시그마인자가 결합하는 염기서열을 **프로모터** 염기서열이라고 해. 가장 흔한 시그마인자는 $\sigma-70$이야. 원자량은 7만 달톤*쯤 돼.

프로모터와 유전자 사이에는 또 다른 조절 서열이 있어. 억제 단백질이 결합할 수 있는 작동 염기서열로 RNA 중합효소가 활성화된 상태에서도 접근하지 못하게 막을 수 있어.

* 1달톤은 수소 1개의 질량과 거의 같다.

대표적인 예는 대장균에서 발견한
락토오스오페론
이야.

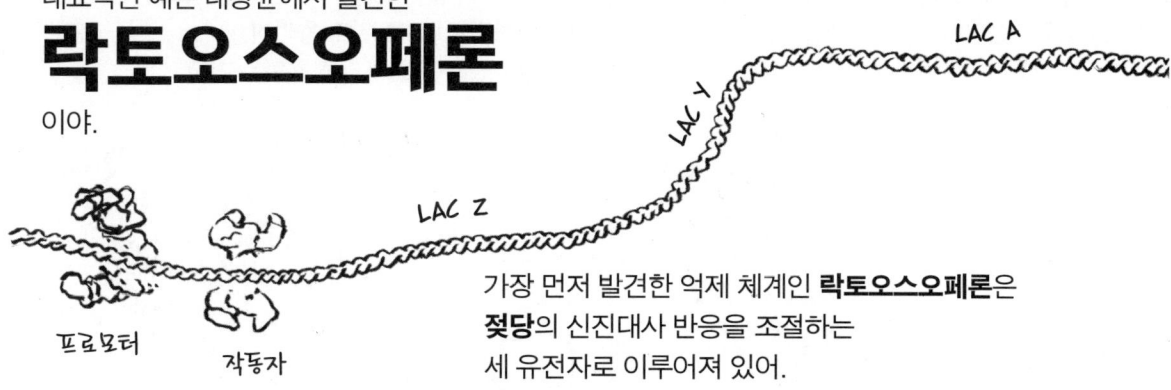

가장 먼저 발견한 억제 체계인 **락토오스오페론**은
젖당의 신진대사 반응을 조절하는
세 유전자로 이루어져 있어.

그 가운데 락Z 유전자는 젖당을 분해하는 베타갈락토시다아제를 지정하고
락Y 유전자는 세포막이 젖당에게 문을 열게 하는 투과효소를 지정하고
락A는 알려지지 않은 중요한 단백질을 지정해.

짝을 지어 유전자를 조절하는
유전자 무리를 **오페론**이라고 해.
원핵세포에도 오페론이 있어.
락토오스오페론에서는
프로모터 한 개가 세 유전자와
억제 단백질이 결합하는
작동 염기서열을 관리하지.*
여기서 문제는 이거야.

* **프로모터**는 DNA 염기서열이다. RNA 중합효소를 불러들이는 단백질 복합체는 모두 **활성자**가 될 수 있으며
작동자는 **억제** 단백질과 결합하는 염기서열이다.

그렇다면 어떤 신호가 오페론 스위치를 켤까? 바로 **젖당 자신**이야. 억제 단백질에는 젖당이 결합하는 특별한 부위가 있어.	젖당*이 결합하면 억제 단백질의 모양이 변하면서 DNA 위로 올라가. 알로스테릭 효과가 작용하는 거지.  * 사실은 유사젖당체인 알로락토오스가 결합한다.
이제 RNA 중합효소는 거침없이 앞으로 나가면서 일을 할 수 있어. 	락토오스가 억제 단백질을 제압하고 있는 동안 오페론의 세 유전자는 신나게 자기 일을 해. 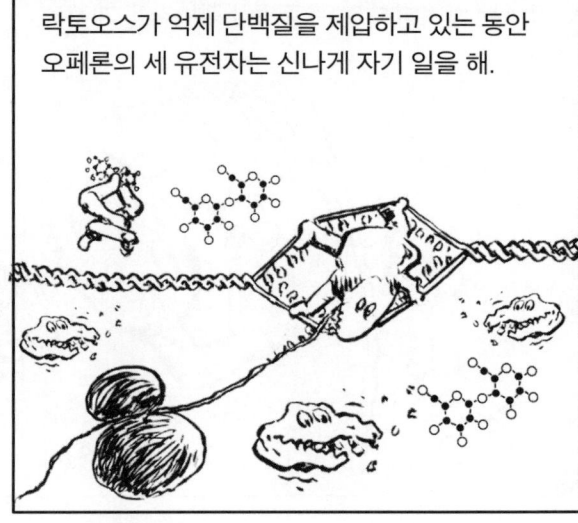
오페론이 만들어낸 단백질들은 억제 단백질과 결합해 있는 젖당을 비롯해 모든 젖당을 먹어치워. 	젖당이 모두 사라지면 억제 단백질의 모습은 원래대로 바뀌고 DNA 위에 내려앉아서 RNA 중합효소의 앞을 막아. 

여기 닭이 먼저냐 달걀이 먼저냐의 질문이 있어.
락토오스오페론이 세포에 젖당을 공급한다면,
애초에 억제 단백질과 결합하는 젖당은 어디에서 온 것일까?
그 답은 락토오스오페론은 살짝 '새고' 있다는 데 있어.
락토오스오페론은 가끔만 발현되기 때문에
세포 밖에 젖당이 있으면 감지할 수 있어.

락토오스오페론은 젖당이 없으면 **작동을 멈추지만**
다섯 개 유전자가 작동해 트립토판을 만드는 **트립토판오페론은**
반드시 트립토판이 없을 때만 켜져서 트립토판을 만들어.
트립토판오페론의 **억제** 단백질은 트립토판이 없을 때만 DNA의 발현을 억제해.

트립토판의 농도가 높아지면 트립토판오페론의
억제 단백질은 트립토판과 DNA와 결합해.
세포 내부에 트립토판이 충분히 많아지면 전사 과정은 멈춰.

생물학 용어로는 락토오스오페론은
이화작용을 하고 젖당은
반응 유도체이며 트립토판오페론은
동화작용을 하며 트립토판은
보조억제인자라고 할 수 있어.

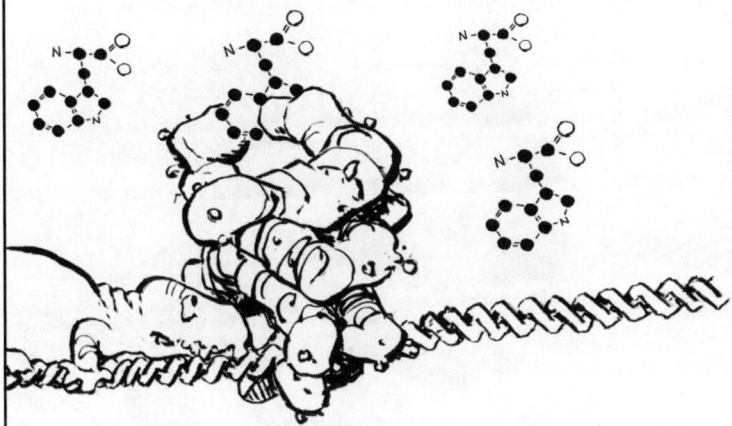

정말로 우아하고 긴 단어지요!

일상에서 쓰는 긴 단어 사전

157

적은 수의 유전자로 이루어진 오페론은 억제자가 한 개만 있어도 스위치를 켜거나 끌 수 있어. **원핵세포는 한꺼번에 많은 오페론을** 조절하는 방법을 알아.

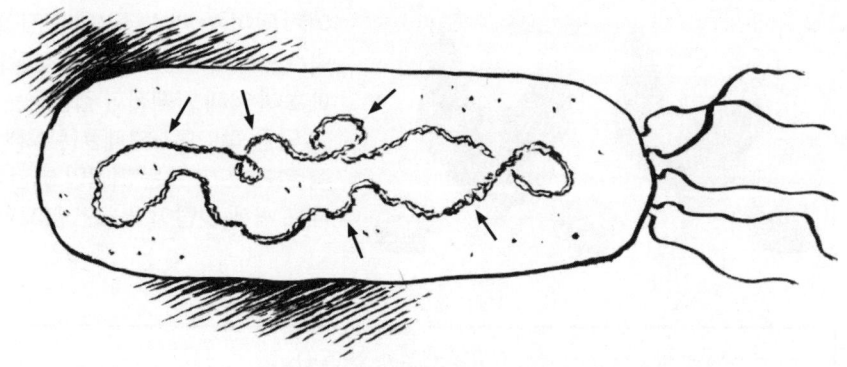

예를 들어 포도당이 있을 때면 대장균은 젖당이나 설탕, 과당보다 포도당을 먼저 먹고 '싶을' 수 있어.

그럴 때 대장균은 각 오페론의 **시그마인자를** 방해해서 포도당을 제외한 나머지 당분 오페론의 스위치를 꺼버려.

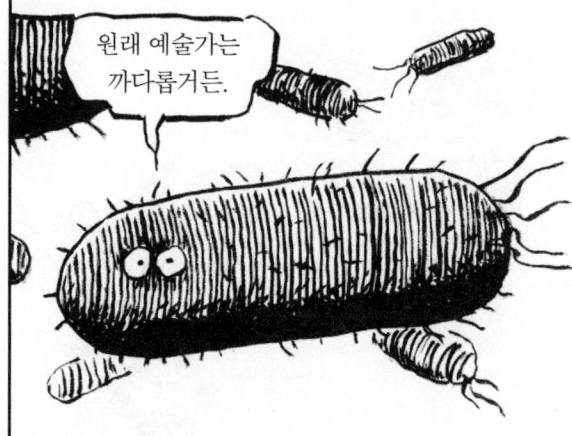

RNA 중합효소를 안내하는 시그마인자 / 억제 단백질 / 유전자 / 포도당

"원래 예술가는 까다롭거든."

포도당이 있으면 다른 당분의 오페론 시그마인자가 제대로 힘을 발휘하지 못하면서 해당 오페론이 작동하지 못해.

그 때문에
젖당 같은 다른 당이 있어도 대장균은 포도당이 모두 사라질 때까지는 포도당만 먹을 수 있어.

"정말이야!"

대장균은 포도당을 사랑해!

박테리아는 다양한 **스트레스**를 처리할 수 있는 여러 전환 기술이 있어. **대체시그마인자**를 이용한 기술이야.

154쪽에서 본 σ-70 단백질은 많은 유전자를 활성화하지만 모든 유전자를 깨우지는 않아. 어떤 유전자의 프로모터는 σ-70 단백질과 결합하지 않거든.

먹이 부족, DNA 파손 같은 스트레스 상황에서는 다른 시그마인자를 지정하는 유전자가 활성화돼. 예를 들어 **온도**가 올라가면 세포는 σ-32를 지정하는 유전자를 발현하는 거야.

σ-32는 평소라면 잠들어 있지만 온도가 높아지면 세포가 열 충격을 막을 수 있게 돕는 유전자들을 깨워. 이 유전자들이 만든 물질들은 높은 온도에도 거대 분자들이 흔들려서 서로 부딪치지 않게 해줘.

억제 단백질이 없어서
늘 '켜져' 있는 원핵세포 유전자도 있어.
이 구성유전자들은 원핵세포에게
필요한 기본 단백질을 만들어.

가끔은 사는 게 쉬울 때도 있지!

억제자 없음!

프로모터 염기서열이 있는 곳이 모두 다르기 때문에 구성유전자마다 발현되는 속도는 달라.
예를 들어 아주 중요한 **RNA 중합효소**에는 효소를 다량으로 만들 수 있는 효과적인 **프로모터**가 있어.
락토오스오페론의 억제 단백질 유전자는 한 시그마인자에 아주 느슨하게
결합해 있기 때문에 거의 발현되지 않아.

너무 달리지는 마.

RNA 중합효소는 자주 발현되지만
락토오스오페론의 억제 단백질은
아주 드물게 발현돼(그렇게 많이
필요하지도 않아).

그렇게나 '단순한' 원핵세포도 이렇게나
복잡하다니, 정말 놀랍지?

미생물을
얕보면
안 돼.

진핵세포도 원핵세포와 상당히 비슷한 방법으로 유전자를 조절해. DNA가 단백질과 결합했다가 떨어지고, 다양한 신호에 맞게 반응해 행동을 조절하는 거지.

어허. 규제가 많아도 **너무** 많잖소!

사람을 억누르는 규제를 단호히 거부하는 나로서는 지금 다-앙-장! 내 **몸**은 모든 규제를 철폐할 것을 요구하는 바이요!

진핵세포의 유전자 조절 방법은 당연히 아주 복잡해. 여러 종류의 세포들이 수조 개나 한데 모여 살아가야 하는 생물의 세포는 특히 그렇지.

이게 무슨 일이요?

간세포와 뉴런을 비롯해 사람의 세포는 모두 **정확하게 같은 유전자를 2만 개** 정도 가지고 있어. 분화된 세포마다 조용히 잠들어 있는 유전자가 수천 개에 달해.

쉬! 쉿! 쉬!

자, 한번 생각해보자. 사람의 몸은 단 한 개 세포에서 발달해.
따라서 특별한 방식으로 복잡하게 배열된 수많은 세포를 만들어내려면
정확하고도 복잡하게 조화를 이루면서 유전자가 발현해야 하는 거야.

이런 일반 생물학책에서 자세한 이야기를 할 수는 없으니,
단지 한 가지 중요한 과정만 살펴보도록 하자.
유전자는 몸의 어느 부위에 있느냐에 따라
자신의 발현 여부를 결정해.

동물의 발생에서 유전자의 발현을 결정하는
유전자는 (줄여서 **혹스** 유전자라고 하는)
호메오상자들이야.

호메오상자 유전자들은 머리부터 꼬리까지
배아가 발달하는 과정에서 **주 스위치** 역할을 하는
유전자들이야. 혹스 유전자의 한쪽은 머리쪽 모양을
결정하는 유전자들의 활성자를 지정하고 다른 쪽 끝은
꼬리쪽 모양을 결정하는 유전자들의 활성자를 지정해.
중간 부분은 몸의 중간 형태를 만드는 데 관여하고.

활성화된 유전자들은
그 자신이 다른 유전자들을
활성화해서 정확한 순서대로
몸이 만들어져.
예를 들어 손가락은
손가락 사이에 있는 특정
세포들에게 **자살할 것**을 명령하는
유전자가 발현해야 만들어져.

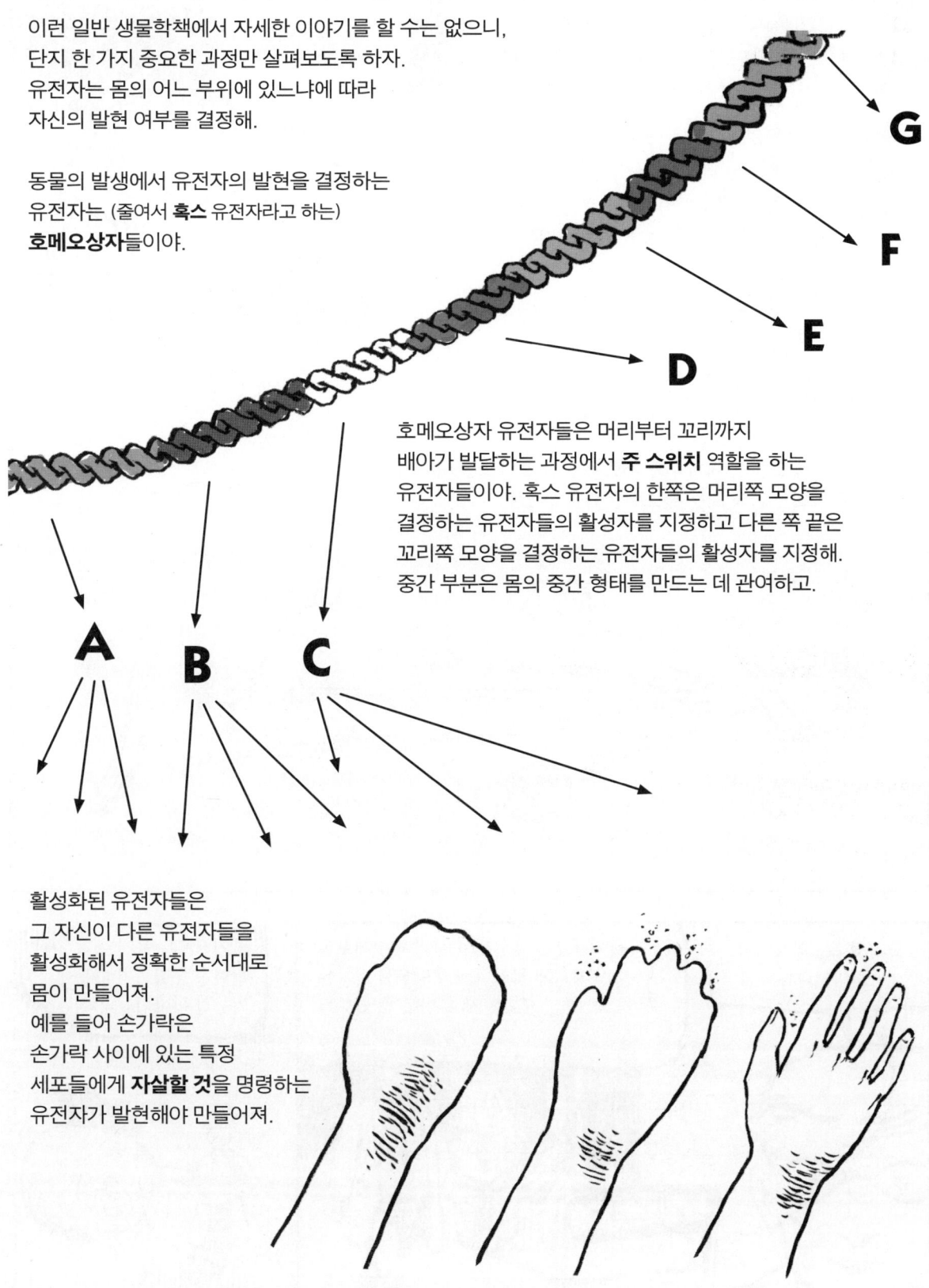

163

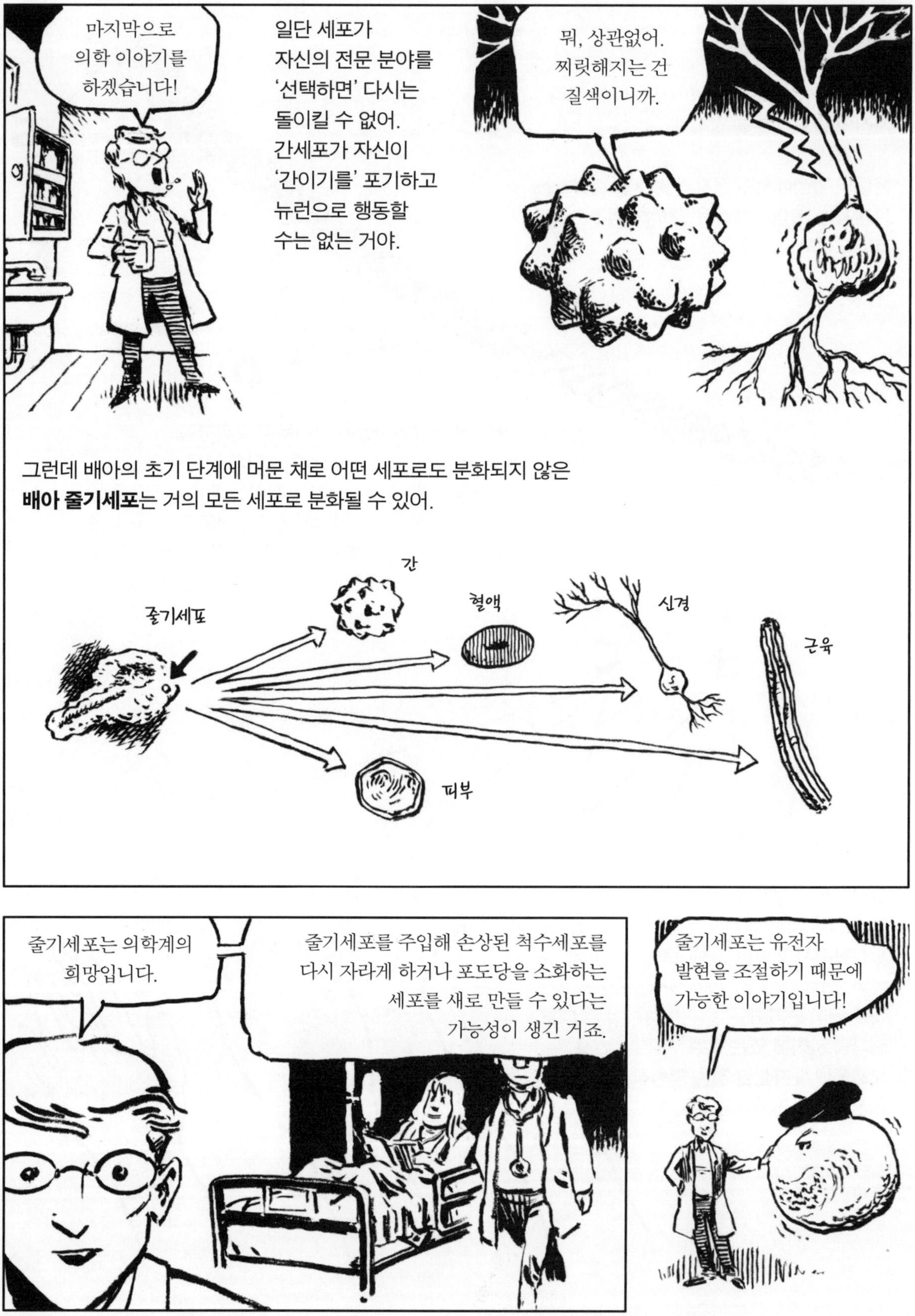

"마지막으로 의학 이야기를 하겠습니다!"

일단 세포가 자신의 전문 분야를 '선택하면' 다시는 돌이킬 수 없어. 간세포가 자신이 '간이기를' 포기하고 뉴런으로 행동할 수는 없는 거야.

"뭐, 상관없어. 찌릿해지는 건 질색이니까."

그런데 배아의 초기 단계에 머문 채로 어떤 세포로도 분화되지 않은 **배아 줄기세포**는 거의 모든 세포로 분화될 수 있어.

줄기세포 → 간 / 혈액 / 신경 / 근육 / 피부

"줄기세포는 의학계의 희망입니다."

"줄기세포를 주입해 손상된 척수세포를 다시 자라게 하거나 포도당을 소화하는 세포를 새로 만들 수 있다는 가능성이 생긴 거죠."

"줄기세포는 유전자 발현을 조절하기 때문에 가능한 이야기입니다!"

Chapter 11
다세포

세포가 협력하는 방법

거대한 진핵생물에게 전문가 세포들이 필요한 이유는 무엇일까?
수많은 전문가 세포들은 어떤 방식으로 협력해 유기체의 건강과 행복을 유지하는 걸까?
11장에서는 다세포 생물이 살아갈 수 있도록 세포들이 협력하는 모습을 살펴볼 거야.
거의 대부분 사람을 예로 들어서 말이야.

우선 비슷한 세포들은 함께 성장해서 조직을 형성해(다른 세포들이 함께할 때가 많아).
조직은 크게 네 가지로 나뉘어.

상피조직

은 보호막처럼 기능하는 얇은
세포판(이나 여러 겹으로 쌓인 세포판)이야.

얇은 상피조직

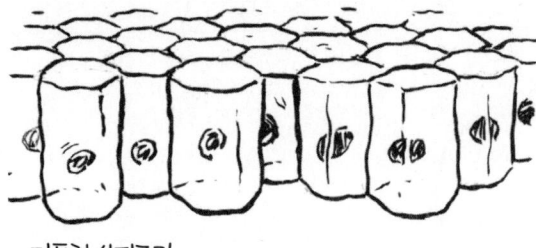

기둥형 상피조직

결합조직

은 다른 조직들을 연결하는 여러 종류의
분자들로 이루어져 있어.

신경조직

은 뉴런 다발과 뉴런을 지지하는
신경교세포로 이루어져 있어서
전류가 흐르는 전선 역할을 해.

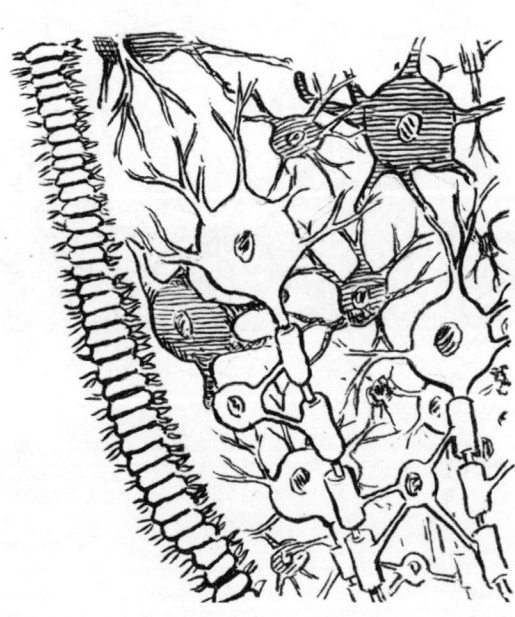

근육

은 유기체를 움직이게 하는 두툼하고
조밀한 조직이야.

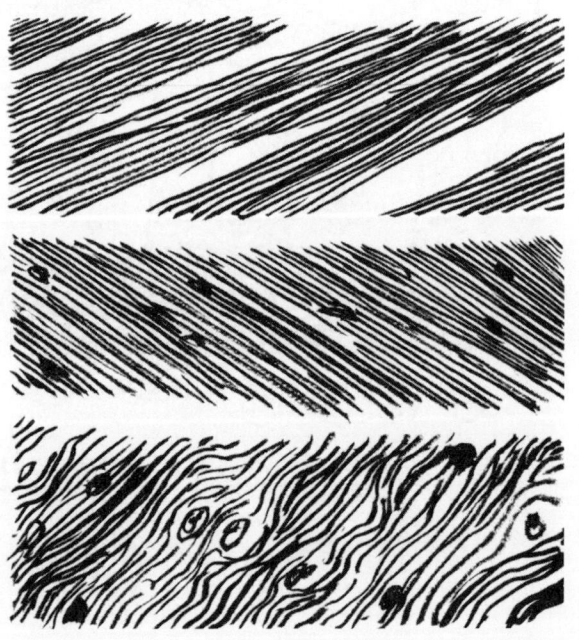

여러 조직은 뭉쳐서
기관
이 돼. 기관은 대부분 배아 때 발달하고 평생 동일한 구조를 유지해.

자, 여기 기관이 하나 있어. 텅 빈 관을 상피세포층이 감싸고 있고, 상피세포층을 탄력 있는 결합조직이 감싸고 있고, 결합조직을 근육층이 감싸고 있고, 가장 바깥쪽에 결합조직과 상피세포로 이루어진 층이 하나 더 있어.
이 기관은 혈관이야.

내부에 방이 있고 대부분 신경이 보내는 신호대로 활동하는
근육 조직으로 이루어진 심장은 수축기에 산소가 녹은 혈액을 밖으로 내보내.
심장에서 밖으로 나가는 동맥은 모든 조직으로
뻗어가는 훨씬 가는 혈관으로 갈라져.

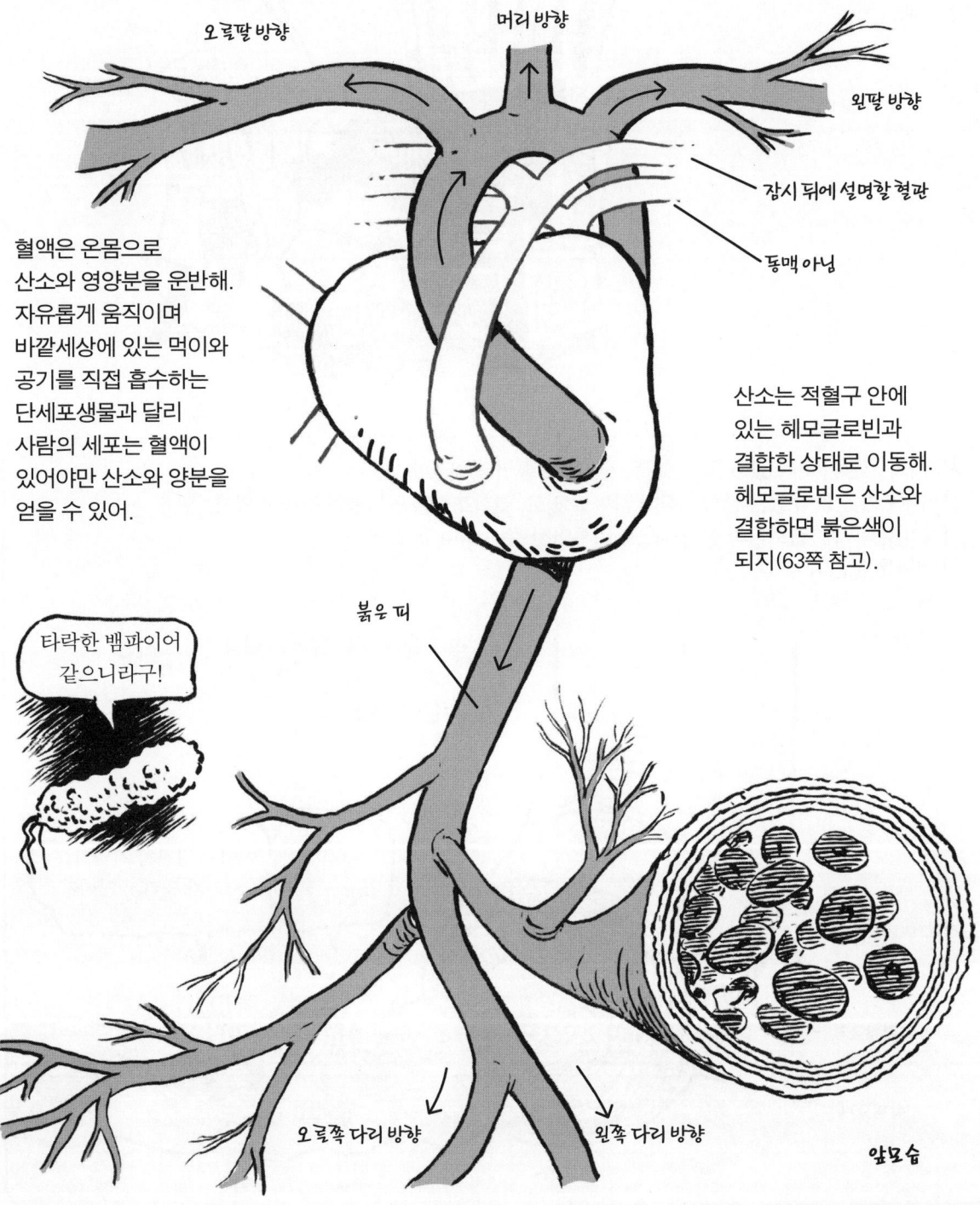

동맥의 가장 가는 가지인 모세혈관에서는 산소와 당이 가까이 있는 세포 안으로 퍼져 들어가고 이산화탄소와 노폐물은 세포 밖으로 빠져나와. 산소가 사라진 혈액은 푸르스름해져.

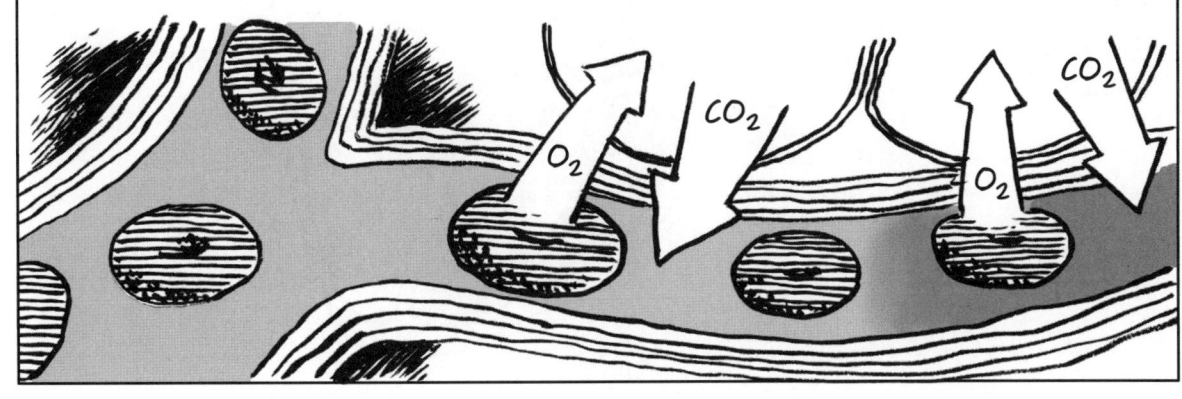

모세혈관으로 흘러나온 '푸르스름'한 피는 정맥을 거쳐 심장으로 들어가. **정맥**은 맥이 뛰지 않기 때문에 역류하지 않으려면 특별한 판막이 필요해.

혈액은 끊임없이 **돌기** 때문에 심장, 동맥, 정맥, 모세혈관을 합쳐

순환계

라고 부르는 거야.

주의: 동맥과 모세혈관과 정맥은 **모두** 연결되어 있다. 모세혈관이 동맥과 정맥을 잇는다.

'푸르스름'한 피가 심장으로 돌아오면 심장은 이 피를 **폐동맥**으로 내보내 폐에서 산소를 받아오게 해.

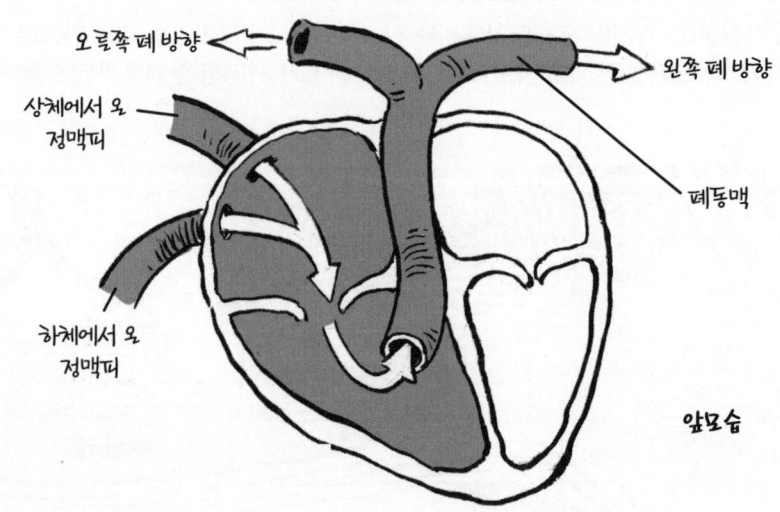

앞모습

호흡계

는 대부분 폐로 이루어져 있어.

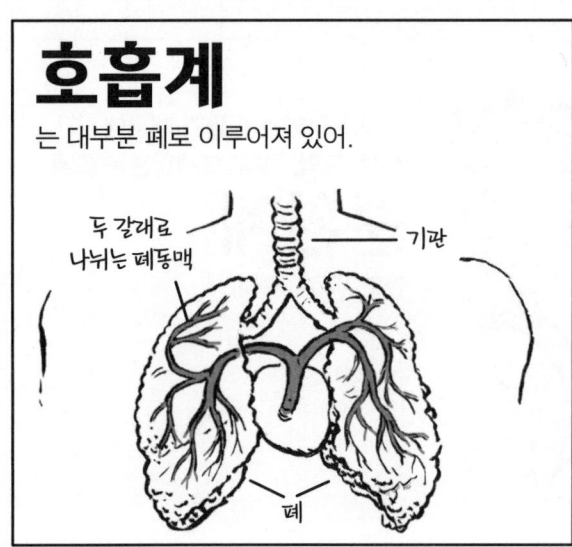

양쪽 폐는 모두 아주 작은 주머니인 **폐포**가 가득하고, 폐포는 혈관과 얽혀 있어.

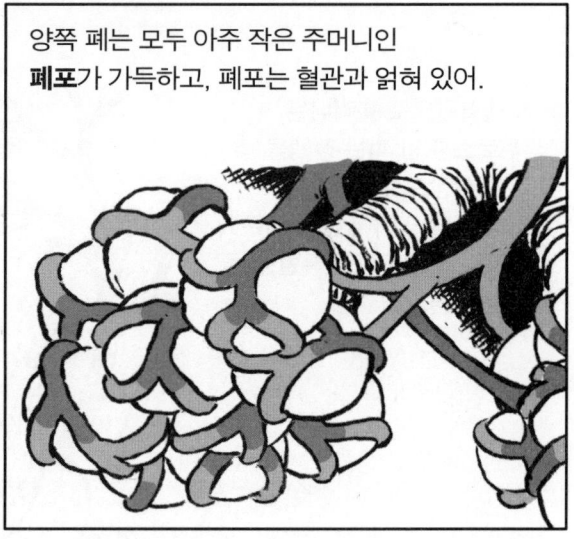

숨을 들이마시면 신선한 공기가 폐포로 들어가.
산소는 폐포에서 혈관으로 확산되고 이산화탄소는 폐포로 들어간 뒤에 몸 밖으로 나가.

주의: 폐 조직은 대부분 여러 층이지만 폐포 벽은 상피세포 한 층으로 되어 있어. 혈관도 마찬가지야.

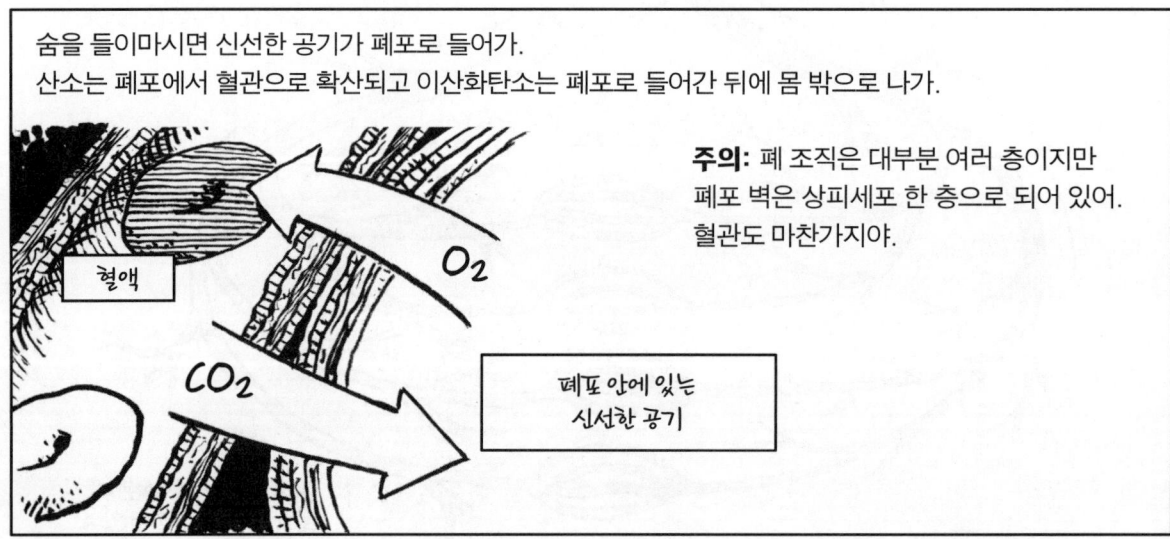

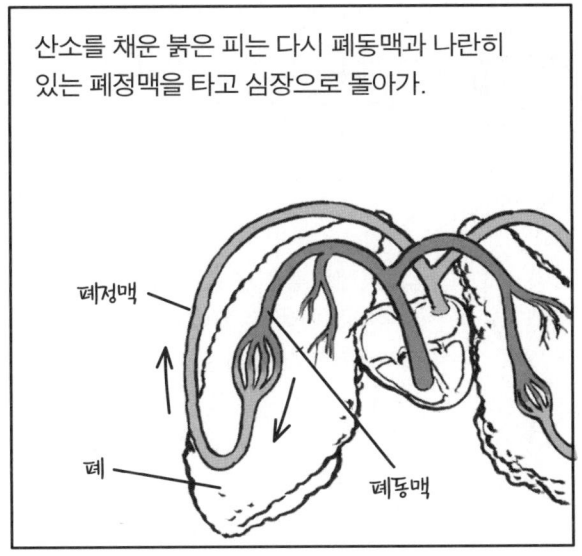

산소를 채운 붉은 피는 다시 폐동맥과 나란히 있는 폐정맥을 타고 심장으로 돌아가.

폐정맥
폐
폐동맥

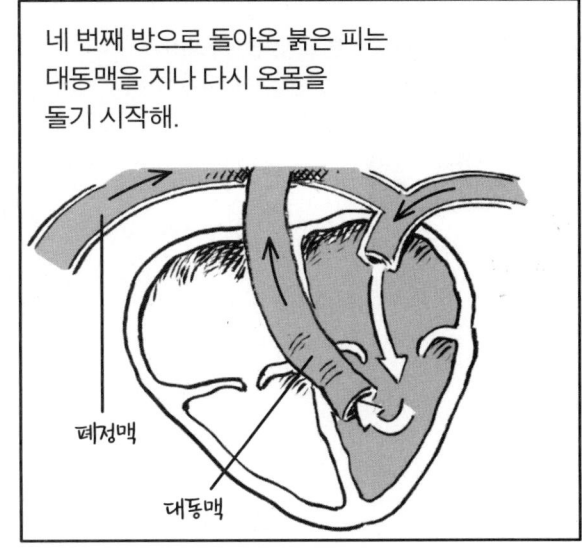

네 번째 방으로 돌아온 붉은 피는 대동맥을 지나 다시 온몸을 돌기 시작해.

폐정맥
대동맥

혈관의 여행을 정리해보면 다음과 같아.

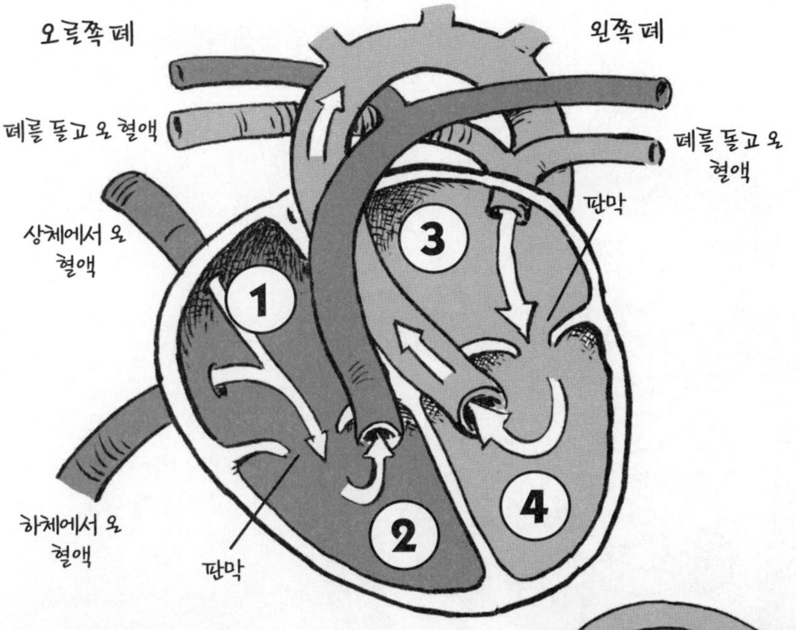

오른쪽 폐   왼쪽 폐
폐를 돌고 온 혈액   폐를 돌고 온 혈액
상체에서 온 혈액
판막
①
③
②
④
하체에서 온 혈액
판막

정맥피는

① 우심방으로 들어와

② 우심실로 내려간 다음에 폐로 갔다가

폐를 지나 ③ 좌심방으로 들어오고

④ 좌심실로 내려가서 다시 온몸으로 나가.

이 단순한 모식도처럼 실제로 혈액은 두 번을 돌아. 한 번은 폐로 가서 이산화탄소를 버리고 산소를 받으면서, 또 한 번은 온몸을 돌면서 산소를 공급하고 노폐물을 가져오는 거지. 위쪽에 있는 심방으로는 혈액이 들어오고 아래쪽에 있는 심실에서는 혈액이 밖으로 나가.

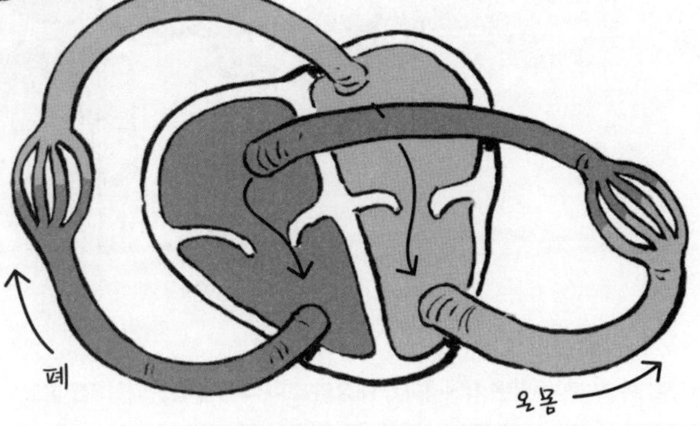

폐   온몸

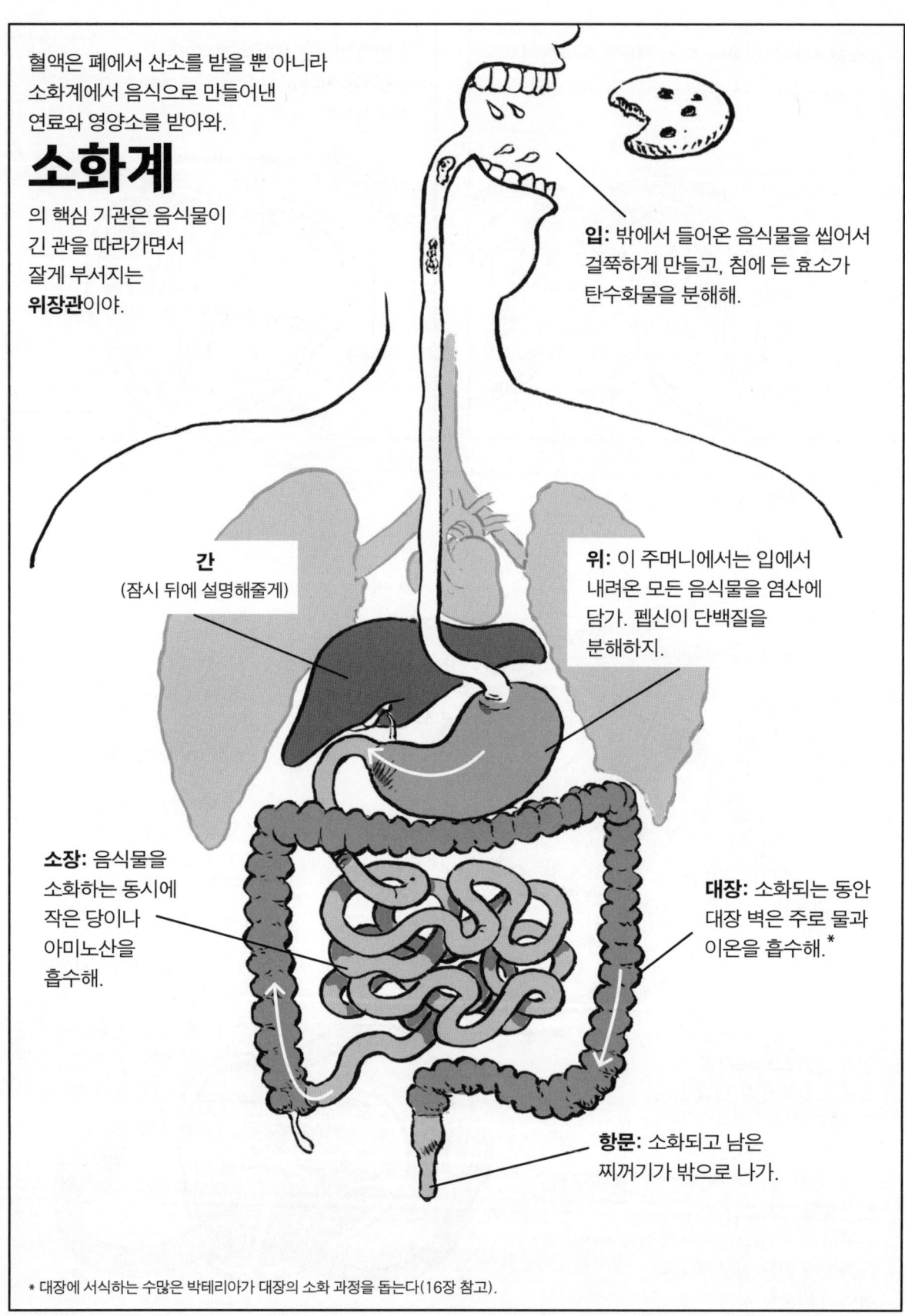

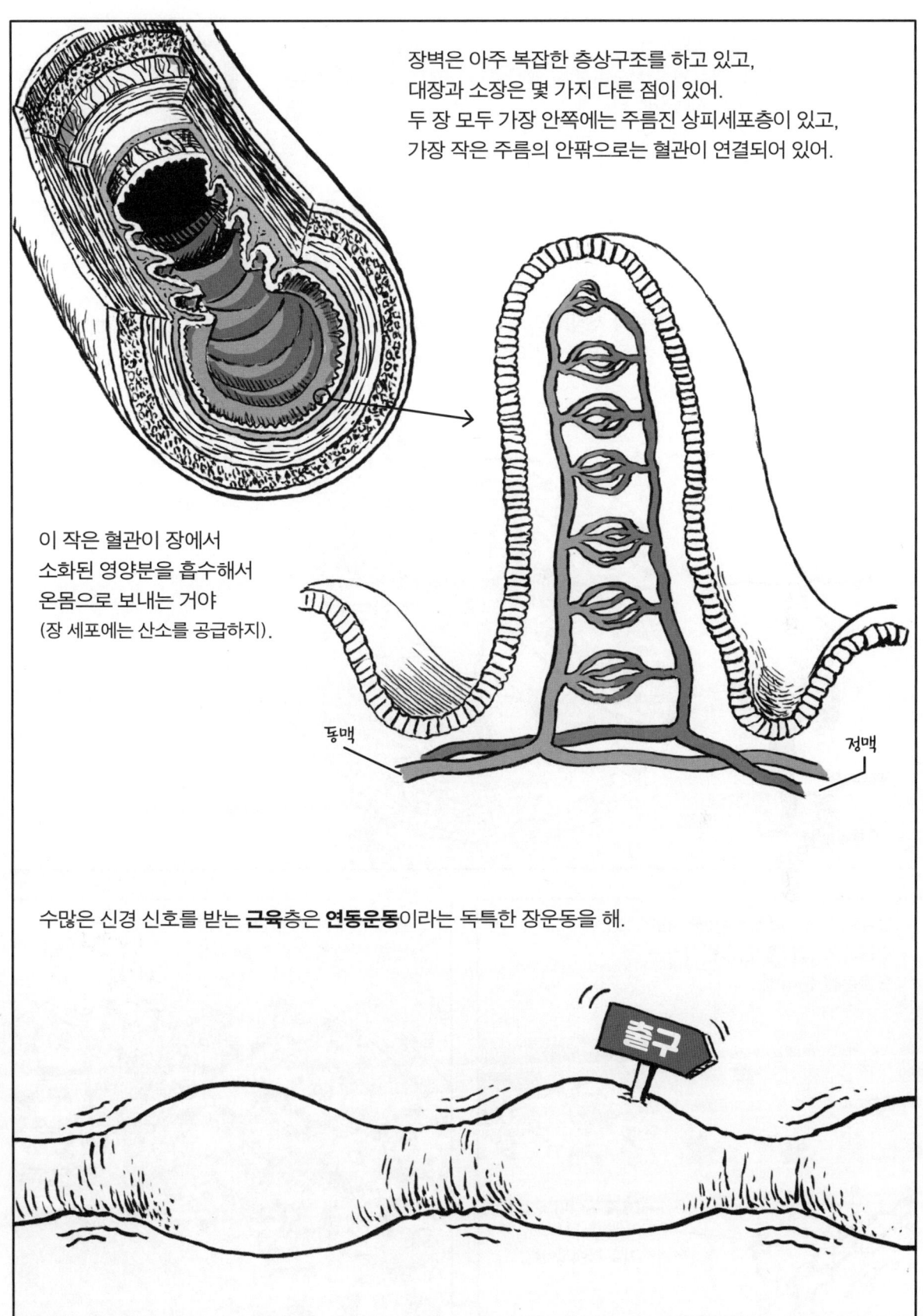

혈액에서 양분을 받는 세포에게는 한 가지 문제가 있어. 세포는 포도당을 꾸준히 얻고 싶지만 음식은 갑자기 들어와. 자동차에 연료를 공급하는 것처럼 우리는 가끔 연료를 채우고 그사이에는 거의 먹지 않아. 그런 습관 때문에 우리는 세포와 전쟁을 벌여야 해.

우리 몸에는 잠깐 보관해둘 '포도당 저장소'와 혈액으로 들어가는 연료를 **조절할** 방법이 있어야 해. 포도당 저장소 역할은 혈액이 가득 차 있는 간이 맡았고 혈당 조절은 **췌장**이 맡았어.

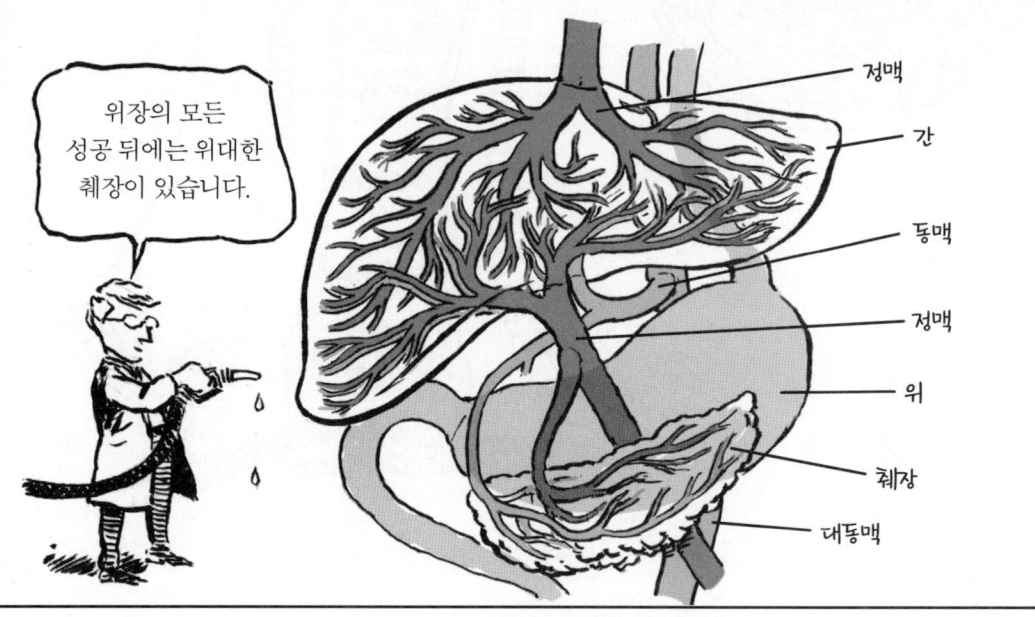

혈당이 너무 많으면 췌장은 간에 있는 수용체와 결합할 **인슐린**이라는 호르몬을 분비해.

인슐린이 수용체와 결합하면 **간세포**가 활동을 시작해.

간세포는 혈액에서 포도당을 꺼내 **글리코겐**을 만드는 효소를 만들어(62쪽 참고).

간세포는 인슐린이 그만하라는 신호를 보낼 때까지 글리코겐 입자를 만들어.

"이제 더 보관할 데가 없어!"

혈당이 낮아지면 췌장은 **글루카곤**이라는 또 다른 호르몬을 간으로 보내.

그럼 간세포는 글리코겐을 분해하고, 다시 혈액 속으로 포도당이 들어가.

결론: 모든 일이 잘 진행된다면 우리 조직은 꾸준히 포도당을 공급받을 수 있어.

"저 사람, 맞지? 흰 가운만 입고 펌프라면 사족을 못 쓴다는 사람?"

주의: 간이 글리코겐으로 모두 바꿀 수 없을 만큼 혈당이 많을 때도 있다. 그때는 글리코겐이 아니라 **지방**으로 바뀌는데, 그건 또 다른 기관이 하는 일이다.

"쓸개의 일이죠! 끄어억."

순환계, 소화계, 호흡계 외에도 우리 몸에는 질병과 싸우는 **면역계**와 **림프계**가 있고 호르몬을 분비하는 **내분비계**가 있고 정보를 처리하는 **신경계**가 있어. 그 외에도 많은 계가 있지. 유기체는 엄청난 계들이 한데 얽혀 있는 복잡계야.

이러니 의대를 졸업할 수가 없지!

모든 계는 한데 힘을 합쳐 변하는 환경에서도 우리 몸이 제대로 기능하도록 도와. 다시 말하면 **전체 유기체**의 **항상성**을 유지하려고 상호작용하는 거야.

이봐, 내 항상성은 어때?

잘 지내려면 함께 노력해야 해.

한 생명체가 자라려면 한 마을이 필요하다잖아.

진부해도 함께하려면 필요한 이야기들이 있는 거지.

이건 정말 굉장한 업적이야. 세포들은 모두 자신이 제대로 살아갈 수 있도록 노력하면서도 전체 유기체의 건강과 행복을 유지하려고 다양한 기관계가 경쟁하는 세포들의 욕구를 **조절하고** 있다는 뜻이니까.

상류층의 삶과 간 기능 저하를 위해!

우리 몸은 **미래**의 항상성을 위해 고군분투하기도 해. 맛난 냄새가 나면 침이 분비되는 것도 뇌가 곧 음식을 먹게 되리라는 신호를 몸에 전해준 거지.

소화계는 아주 낙관적이라고.

닭튀김이군!

싸우거나 도망치기 반응도 항상성을 **깨뜨려서** 한 동물이 위협에 맞서 바짝 정신을 차리고 있게 하는 거야. 앞으로 유기체가 손상될 수 있음을 미리 자각하게 하는 거지.

그 동물이 살아남는다면 긴장은 풀어져. 몸은 **미래**의 항상성을 유지하려고 **현재**의 항상성을 흩트리는 방법을 써.

먹을 만한 녀석이 아니야.

씩씩

어째서 동물은 일부러 항상성을 깨뜨리는 걸까? 싸우거나 도망치기 반응이 **약한** 개체는 잡아먹히고 **강한** 개체는 살아남아 번식하기 때문이지(진화에 관한 이야기인데, 자세한 내용은 14장을 보도록 해).

아이고, 정말 침착했던 녀석인데.

우리의 떡갈나무도 다른 모든 나무와 관목, 양치식물처럼 가장 위에 있는 싹부터 가장 깊은 곳에 있는 뿌리까지 물질을 실어 나를 관들이 복잡한 망을 형성하고 있어.

관다발이라고 하는 이 관은 안쪽에 있는 **목질부**와 바깥쪽에 있는 **체관부**를 지탱해줘.

목질부 · 관다발 · 체관부

목질부는 물과 물에 녹은 영양분을 뿌리에서 위쪽으로 올려보내고 체관부는 당을 위에서 뿌리 쪽으로 내려보내.

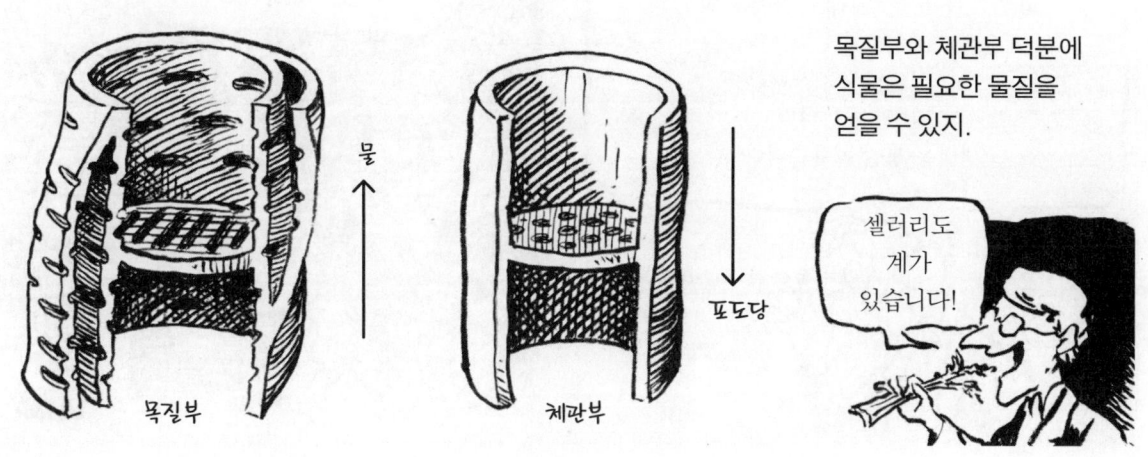

물 / 포도당

목질부 / 체관부

목질부와 체관부 덕분에 식물은 필요한 물질을 얻을 수 있지.

셀러리도 계가 있습니다!

Chapter 12
생식(1부)

지금까지는 (몇 가지 신호 전달 과정을 빼면) 개별 세포 **내부**에서 일어나는 모든 세포 과정을 살펴보았어. 12장에서는 세포가 자기 자신의 **사본**을 만드는 방법을 살펴볼 거야.

두 사람이 언급한 '특별한 짝'은 **A와 T, C와 T**라는 **상보적 염기쌍**을 뜻해. DNA를 지퍼처럼 연다고 상상해보자.

DNA는 단독으로 존재하는 기본 재료(핵산)* 주위를 떠돌아다녀. DNA의 지퍼가 열리면 단독 핵산들이 기존 DNA의 핵산과 결합해.

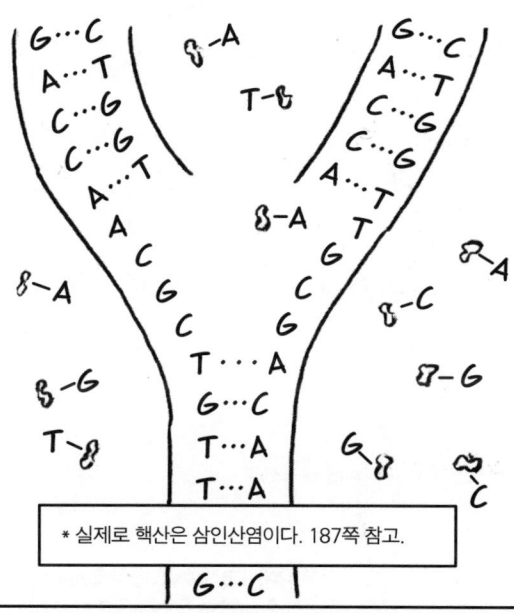

* 실제로 핵산은 삼인산염이다. 187쪽 참고.

기존 DNA 가닥은 **형판**이고 새로 만들어진 가닥은 **상보적** 동료라고 할 수 있어.

그렇게 만들어진 두 DNA 분자는 원래 있던 DNA와 정확하게 같아.

이 이야기의 영웅(DNA 중합효소)은 형판을 가지고 새로운 DNA 가닥을 만들어내.

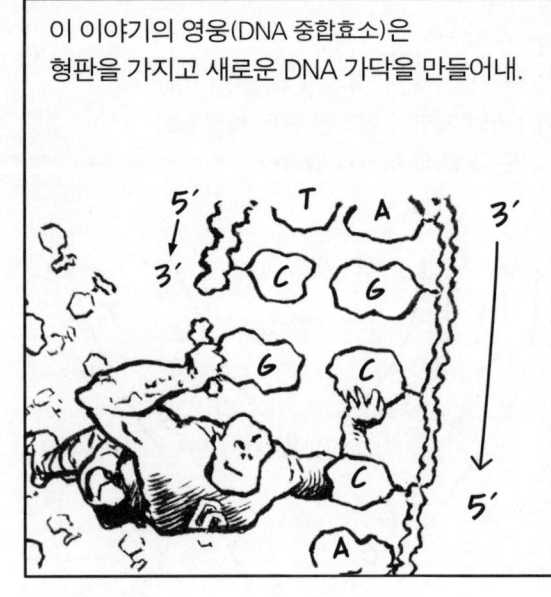

DNA가 풀리면 두 DNA 중합효소가 활동을 시작해 각각 DNA의 한 가닥을 향해 가.

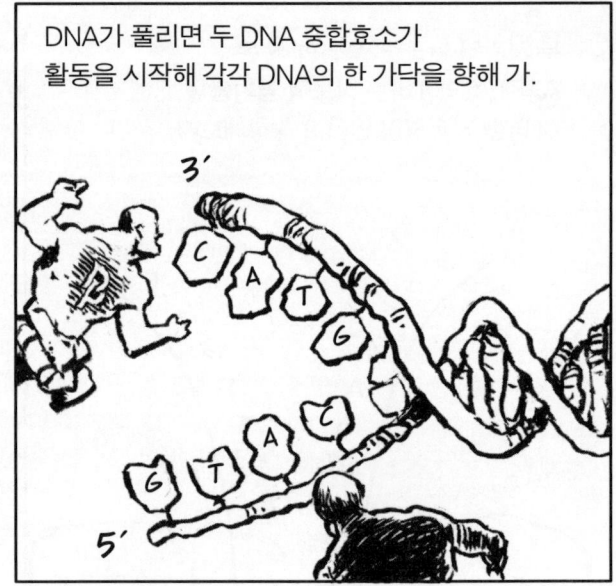

DNA 중합효소는 여러 물질의 도움을 받아.

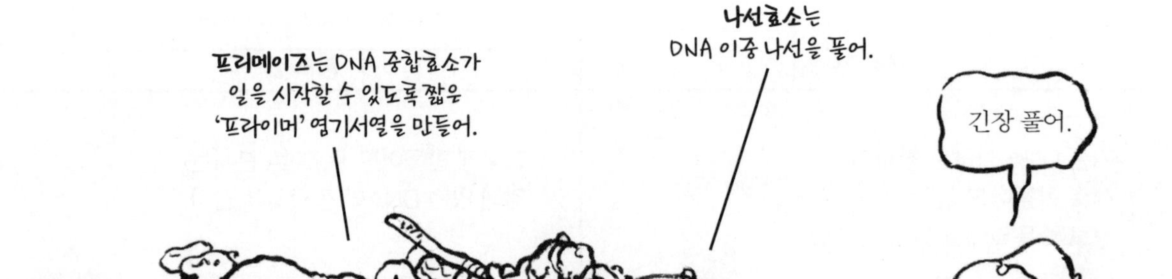

프리메이즈는 DNA 중합효소가 일을 시작할 수 있도록 짧은 '프라이머' 염기서열을 만들어.

나선효소는 DNA 이중 나선을 풀어.

긴장 풀어.

DNA 회전효소는 나선효소가 DNA 나선 구조를 풀기 쉽도록 심하게 엉킨 부분을 풀어줘.

단일 가닥 결합 단백질은 DNA 두 가닥이 다시 결합하지 못하게 해.

RNA 중합효소처럼 DNA 중합효소도 5번 탄소에서 3번 탄소 방향으로 새로운 가닥을 만들고 기존 가닥은 3번 탄소에서 5번 탄소 방향으로 이동해. 이는 단 한 개의 주형가닥(**앞서는 가닥**)으로만 DNA 중합효소가 **나선효소를 따라간다**는 뜻이야.

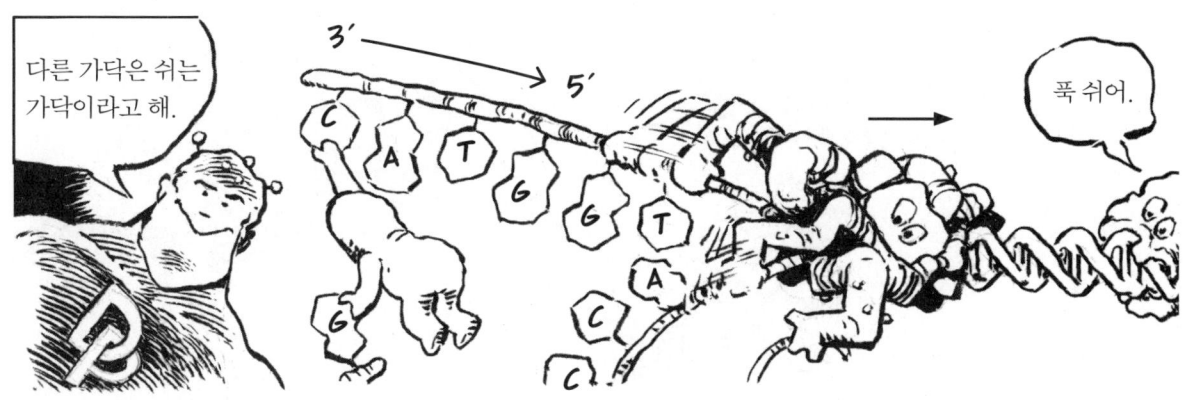

먼저 프리메이즈가 DNA 중합효소가 활동할 수 있도록 짧은 염기서열을 만들어 '상보적' 가닥을 만들 준비를 해.

DNA 중합효소는 나선효소를 따라 앞서는 가닥 위를 지나가면서 프라이머를 연장해. DNA 한 가닥을 복제하는 거지.

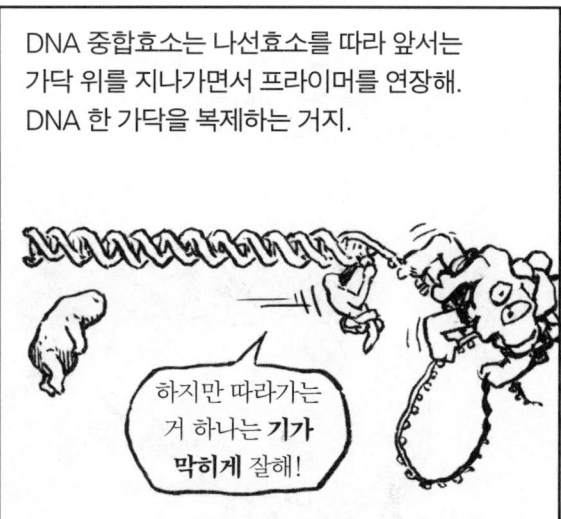

주의! 에너지 이야기: DNA의 자유 핵산에는 ATP처럼 **인산염이 세 개** 붙는다. 인산염이 붙은 핵산은 각각 dATP, dCTP, dGTP, dTTP라고 한다.

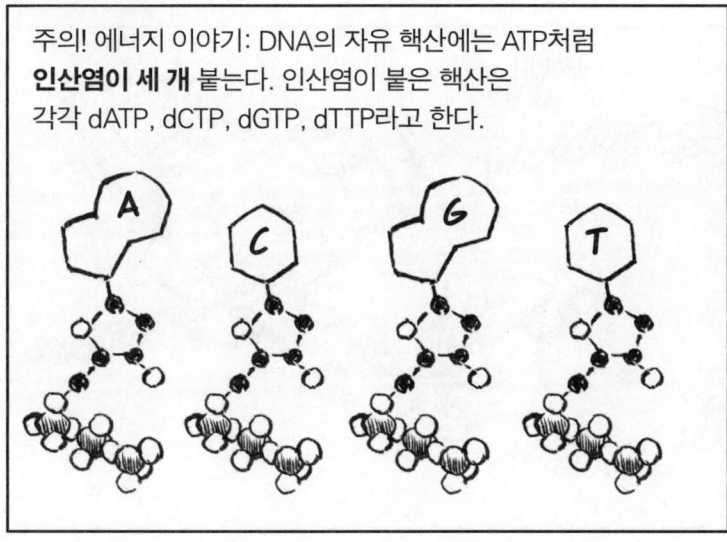

인산염이 붙은 핵산이 DNA 가닥 위에서 자리를 잡을 때 두 인산염이 핵산에서 떨어져나와 DNA를 복제할 수 있는 에너지를 제공해.

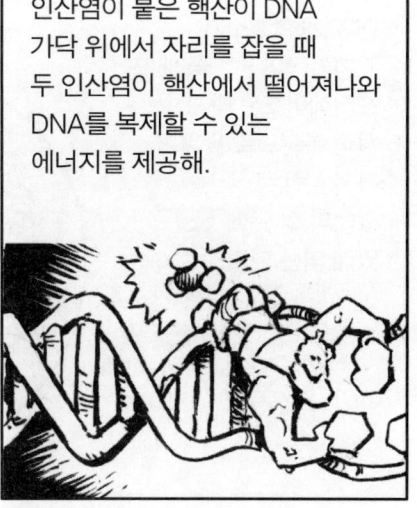

뒤처지는 가닥을 복제하는 과정은 훨씬 복잡해.
3번 탄소에서 5번 탄소로 진행되는 뒤처지는 가닥은
DNA 중합효소가 작업 지역에서 점점 **멀어져**.

이 문제는 나선효소의 일부가 뒤처지는
가닥의 5번 꼬리를 잡아 고리를
만드는 방법으로 해결해.

이전처럼 프리메이즈는 새로운 상보적 가닥을
만들기 시작하고 DNA 중합효소는
그 가닥을 길게 늘여.

DNA 중합효소가
주형가닥의 5번 끝에 오면
프리메이즈는 다시
시작 부분으로 돌아가.
다시 말해서
있어야 할 곳에
있게 되는 거지.

DNA 중합효소가 5번 끝에 도달하면 나선효소 복합체는 중합효소를 놓아줘.

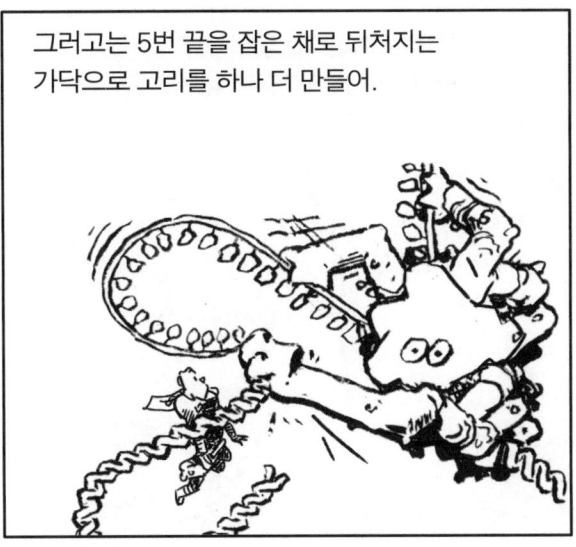

그러고는 5번 끝을 잡은 채로 뒤처지는 가닥으로 고리를 하나 더 만들어.

프리메이즈는 새로 만든 고리의 3번 끝에서 작업을 시작해.

DNA 중합효소가 프라이머를 먼젓번에 작업을 끝낸 곳까지 늘리면 두 번째 고리는 자유로워져.

DNA의 끝에 도달할 때까지, 나선효소는 멈추지 않고 수천 개 염기를 이어붙인 뒤에야 DNA에서 떨어져나가고, 복제가 마무리돼.

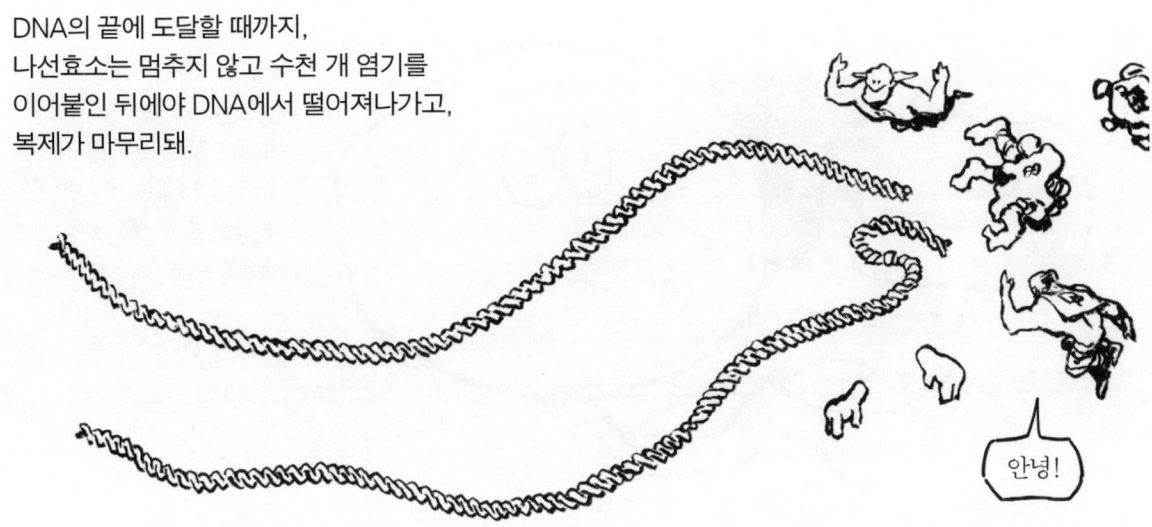

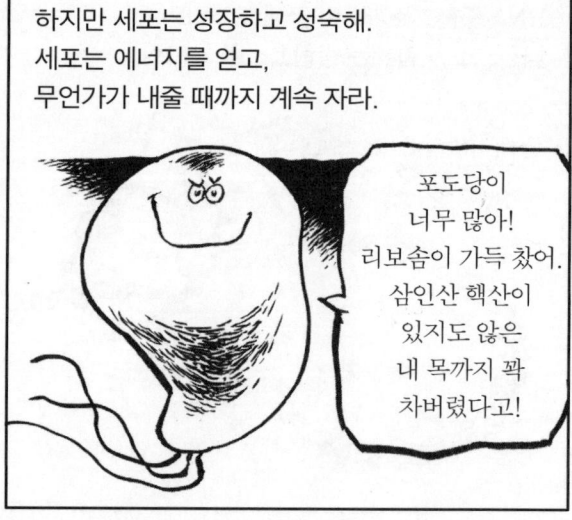

원핵세포의 분열

원핵세포의 DNA는 보통 한 개의 고리로 되어 있어.

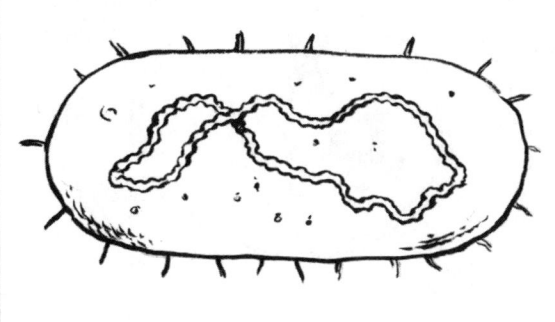

DNA를 복제하면 두 DNA는 세포막의 각기 다른 부위에 달라붙어.

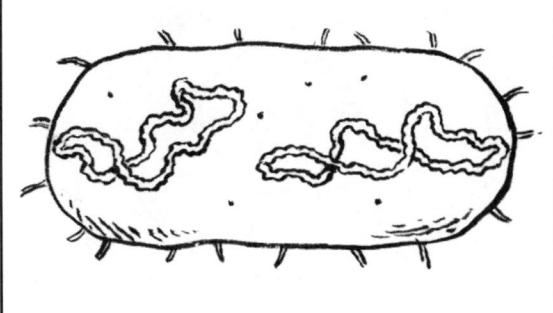

세포는 DNA가 달라붙은 부분을 길게 늘여서 DNA 사본을 갈라놓아.

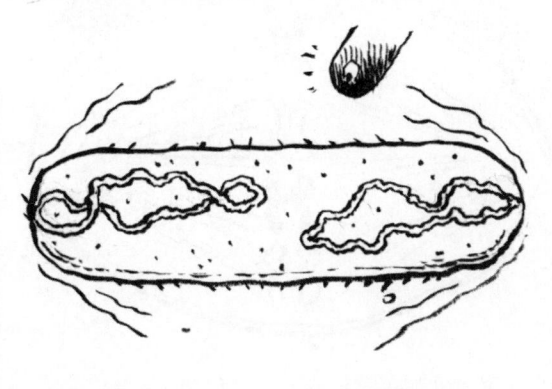

세포 가운데 단백질 고리가 생기고,

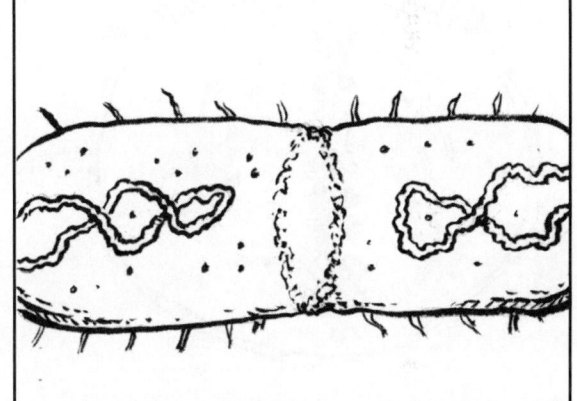

이 고리는 구성성분을 차츰차츰 제거하면서 점점 더 좁아져. 아주 꽉 끼는 허리띠처럼 세포 가운데 부분을 조이다가……

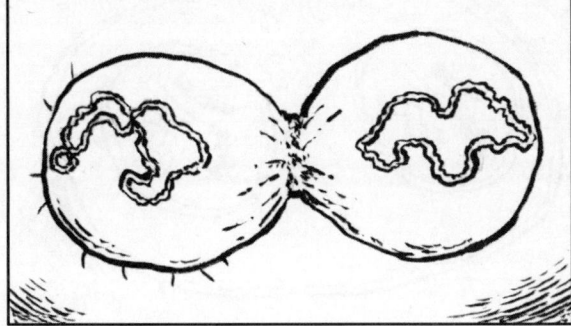

결국에는 세포를 완전히 둘로 나눠버려.

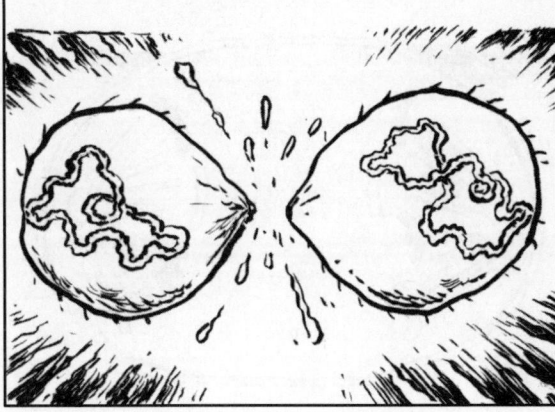

체세포분열 은 간단히 말해서 진핵세포가 DNA 사본을 나누는 방법이라고 할 수 있어.

진핵세포의 DNA는 실타래처럼 뭉친 **염색체**로 존재해(136쪽 참고).

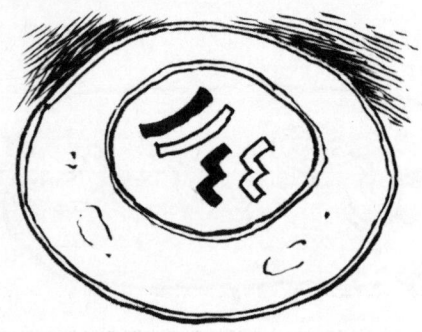

세포핵 안에서 복제된 두 딸 염색체는 가운데 부분이 동원체로 연결되어 있어.

세포막이 사라지면 염색체는 세포를 가로지르며 형성된 판으로 이동해.

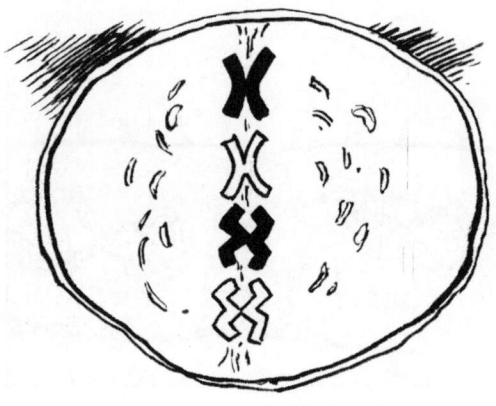

그러면 세포의 양극에서 **방추사**라고 하는 미세관이 자라 염색체들을 붙잡아.

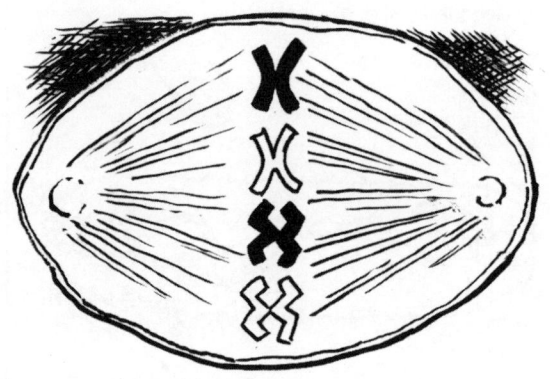

동원체가 녹으면 딸 염색체들은 나뉘고, 방추사가 수축하면서 딸 염색체들이 양쪽으로 갈라져.

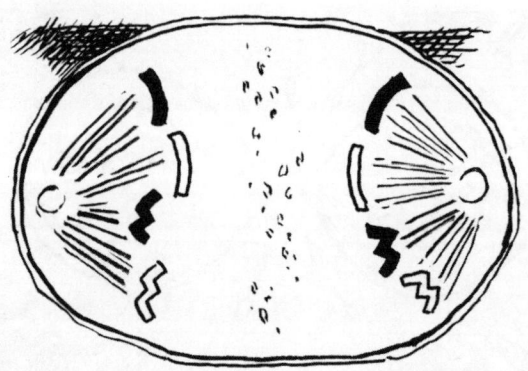

새로운 핵막이 염색체를 감싸. 하지만 아직 세포는 나뉘지 않았어.

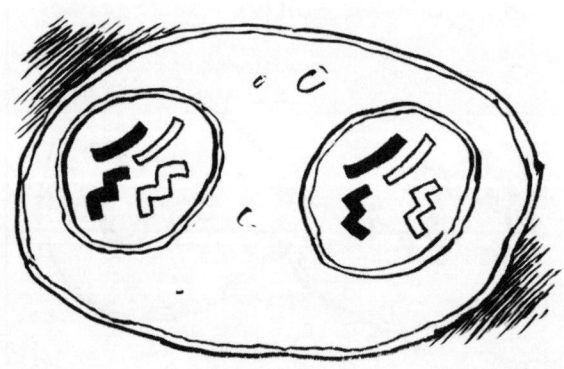

딸세포들이 생존하려면 부모세포에게서 미토콘드리아 같은 세포소기관도 충분히 받아야 해.

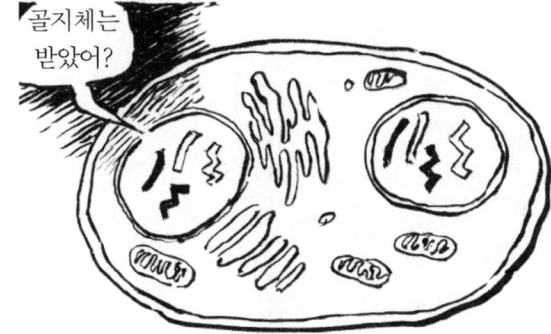

무작위 확산으로 부모세포는 양쪽 끝 모두 충분한 세포소기관을 보내.

소포체와 골지체는 소낭으로 분해한 뒤에 확산시켜.

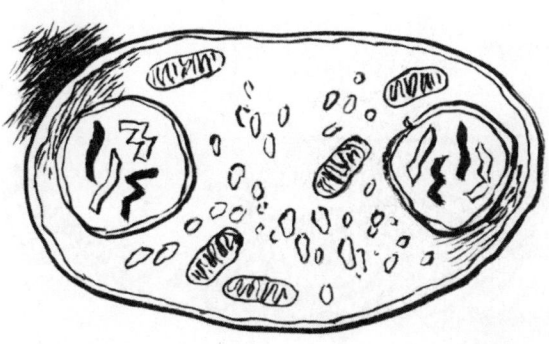

확산하는 소포체와 골지체는 새로 생긴 세포핵 주위에 모여. 그러면서 체세포분열이 끝나지.

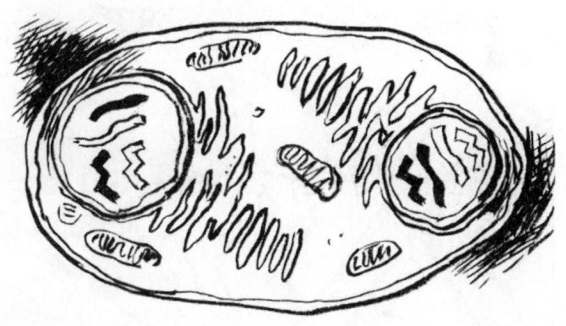

이제 세포가 나뉘기 시작해. 세포를 가로지르는 새로운 막이 생기는 거지.

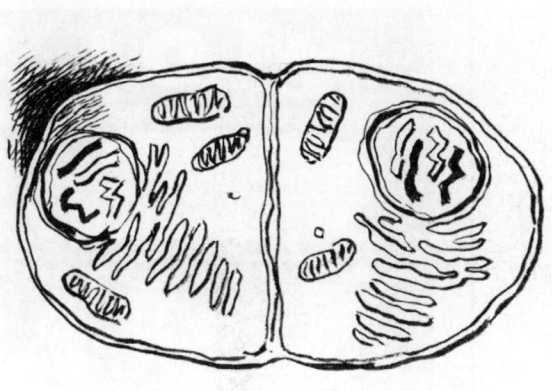

두 딸세포가 나뉘면 세포가 분열되는 거야. (세포질분열이 일어나는 거야!)

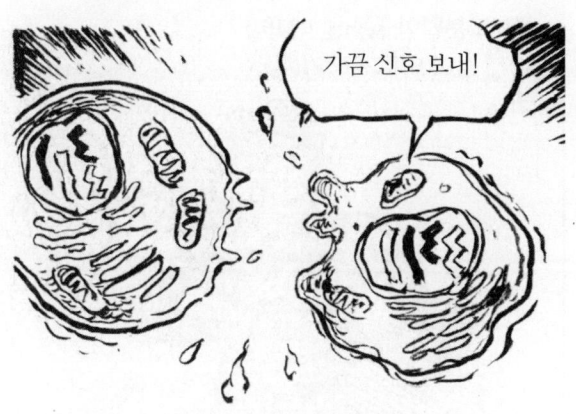

새로 태어난 딸세포와 부모 세포의 유전 물질은 완전히 같을까? 완전히 같은 DNA를 가지고 있을까?

DNA는 아주 정확하게 복제되지만, 절대로 오류가 없지는 않아. 1억 개 염기를 복제할 때마다 한두 가지 이유로 오류가 생길 수 있어.

놀랍게도 DNA 중합효소는 **스스로 점검하면서** 실수를 대부분 수정해.

하지만 가끔 놓치는 곳도 있기 때문에 **교정효소**가 DNA 중합효소를 쫓아가면서 이중으로 점검해.

누구나 교정자가 필요하지!

전체적으로 보았을 때 DNA의 염기는 99.999999% 정확하게 복제돼. 사람의 DNA는 30억 쌍 정도 있으니 체세포분열이 일어날 때마다 30개 정도 오류가 생겨.

누구나 정말 다양하답니다.

세포의 DNA 염기서열에 생긴 변화를 이렇게 불러.

변이

단세포 X맨이 있을까?

복제될 때 일어나는 변이는 다음 두 가지야.

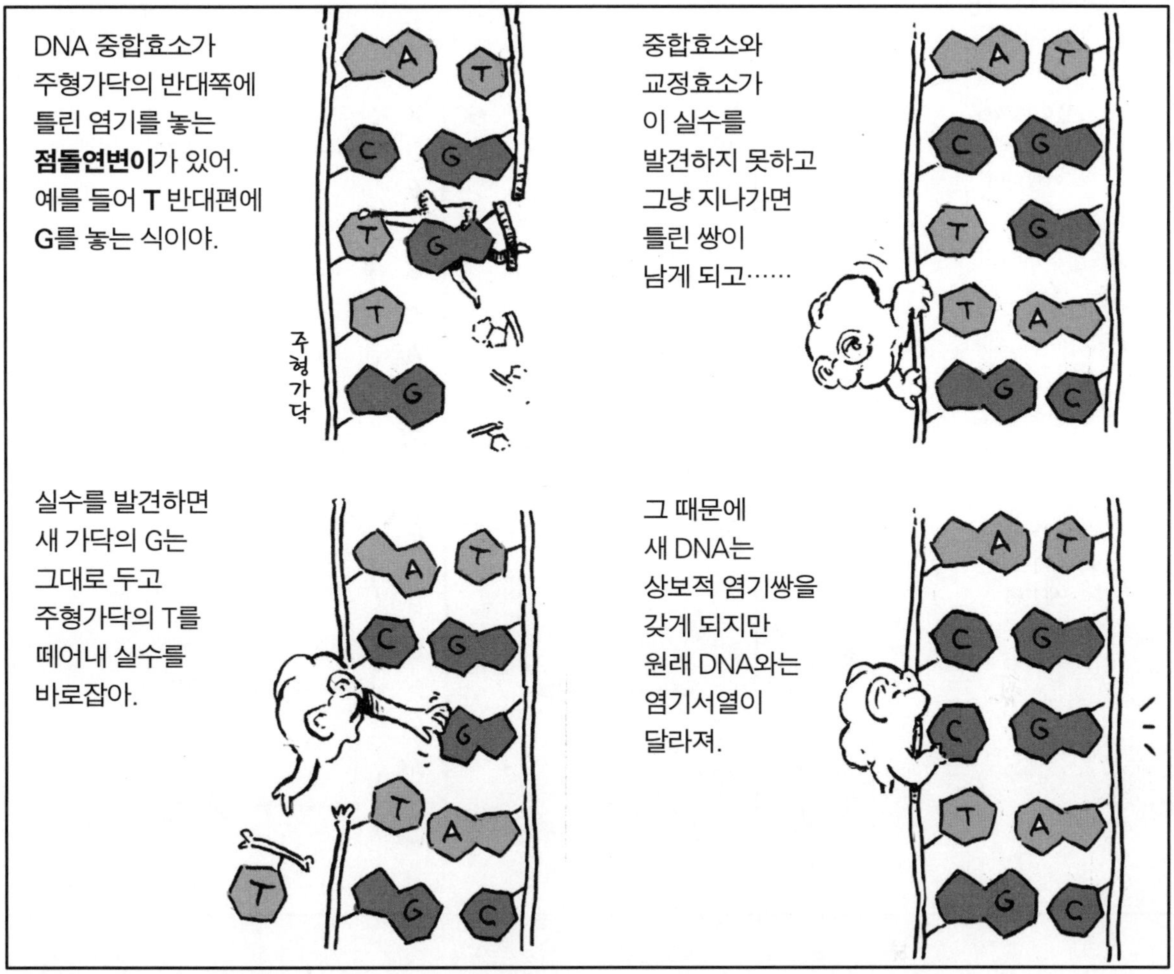

DNA 중합효소가 주형가닥의 반대쪽에 틀린 염기를 놓는 **점돌연변이**가 있어. 예를 들어 T 반대편에 G를 놓는 식이야.

중합효소와 교정효소가 이 실수를 발견하지 못하고 그냥 지나가면 틀린 쌍이 남게 되고……

실수를 발견하면 새 가닥의 G는 그대로 두고 주형가닥의 T를 떼어내 실수를 바로잡아.

그 때문에 새 DNA는 상보적 염기쌍을 갖게 되지만 원래 DNA와는 염기서열이 달라져.

DNA 중합효소는 새 가닥에 염기를 **더하거나 빼는** 실수도 하는데, 이때도 주형가닥을 '수리'해서 실수를 고쳐.
삽입하거나 삭제하는 **(결실)** 실수는 염기서열뿐 아니라 DNA의 길이도 바꿔.

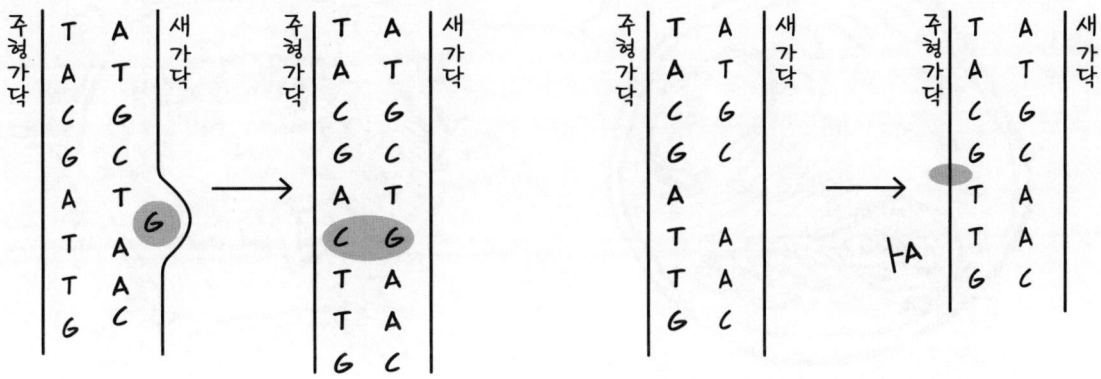

195

변이는 아주 중요해!
유전자가 한 개 바뀌면 생성되는 단백질이 바뀌니까.

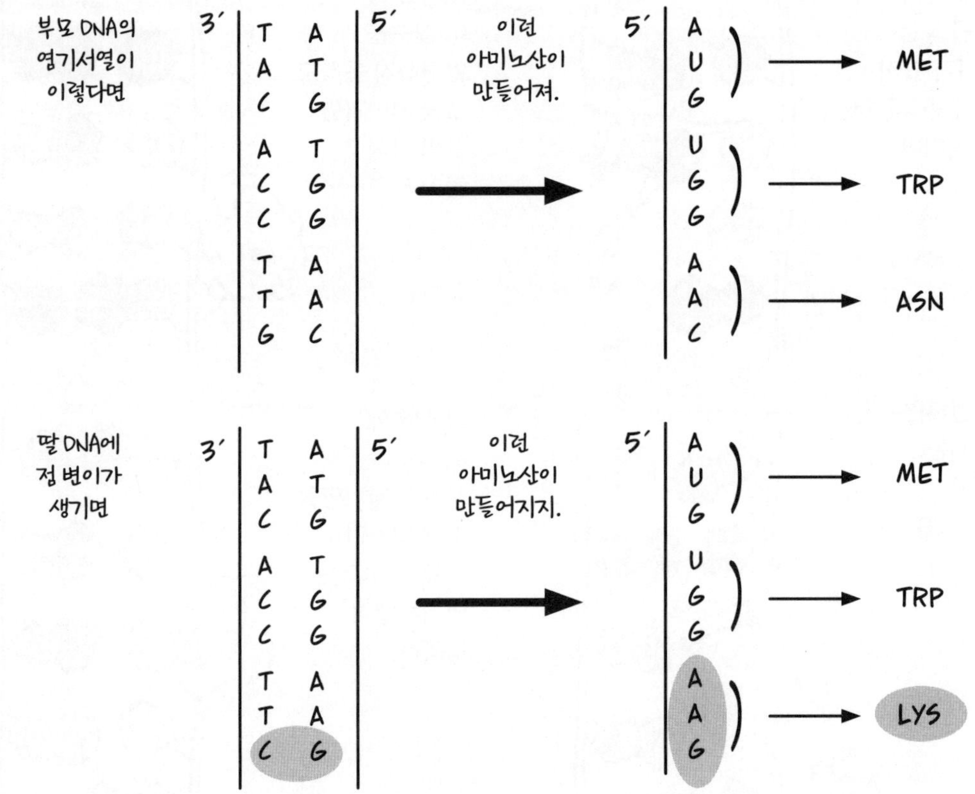

| 부모 DNA의 염기서열이 이렇다면 | 3′ T A C A C C T T G \| 5′ A T G T G G A A C | 이런 아미노산이 만들어져. → | 5′ A U G U G G A A C | → MET → TRP → ASN |

| 딸 DNA에 점 변이가 생기면 | 3′ T A C A C C T T C \| A T G T G G A A G | 이런 아미노산이 만들어지지. → | 5′ A U G U G G A A G | → MET → TRP → LYS |

아미노산이 한 개만 바뀌어도 단백질이 접히는 방식이 달라져.
달라진 단백질은 딸세포에서 부모세포와는 다른 방식으로 기능하는데,
보통은 나쁜 쪽으로 달라져. 어쨌거나 아주 달라지는 거야.

우와!

196쪽의 부모 DNA에 다음과 같은 점돌연변이가 일어났다고 생각해봐.

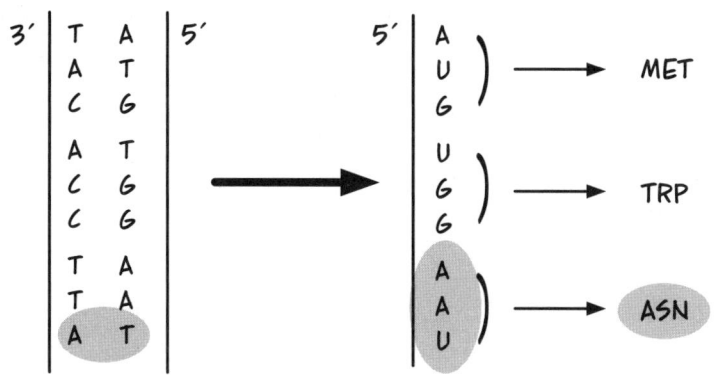

이 변화는 아무런 **영향을 미치지 않아**. 유전 암호는 **중복**되기 때문에 **AAC**와 **AAU** 모두 아스파라긴이라는 **같은 아미노산**을 지정하거든.

이런 돌연변이를 **침묵돌연변이**라고 해.
유전자는 바뀌지만 생산하는 단백질은 같으니까.

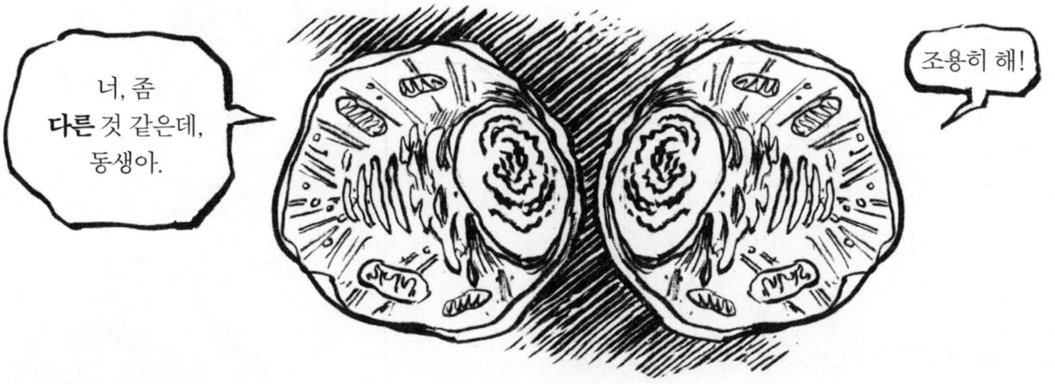

너, 좀 **다른** 것 같은데, 동생아.

조용히 해!

침묵돌연변이는 개체군에 거의 영향을 미치지 않은 채로 여러 세대에 걸쳐 축적될 수 있어.

중복은 근사한 거야!

삽입과 결실은 아주 커다란
손상을 입힐 수 있어.
원래 DNA 염기서열이
다음과 같은데

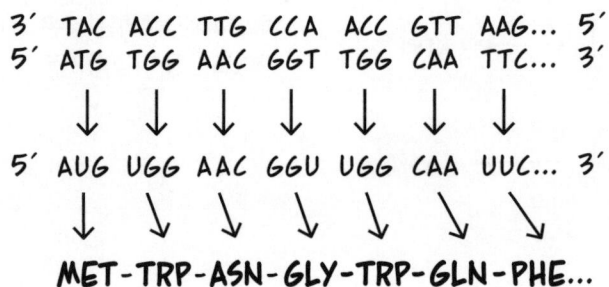

MET-TRP-ASN-GLY-TRP-GLN-PHE...

9번째 염기쌍인 G-C 쌍을 빼버리면
이런 결과가 생겨.

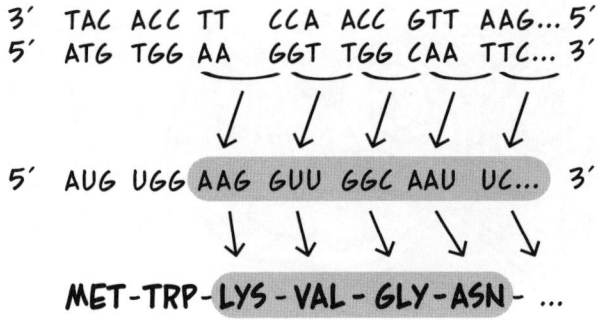

MET-TRP-LYS-VAL-GLY-ASN-...

TRP 아미노산 뒤로는 **모든** 아미노산이 바뀔 수도 있는 거지. 유전 정보를 완전히 **'오독'**하게 되는 거야.

해독틀을 바꾸는 돌연변이(삽입과 결실)는 완전히 다른 단백질을 만들어.

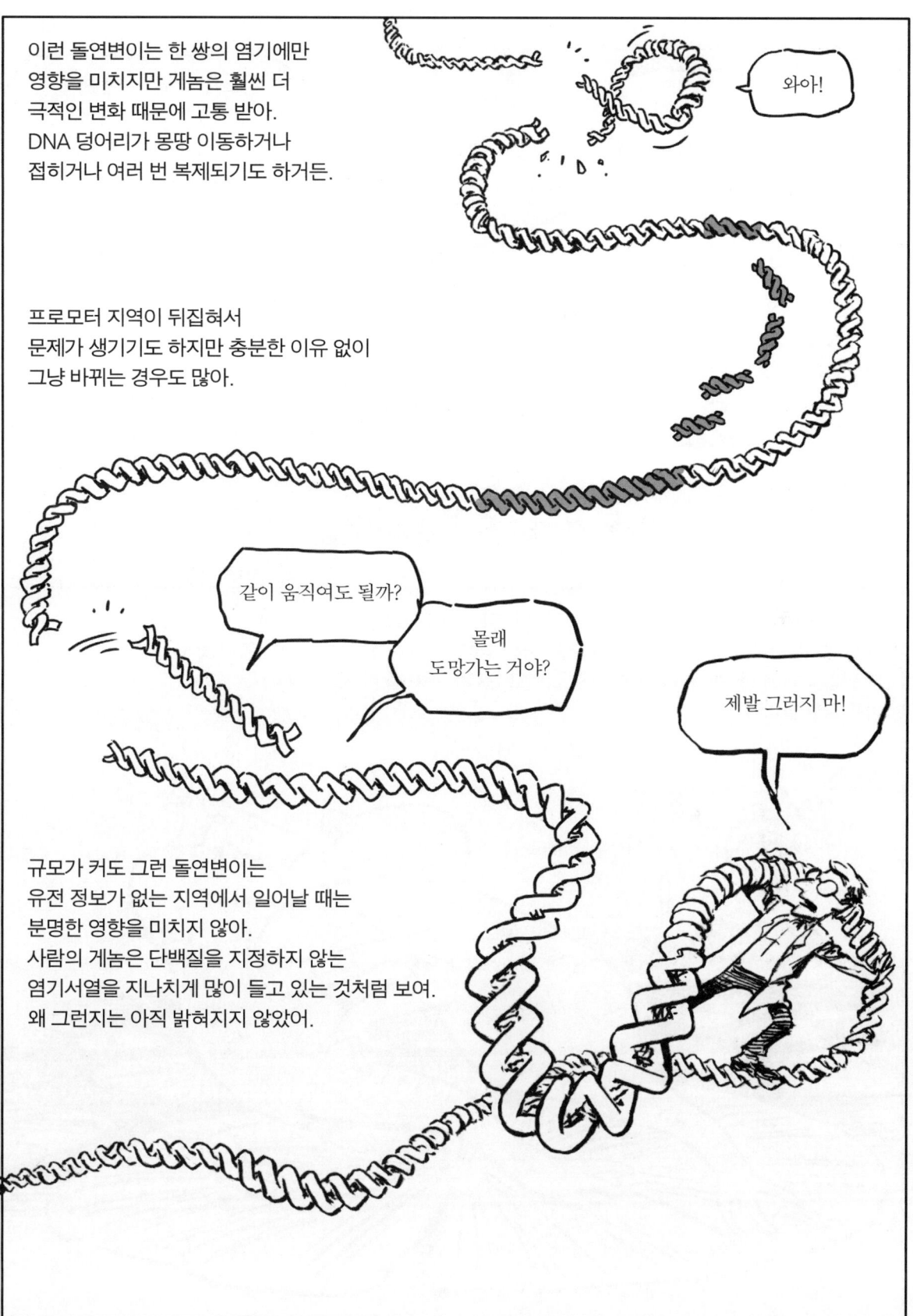

돌연변이가 생긴다고 해도 세포분열은 제대로 기능합니다. 사람만 해도 한 번 체세포분열이 일어날 때마다 30개 정도 오류가 생기지만 아무 문제없이 수십 년을 살 수 있습니다.

하지만 세포가 거듭해서 분열하면 변이 수가 쌓이게 되는데, 그건 **좋지 않습니다.**

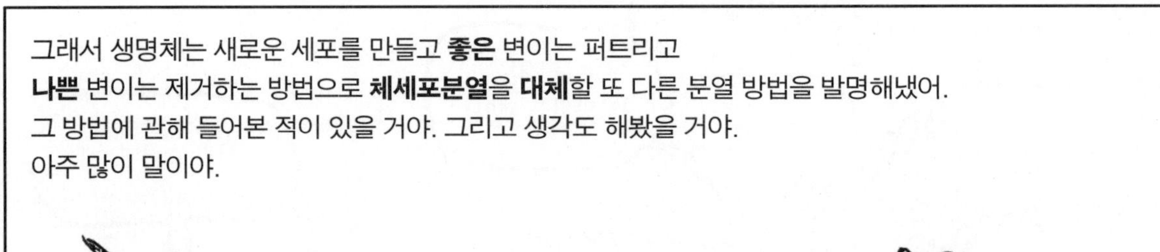

그래서 생명체는 새로운 세포를 만들고 **좋은** 변이는 퍼트리고 **나쁜** 변이는 제거하는 방법으로 **체세포분열**을 **대체**할 또 다른 분열 방법을 발명해냈어. 그 방법에 관해 들어본 적이 있을 거야. 그리고 생각도 해봤을 거야. 아주 많이 말이야.

Chapter 13
생식(2부)

성과 기타 등등

체세포분열은 정말로, 진정으로 생식이라고 할 수 있어.
복사기처럼 세포는 DNA를 복제하고 자신과 똑같은 세포를 만들어.
제라늄을 잘라 물에 넣으면 새로 뿌리가 나고 체세포분열만으로도 성장해
부모 식물과 유전자가 동일한 **클론**을 만들 수 있어.

그런데 사실 생식이라는
용어는 전혀 다른 의미로
쓰일 때가 훨씬 많아.
두 부모가 힘을 합쳐
두 부모와는 완전히 다른
자손을 만든다는 의미로
쓰는 생식(**유성생식**)이라는
용어는 단순한
복제 과정이 아니야.

유성생식의 준비행위라고 할 수 있는 짝짓기는 그저 세포가 분열하는 것보다 에너지가 훨씬 많이 필요해. 짝짓기 상대에게 다가가려고 잔인하고도 고통스럽고 파괴적인 싸움을 해야 할 때도 있어.

꽝

왜인지는 모르겠지만 난 저 나쁜 남자가 좋아.

구애할 때도 에너지가 필요해. 수컷 쇠똥구리는 그 작은 다리를 부지런히 움직여 암컷에게 줄 쇠똥을 굴려야 해. 암컷은 아주 큰 쇠똥을 굴리는 수컷에게만 눈길을 줄 테니까.

짝짓기 자체가 엄청 위험할 때도 있어. 암컷 사마귀는 짝짓기 동안 수컷의 머리를 먹어치우기 때문에 짝짓기를 하려는 수컷은 목숨을 내놓아야 해.

이중으로 만족스럽군!

사실 협상이 아주 순조롭게 진행될 때도 있어.

우리가 이렇게 같은 마음이라니, 믿을 수가 없어.

그래, 알아. 쉽지 않은 일이야.

맞아. 이렇게 생각이 같을 확률은······.

쉿!

하지만 그럴 때도

딸깍

에너지가 아주 많이 필요해.

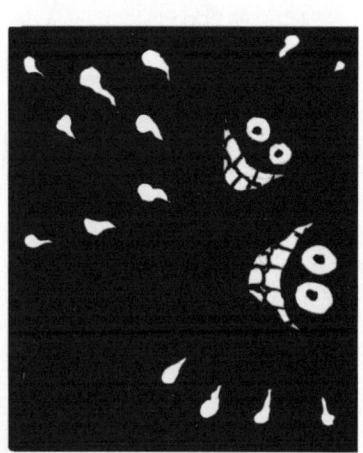

13장에서는 성과 생식에 관한 기본 생물학을 밝혀볼 생각입니다.

이봐, 내 생물학에는 불을 끄라고!

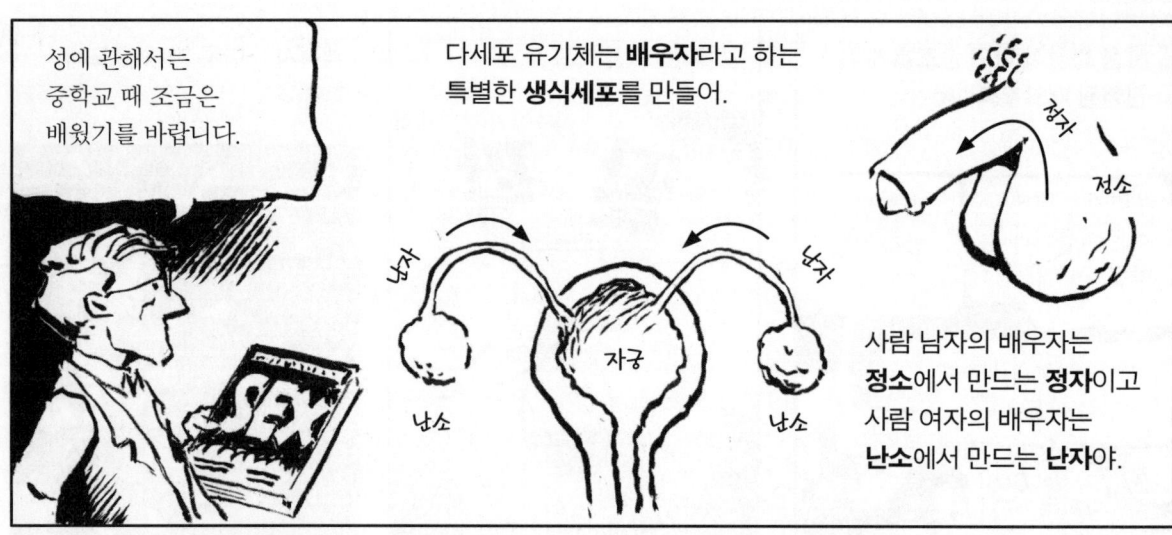

성에 관해서는 중학교 때 조금은 배웠기를 바랍니다.

다세포 유기체는 **배우자**라고 하는 특별한 **생식세포**를 만들어.

사람 남자의 배우자는 **정소**에서 만드는 **정자**이고 사람 여자의 배우자는 **난소**에서 만드는 **난자**야.

식물도 성이 있어. 꽃이 피는 식물의 수배우자는 **꽃밥**이 만드는 **꽃가루**야.

꽃가루는 바람이나 곤충에 실려 암배우자의 암술로 옮겨가. 암술에는 **씨방**이 있어.

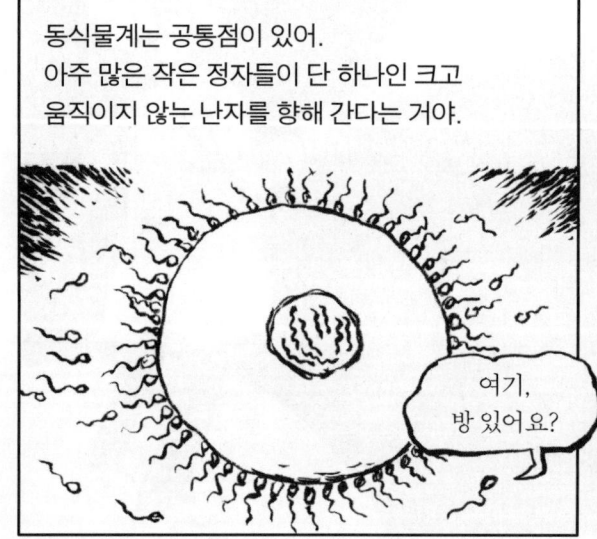

동식물계는 공통점이 있어. 아주 많은 작은 정자들이 단 하나인 크고 움직이지 않는 난자를 향해 간다는 거야.

여기, 방 있어요?

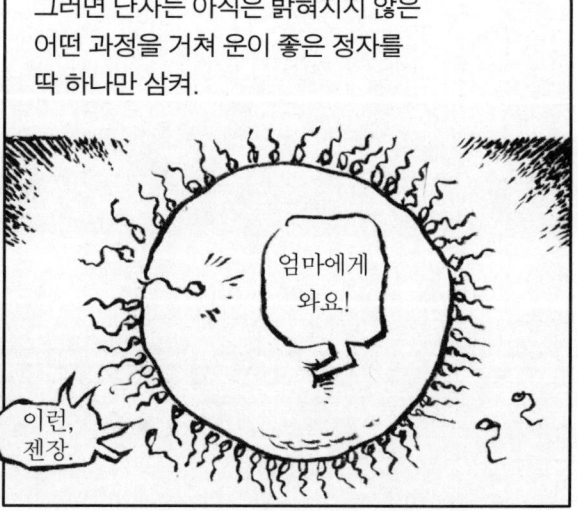

그러면 난자는 아직은 밝혀지지 않은 어떤 과정을 거쳐 운이 좋은 정자를 딱 하나만 삼켜.

엄마에게 와요!

이런, 젠장.

두 배우자의 만남을 **수정**이라고 해.
수정된 난자(**접합자**)만이
한 개체로 성장할 수 있어.

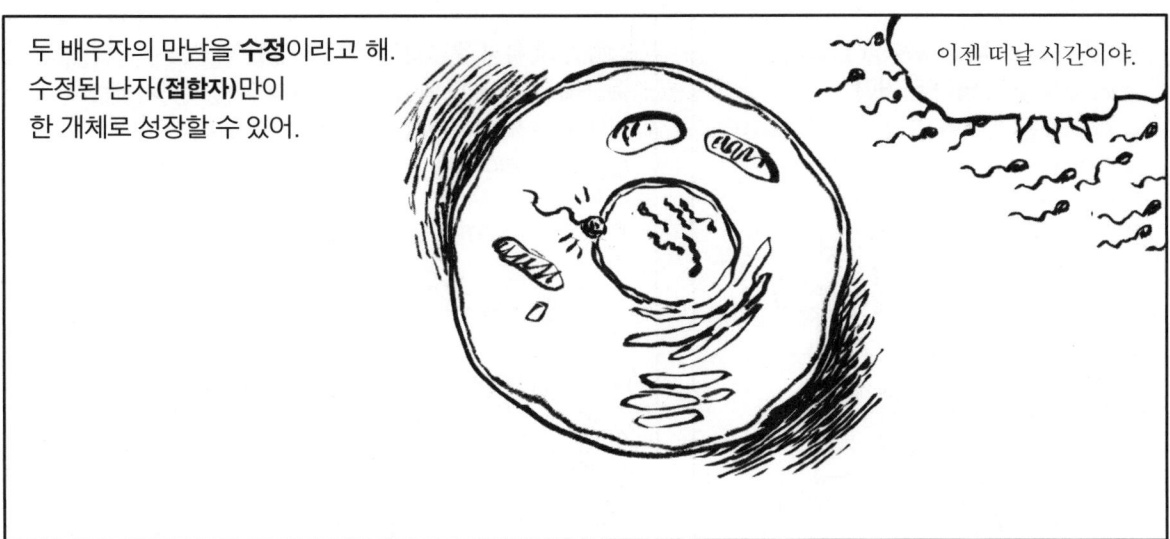

이젠 떠날 시간이야.

꽃이 피는 식물에서는 접합자가 부풀어 종자가 되고,
종자는 땅에 떨어져 싹을 틔워.

한 그루의 암술

시든 꽃은
씨앗을
떨어뜨려

새로운 한 그루가 자라지.

동물의 수정란은 **막에 쌓인 채** 한 개체가 될 때까지 여러 번 분열해.
수정란을 감싼 막은 동물에 따라 어린 개체가 모두 성장할 때까지
어머니의 몸속에 있을 수도 있고 몸 밖에 있을 수도 있어.

생명이 흥미로운 건 수술과 암술이 함께 있는 꽃이 많다는 거야. 이런 꽃들은 자기 혼자서 씨를 맺을 수 있어.

헐!

상황에 맞춰서 유연하게 성 정체성을 바꾸는 동물들도 있어. 달팽이는 층층이 쌓여서 짝짓기하는데, 위에 있는 달팽이는 밑에 있는 달팽이보다 조금 더 수컷이 돼.

대체로 친숙한 동물들은 성 기관을 하나만 갖는 암컷이나 수컷이야(두 성 기관의 생김새도 다를 때가 많고 말이야).

이런 모든 것들이 몇 가지 의문을 불러일으켜.

그래, 내가 수술을 해야 할까?

다시 합쳐질 텐데도 어째서 자연은 성을 나눈 것일까?
어째서 자손은 부모와 닮은 것일까? 서로 다른 두 개체는 자손에게 어떤 특성을 물려줄까?
엄청나게 오랫동안 사람들은 성에 관해 숙고하고 이론을 세우고 단정하고
시답잖은 농담을 하고 성을 억제하고 괴롭혀왔어.

분명한 건 정자는 미래의 존재를 담은 씨앗을 운반하고 여자는 남자가 주는 소중한 선물을 **양육하는 수동적인 수용체 역할을 한다**는 거요. 이건 정말 아무 편견 없이 하는 말이라오.

정자 세포 속에는 앞으로 태어날 작은 인간이 들어 있소. **확실하오!** 이 **호문쿨루스**의 몸에는 작은 정자가 있는데, 그 정자 안에는 더 작은 호문쿨루스가 들어 있고, 그 호문쿨루스 안에는 정자가 있소. 그게 계속 반복되는 거지.

남자들 잘난 체는 어째 변하지 않아요?

어, 우리라고 늘 틀리는 건 아니에요.

과학에는 다행히도 한 접합자가 그레고어

멘델

(1822~1884년)로 자랐어. 수도사로 살겠다는 서약을 하는 바람에 이 세상에 사람 수를 늘리지는 못했지만 엄청나게 많은 완두를 기르면서 아주 꼼꼼하게 기록했어.

브루노 수도원의 커다란 완두밭에서 수백 그루 완두를 돌보던 멘델은
아주 놀라운 사실을 발견했어. 모든 완두가 키가 크거나 작았지 중간 키는 없다는 사실 말이야.
꽃도 자주색이나 흰색이지 두 색이 동시에 섞인 꽃은 피지 않았어.
그 밖에 많은 특징도 중간이 없었지.

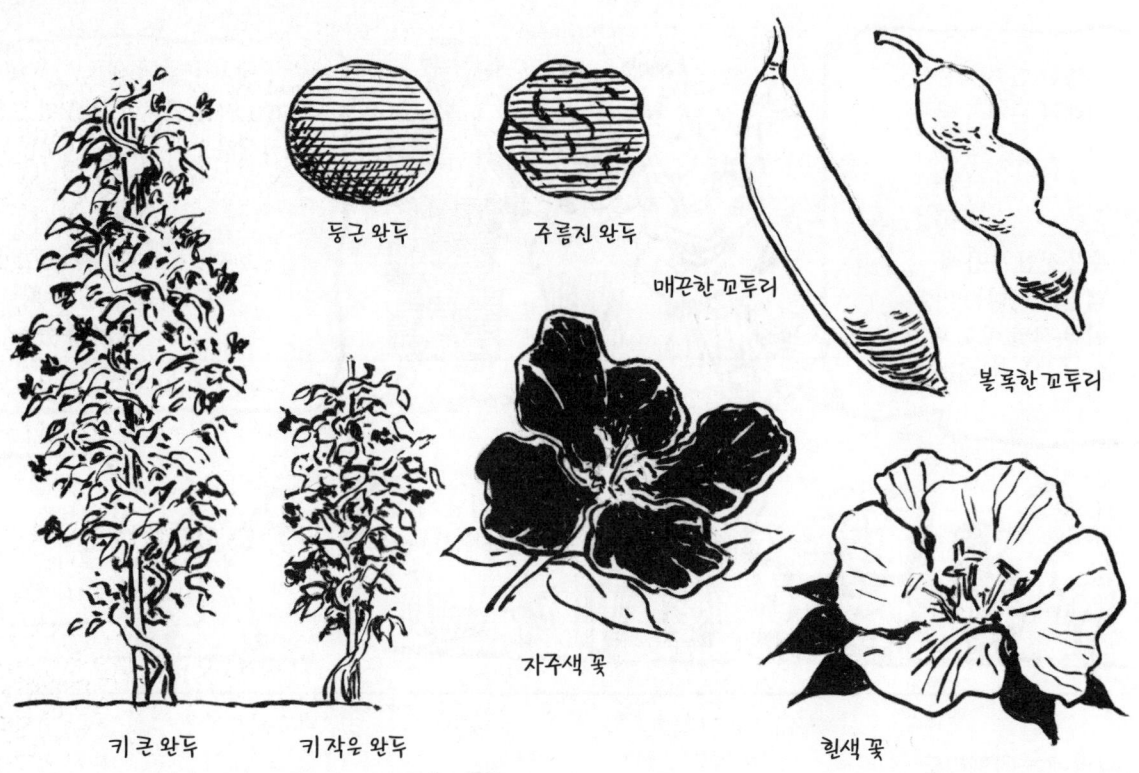

멘델은 한 꽃의 꽃가루를 다른 꽃의 암술에 묻히는 방법으로 세심하게 완두를 교배했어.

신 놀이 재미있는데!

멘델은 자가수분을 막으려고 '엄마'의 수술은 털어버리고 수분한 꽃은 다른 꽃가루가 닿지 않도록 봉지를 씌어버렸어.

수도원에 말하면 안 돼요!

수많은 교배 끝에 멘델은 특정 식물 집단은 항상 **같은 특징을 가진 자손**을 낳는다는 걸 알았어.

키 작은 식물과 키 작은 식물을 교배하면 키 작은 식물이 나와.

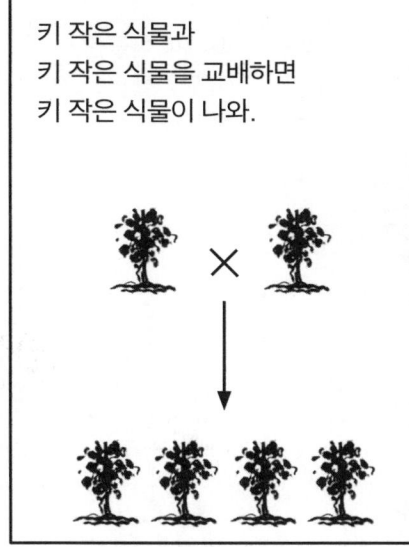

(모두 그렇지는 않지만) 키가 큰 식물과 키가 큰 식물을 교배하면 키 큰 식물이 나오고.

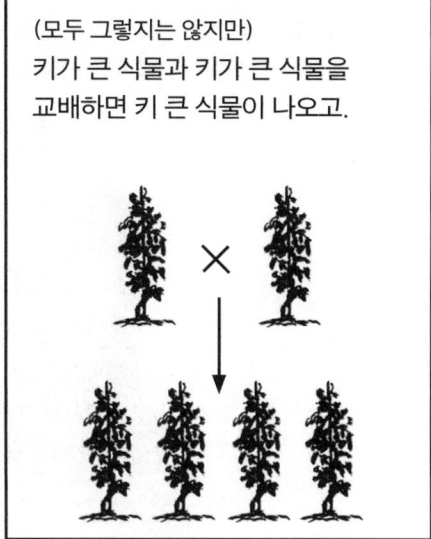

이제 실험을 해보자. 멘델은 순종 키 큰 완두와 순종 키 작은 완두를 교배해서 **우성 형질**을 알아냈어. 키 큰 완두가 우성이었어. **모두 키 큰** 자손만 나왔으니까.

신의 이름으로!

그다음으로는 **모두 잡종인** 완두를 교배했어. 잡종을 교배해서 얻은 씨앗은 4분의 1은 키가 작은 완두로 4분의 3은 키가 큰 완두로 자랐어.

뭔가 보이지 않는 힘이 작용하는 것 같군.

멘델의 깨달음 1!
식물의 키를 결정하는 **'요인'**은 **두 가지**다!
키를 **크게** 하는 요인은 **H**이고 **작게** 하는 요인은 **h**이며,
모든 식물은 이 요인을 **한 쌍** 가지고 있다.

따라서 식물은 이 요인들을 조합한 **유전자형**을 세 개 가지고 있어.

완두는 아주 신비한 방법으로 자라는구먼.

HH
Hh
hh

HH와 **Hh**는 **키가 큰** 식물로 자라.
따라서 H는 **우성 형질**이고 h는 **열성 형질**이라고 할 수 있어.
H는 한 개만 있어도 키가 큰 식물이 나와. 키가 큰 식물은 **HH**나 **Hh**인 거야.
키가 작으려면 반드시 **hh**여야 해. (키가 크거나 작은) 식물의 겉모습을 **표현형**이라고 해.

누가 표현형을 결정하지?

대장입니다!

HH 또는 Hh

hh

멘델의 깨달음 2!
멘델의 첫 번째 유전 법칙은 **분리의 법칙**이야.
배우자(정자나 난자)는 부모의 유전자 한 쌍 가운데 단 한 인자만 무작위로 받아.
따라서 배우자 절반은 한 인자를 가지고 있고 다른 절반은 또 다른 인자를 가지고 있는 거지.

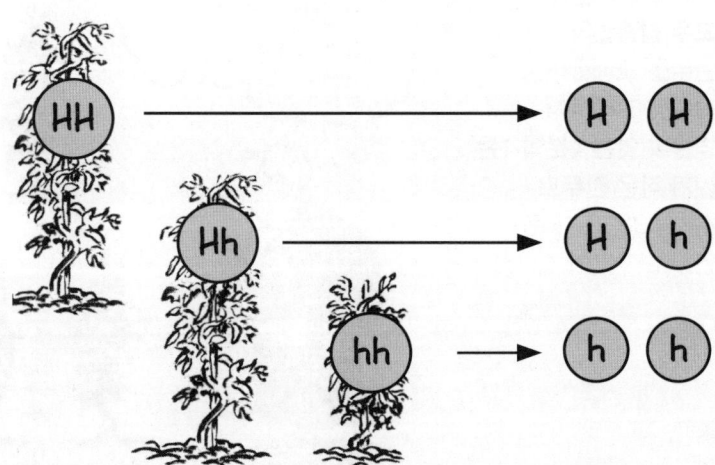

배우자는 각 부모에게서 한 형질을 무작위로 받는다. 부모의 형질은 자손에게 어떻게 전해질까?

HH나 hh 유전자를 가진 식물끼리 교배하는 경우를 순종 교배라고 해. **동일** 형질(동형 유전자)을 가진 식물끼리 교배한다는 뜻이야.
HH와 HH인 식물을 교배하면 자손의 유전자형은 모두 HH이고 hh와 hh인 식물을 교배하면 자손의 유전자형은 모두 hh가 돼.

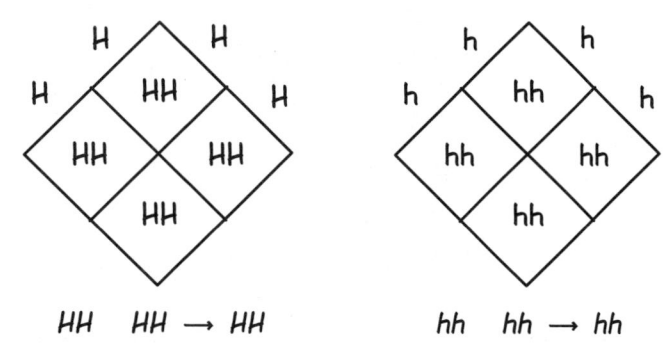

HH HH → HH   hh hh → hh

순종인 HH와 순종인 hh를 교배하면 자손은 모두 **잡종**인 Hh가 나와.
잡종인 Hh의 표현형은 우성인 H(키 큰 식물)로 발현돼.

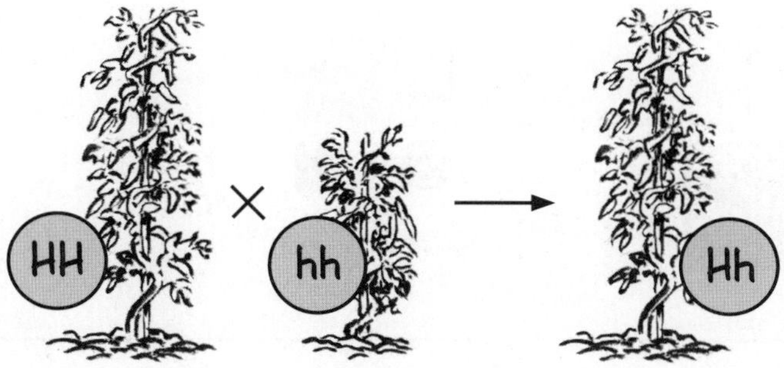

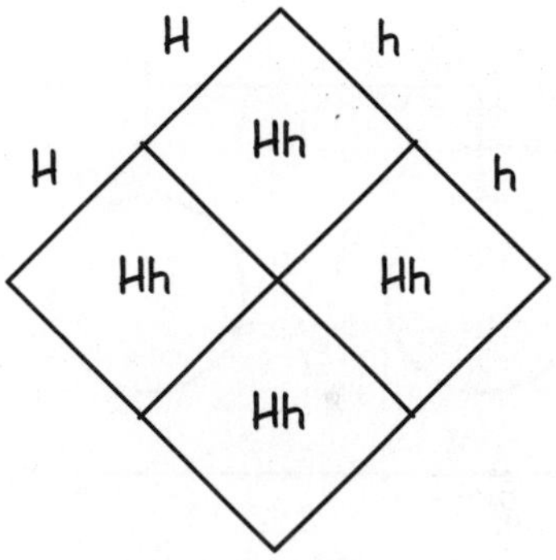

잡종인 Hh와 Hh를 교배하면 네 가지 유전자형의 자손이 나오는데, 그 가운데 키가 작은 식물은 한 경우뿐이야. 멘델이 관찰한 것처럼 **자손의 4분의 3은 키가 큰** 식물로 자라.

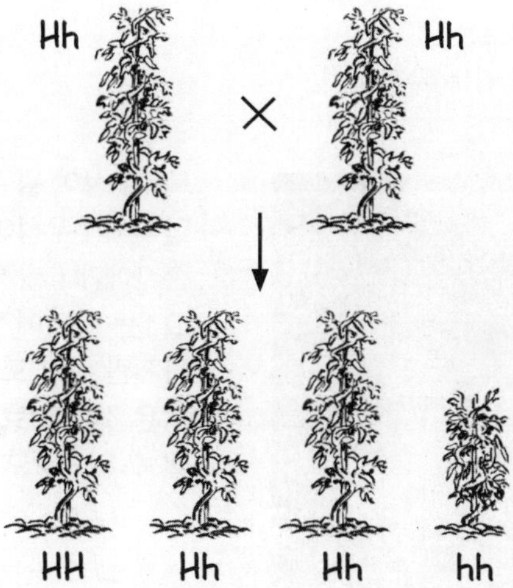

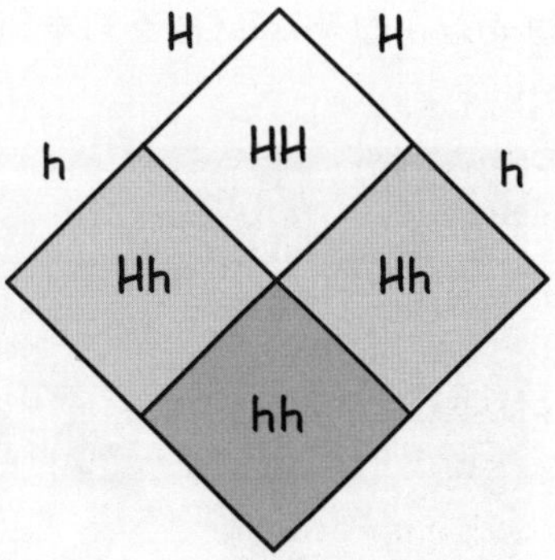

사람도 비슷한 방식으로 유전이 되는 걸 관찰할 수 있어.
유전 질환이 유전되는 방식을 보면 그 사실을 알 수 있어.
낭포성섬유증이라고 하는 폐질환이 유전되는
방식을 다음 가계도로 살펴보자.

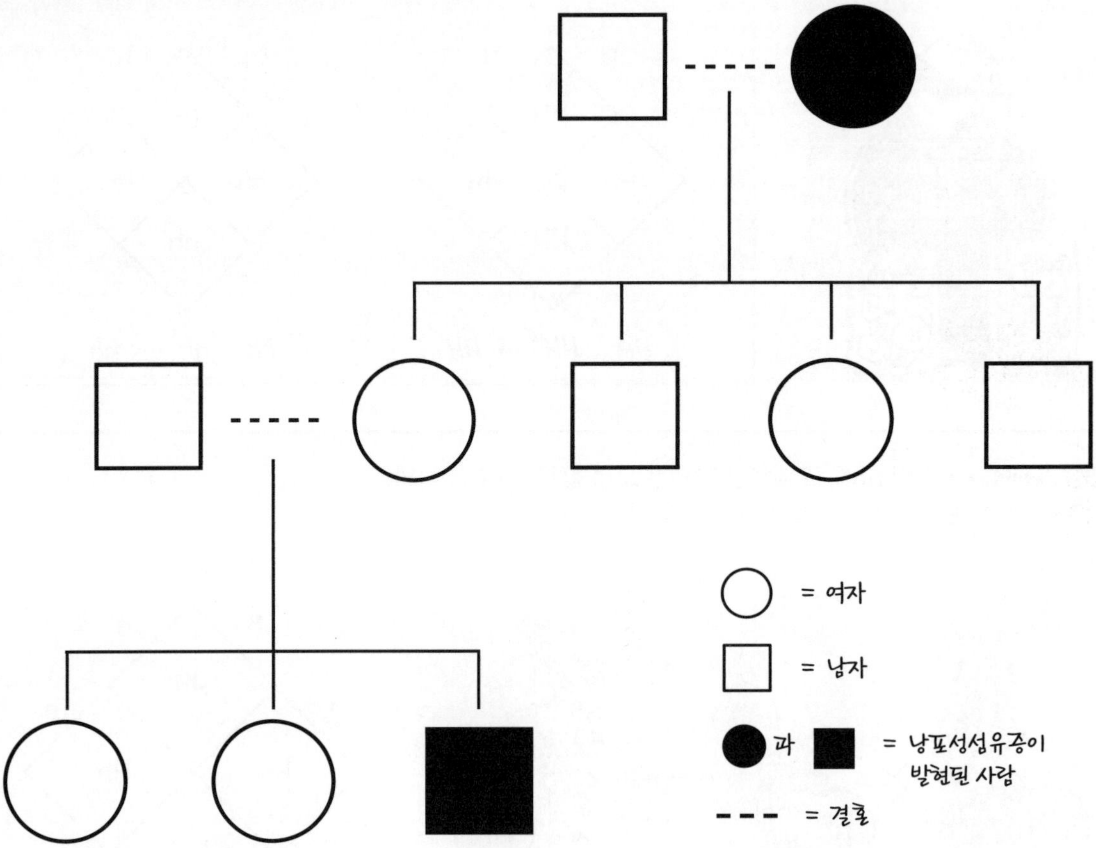

○ = 여자

□ = 남자

● 과 ■ = 낭포성섬유증이 발현된 사람

--- = 결혼

멘델이 했던 것처럼 우리도 누구나 낭포성섬유증에 관여하는
유전자를 두 개 가지고 있다고 생각해보는 거야.
F는 정상 유전자이고 f는 질병을 일으키는 유전자지.

f는 우성이 될 수 없어.
만약 f가 우성이라면 병에 걸린
손자에게 f가 적어도 하나는 있을 테고,
그 f는 부모에게서 왔을 거야.
하지만 부모 모두 병에 걸리지
않은 것으로 보아 f는 우성이
될 수 없는 거지.

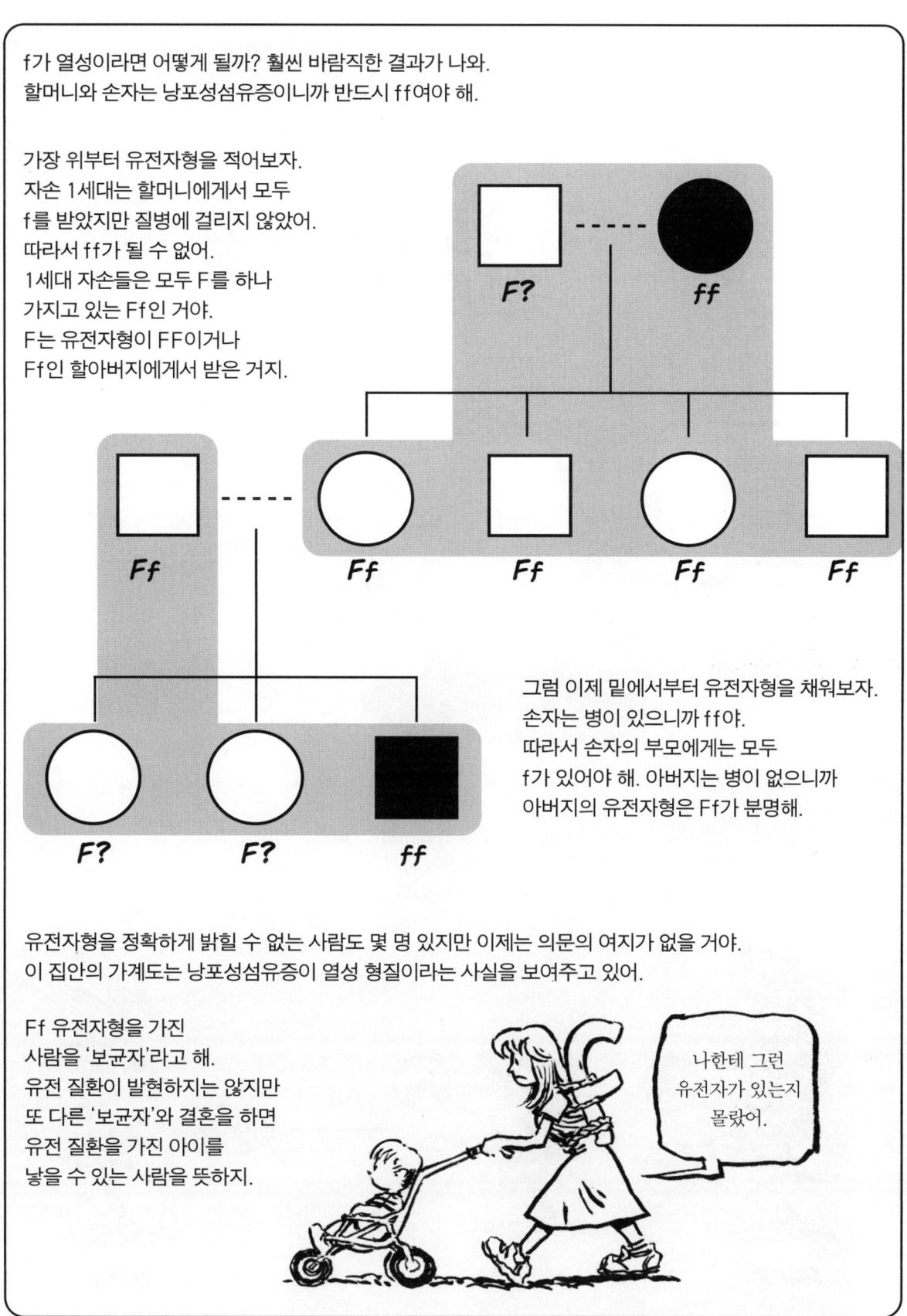

우리의 집요한 성직자는
자주색 꽃이 흰색 꽃의
우성임도 밝혀냈지.
완두 꽃 색을 결정하는 형질을
자주색은 P로 흰색은 p로 쓴다면
PP와 Pp는 자주색이 되고
pp는 흰색이 돼.

이제 멘델은 완두의 키와 꽃의 색이 관계가 있는지를 알아봤어.

그래서 이전과 같은 방식으로
순종끼리 교배를 해봤지.
키가 크고 자주색(HHPP)인
꽃과 키가 작고 흰색(hhpp)인
꽃을 교배한 거야.

HHPP의 배우자 유전자형은 HP이고 hhpp의 배우자 유전자형은 hp야.
두 완두를 교배하면 양쪽 형질을 모두 가진 HhPp 자손이 생겨.
이 자손의 표현형은 키가 크고 자주색 꽃이 피는 완두가 되지.

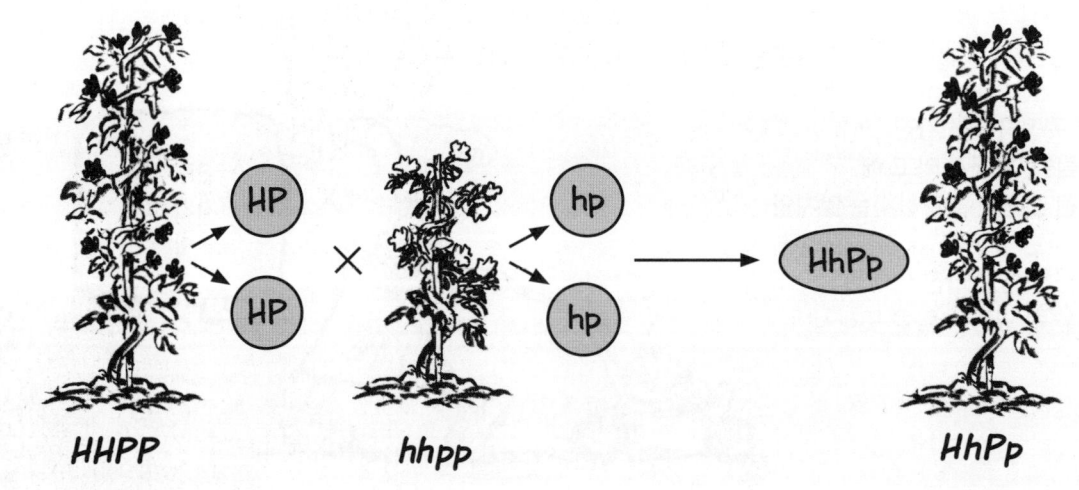

HhPp를 HhPp와 **교배**해서 멘델은 키가 작고 흰색 꽃인 완두 **한** 개, 키가 크고 흰색 꽃인 완두 **세** 개, 키가 작고 자주색 꽃인 완두 **세** 개, 키가 크고 자주색인 완두 **아홉** 개를 얻었어.

키가 큰 자주색 꽃 9그루

키가 크고 흰색 꽃 3그루   키가 작고 자주색 꽃 3그루   키가 작고 흰색 꽃 1그루

어째서 이런 결과가 나왔을까?
그 이유는 HhPp 부모가 HP, Hp, hP, hp 배우자를 **동일한 수**만큼 만들기 때문이야.
이 배우자들을 무작위로 조합하면 **16**가지 결과가 나와.

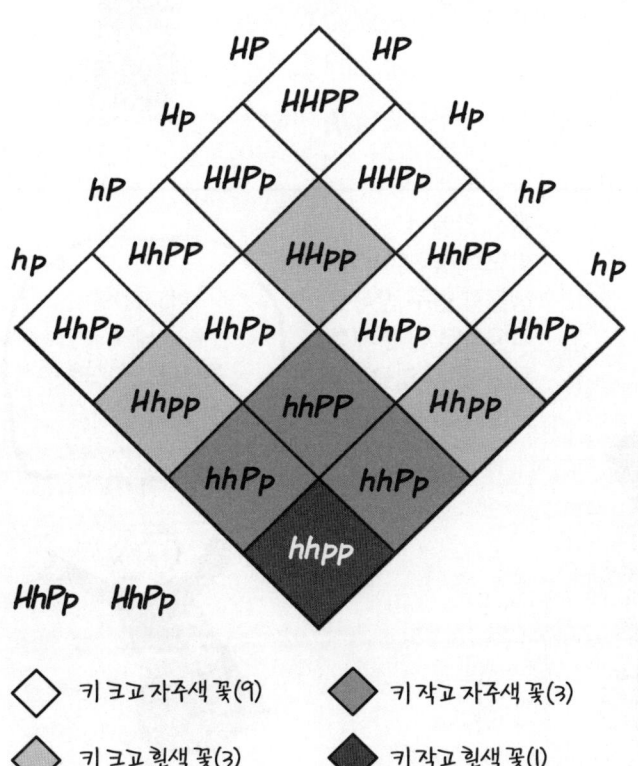

멘델은 이 실험 결과에
독립의 법칙이라는 이름을 붙였어.
배우자가 받는 H나 h 형질은
P나 p 형질과는 상관이 없다는 뜻이야.
한 형질은 다른 형질의 유전에 전혀
영향을 미치지 않는다는 의미지.

멘델의 완두 교배는 밖에서 안을 들여다보는 방식으로 이룩한 생물학의 승리야. 전체 식물을 가지고 연구하면서 그는 눈에 보이지 않는 유전 '요소'와 유전 요소들의 결합 방식을 알아냈지.

멘델은 생식세포가 아니라면 유전 요소들은 한 쌍으로 존재한다고 추론했어. 배우자는 유전 요소를 하나만 가지고 있고, 정자와 난자가 수정해야만 두 요소가 비로소 한 쌍이 된다고 말이야.

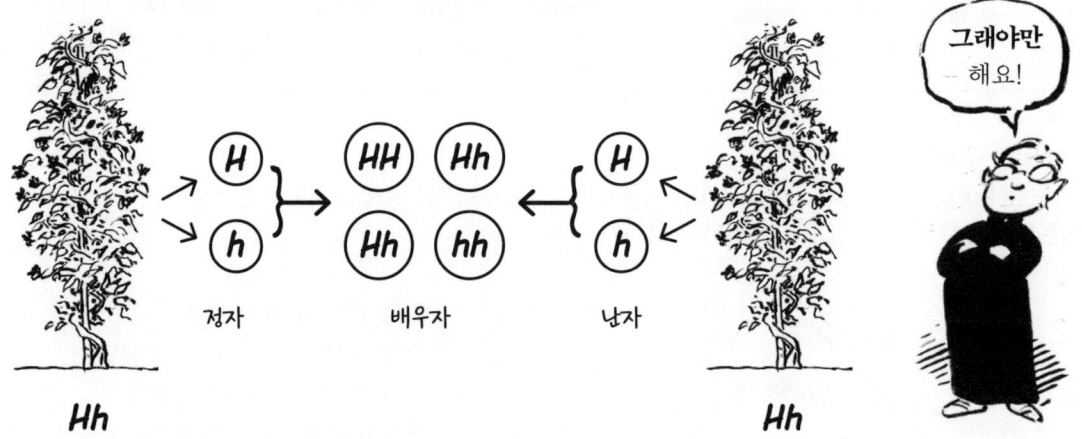

멘델의 업적은 정말로 생물학의 승리야! 하지만 멘델로서는 유전 '요소'들이 정확히 무엇인지는 **알아낼 수 없었어**.

혹시 안에서 밖으로 들여다보는 생물학 연구 방식을 이용하면 이 문제를 풀 수 있지 않을까? 당연히 풀 수 있었지.

유전 입자는 DNA를 만드는 **유전자**야.
유전자는 유기체가 독특한 특성(표현형)을 갖게 하는
단백질을 만들게 해.

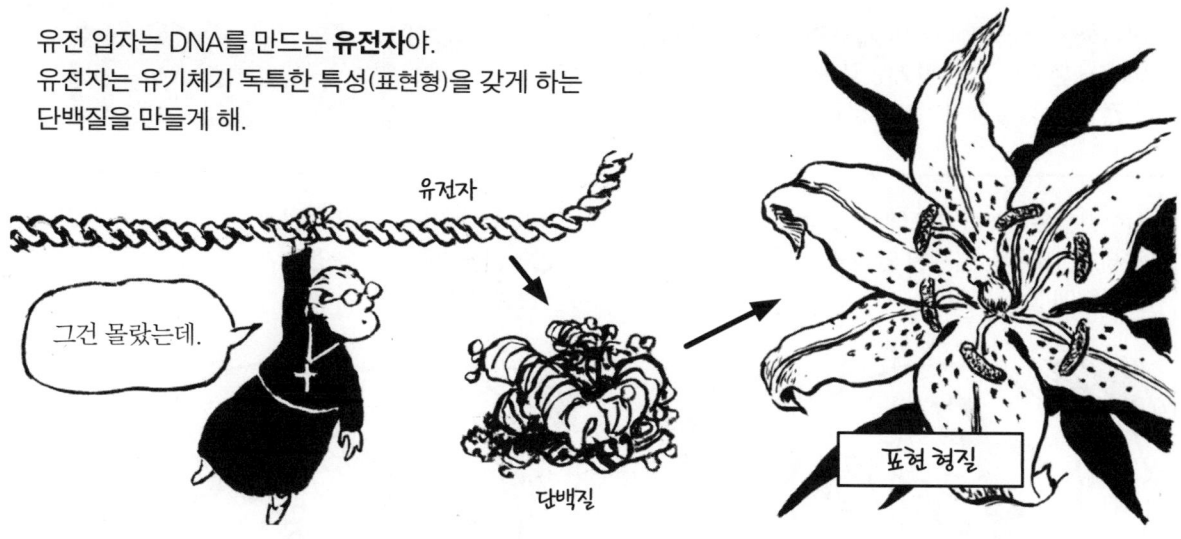

그건 몰랐는데.

유전자

단백질

표현 형질

진핵세포의 세포핵에는 DNA가 몇 가닥 **염색체**로 뭉쳐 있다는 이야기를 했지?
완두도, 사람도, 그 밖에 거의 모든 진핵생물은 염색체를 **한 쌍**씩 가지고 있어(136쪽 참고).
완두의 염색체는 모두 일곱 쌍이야(14개지).
염색체를 한 쌍씩 가지고 있는 세포를 **2배체**라고 해.

그건 몰랐는데.

세포핵에 들어 있는 염색체들 가운데 모양과
크기가 같은 염색체들을 **상동염색체**라고 해.
상동염색체에는 같은 유전자들이 같은
순서와 같은 간격으로 배열되어 있어.

그건 몰랐는데.

그래서 당신이
한 일이 더
놀라운 거예요,
그레고어!

여기까진 알겠지? 하지만 **배우자**는 어떻게 된 걸까?
어째서 염색체를 단 **한 개**만 갖는 세포가 존재할 수 있을까?
그건 바로 특별한 생식세포분열 때문이야.

감수분열!

감수분열은 2배체 세포에서 시작해.
체세포분열처럼 복제된 염색체는
동원체에 붙어 있어.

이때 아주 이상한 일이 일어나.
상동염색체들이 한데 뭉쳐서
4분염색체가 되는 거야.

4분염색체가
일렬로 늘어서면
방추사가
달라붙어서……

복제된
염색체들을
각각 양쪽으로
끌고 가.

염색체를
둘러싸는
핵막이 생기면,

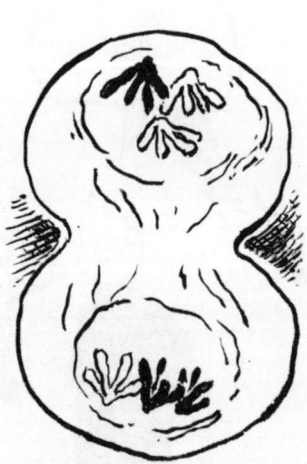

세포가 나뉘어.
여기까지가
1차 감수분열로
아직 분열은
끝나지 않았어.

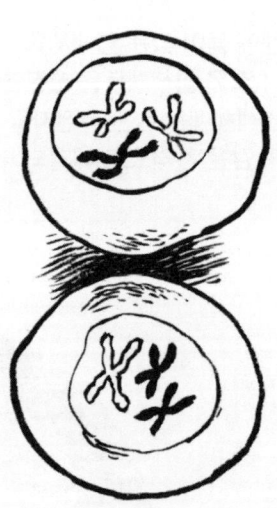

여전히 붙어 있는 상동염색체 (염색분체)는 또 다른 분열을 위해 일렬로 늘어서.

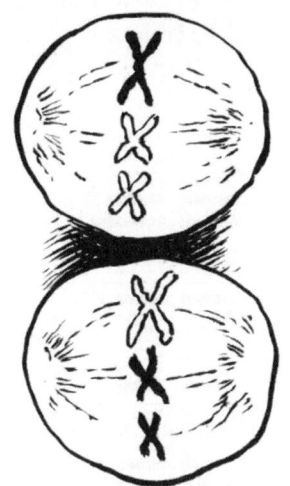

다시 방추사가 나타나는데, 이번에는 체세포분열에서처럼 염색체를 완전히 양쪽으로 갈라지게 해.

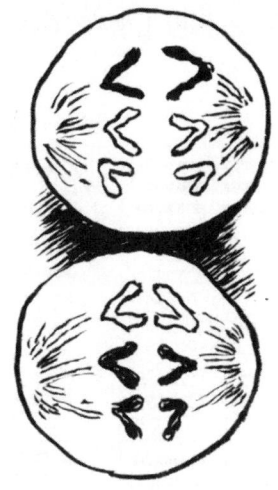

염색분체들이 극에 가까이 가면 핵막이 새로 생기고 세포 가운데 부분이 잘록해져.

결국 **반수체**가 **4개** 생기는 거야.

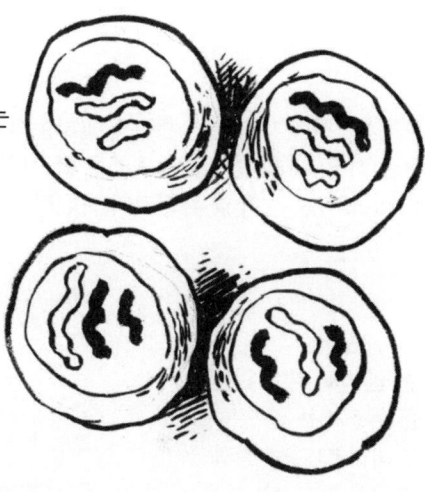

세포는 감수분열로 **배우자**(정자와 난자)를 만들어. 정말로 **멘델이 옳았던 거야**. 배우자는 **실제로** 유전자를 한 벌만 옮기고 있었어.

정말로 존경합니다!

주의: 감수분열할 때 염색체는 철저하게 **무작위**로 반수체 안에 들어가게 된다. 다음 그림처럼 염색체가 세 쌍이라면 만들 수 있는 반수체는 여덟 가지다.

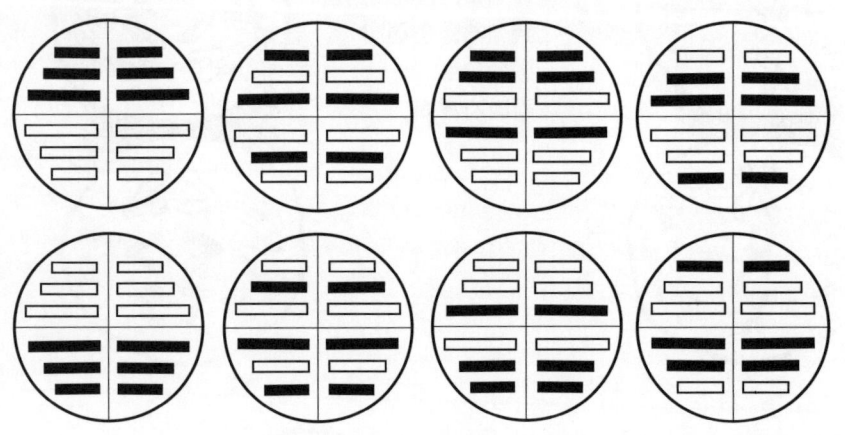

사람의 염색체는 23쌍이니, 2^{23}개, 즉 8,388,608가지 반수체를 만들 수 있습니다.

이 같은 사실이 멘델의 주장과 일치할까?
완전히 일치하지는 않아. 멘델은 **형질**들이 독립적으로 유전이 된다고 했는데, 사실 섞이는 건 **개별 유전자**가 아니라 **전체 염색체**니까.

옆 그림처럼
한 염색체 위에 있는
두 유전자는 감수분열이
일어날 때도 늘 함께
있어야 해.
두 유전자는
끈으로 묶여 있어서
어떤 배우자를 만들건
늘 함께 있어야
하는 거야.

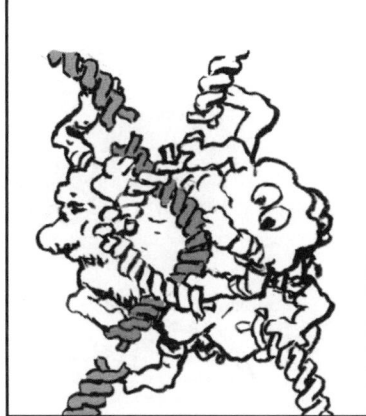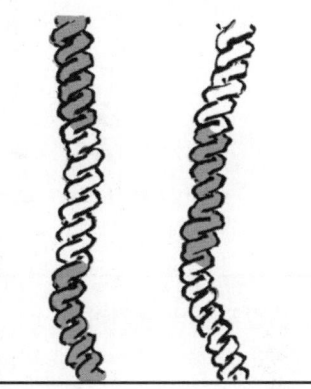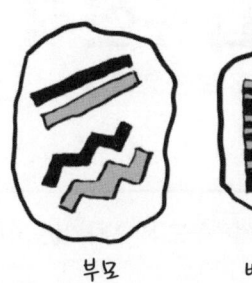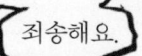

나머지 발견들을 이끈 멘델의 첫 번째 발견은 우성 형질과 열성 형질을 발견한 거야.
예를 들어 완두의 꽃 색을 결정하는 요인은 **P**와 **p** 두 가지였지.
유전자형이 **PP**와 **Pp**인 개체는 자주색 꽃을 피웠고 **pp**인 개체는 흰색 꽃을 피웠어.

DNA에도 변이가 있는 것처럼
유전자도 염기쌍의 서열이 (보통은)
조금 다른 여러 돌연변이가 있어.
유전자의 이런 차이를

대립유전자

(대립형질 유전자)라고 불러.

상동염색체들도 비슷하기는 하지만 완전히 같지는 않은 거야.

유전자는 같지만 대립유전자가 다릅니다.

어떻게 한 대립유전자가 다른 대립유전자를 압도하는 걸까? 여기 한 가지 방법이 있어.

대립유전자 P가
자주색 색소를 만드는 단백질을
지정한다고 생각해봐.

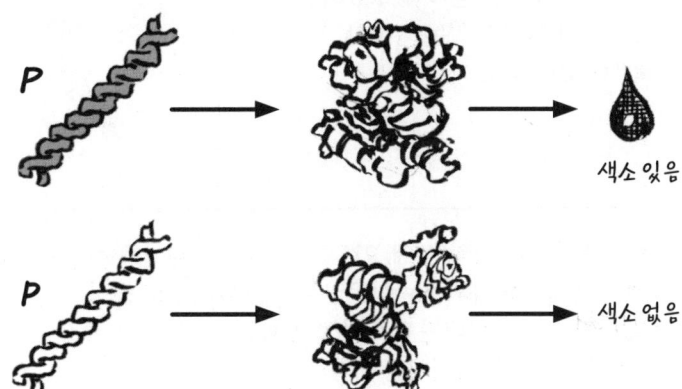

대립유전자 p는
색소를 만드는 단백질을
만들지 못하는 변이를 일으켜.

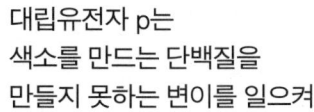

대립유전자 **P**를 가진 완두는 색소를 만들기 때문에 꽃은 모두 자주색이 돼.
색소가 없어서 흰색 꽃이 피려면 색소를 만들지 않는 열성 대립유전자가 두 개(**pp**) 있어야 해.

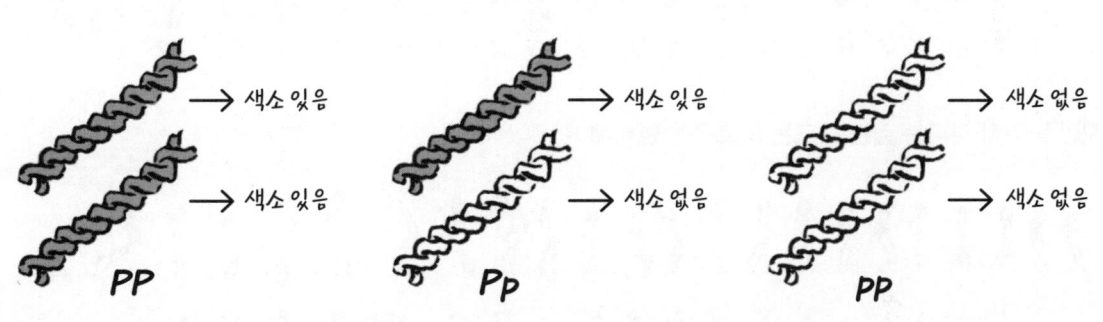

정원사는 재미와 수익을 위해 열성 대립유전자가 두 개 만나도록 교배해.
사람은 변이를 좋아하는 것(적어도 좋아하는 변이가 있는 것) 같아.

염색체는 대부분 상동염색체 짝이 있지만
가끔은 짝이 없는 외로운 염색체도 있어.
사람 종의 절반이 가지고 있는 통통한
괴짜 염색체(Y 염색체)도 외로워.

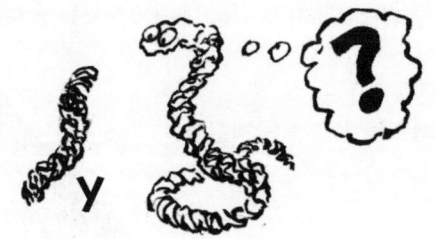

사람은 보통 염색체를 23쌍(46개) 가지고 있어. 1번 염색체부터 22번 염색체까지는
상동염색체인데, 23번 염색체는 상동인지 아닌지 아무도 몰라.
23번 염색체 짝 가운데 하나는 **언제나 X 염색체**야.
그리고 나머지 하나도 X 염색체일 때가 있어.

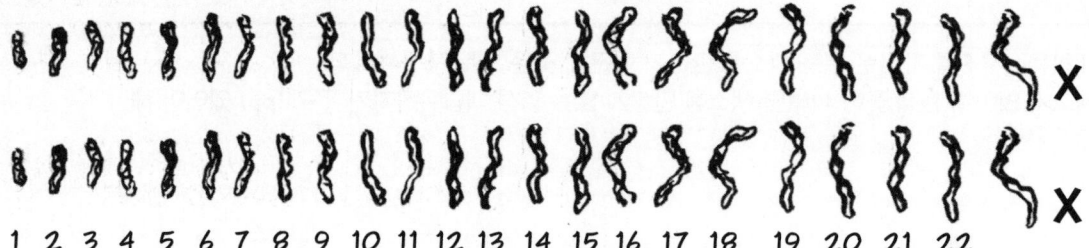

하지만 나머지 하나는 절반 정도는 외로운 **Y 염색체**야.

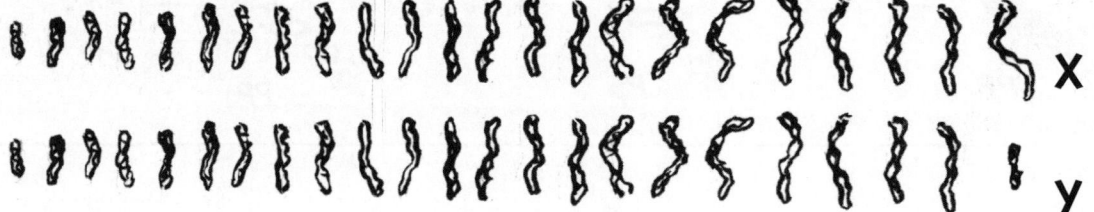

23번 염색체의
유전자형이
XX인 사람들을

여자 라고 하고,

XY인 사람들을

남자 라고 하지.

아마 다른 이름들도
생각날 거야.

난 완벽한
남자지!

46분의 45는
여자고요.

224

이런 체계에서는
난자는 모두 X 염색체를 가지고 있고
정자는 절반은 X 염색체를 절반은
Y 염색체를 가지고 있어.

그 때문에 수정란은 거의 절반은 **XX** 염색체를,
나머지 절반은 **XY** 염색체를 갖게 돼.
남자아이와 여자아이가 거의 비슷한
수로 태어나는 거지.

X 염색체가 두 개라서 여자아이들에게는 좋은 점이 있어.
한쪽 X 염색체가 잘못되어도 다른 **X 염색체**가 보충할 수 있다는 거야.

남자는
X 염색체가 하나뿐이라서
X 염색체 유전자 돌연변이에
취약해. **혈우병과 색맹**은
X 염색체 위에 있는
열성 대립유전자 때문에
생기는 질환이야.

기분 나빠하지 마,
마르셀. 하지만
다른 게 좋은 거야.

자연은 여러 가지 방법으로
성 차이를 만들어.
무지개아가마 도마뱀은
서늘한 곳에 있는 알은
암컷이 되고
따뜻한 곳에 있는 알은
수컷이 돼.
암컷과 수컷의 유전자는 같고,
온도가 성을 결정하는 거야.

이제 잠시 멈추고……, 이게 모두 무슨 뜻인지 생각해봅시다.

분명히 자연은 성을 만들고 지원하고 촉진하려고 온갖 노력을 다합니다.

유전자 단계에서 성이란 **DNA 염기서열을 섞는다**는 뜻입니다.

섞기 1. **감수분열**
부모세포는 염색체 한 벌에서 몇 개, 또 다른 염색체 한 벌에서 몇 개를 골라 새로운 염색체 조합을 만들어.

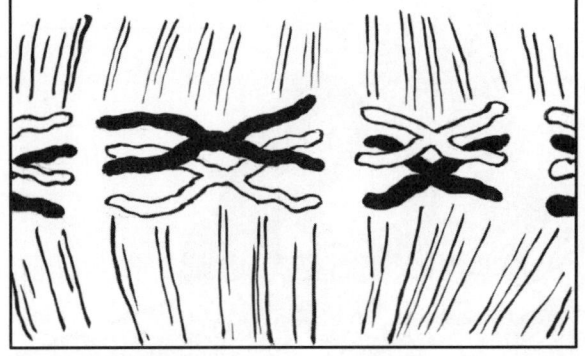

섞기 2. **교차하기**
세포는 받은 염색체에 만족하지 못하고 상동염색체들의 조각을 서로 바꿔.

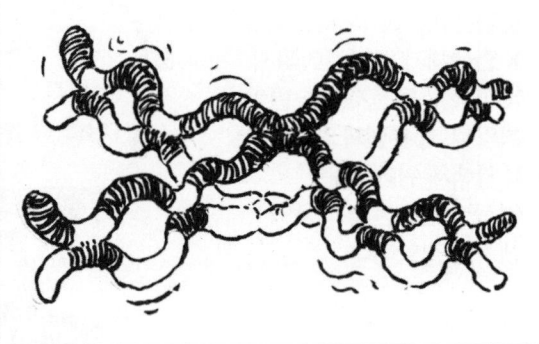

섞기 3. **수정**
두 부모(가끔은 한 부모)가 염색체 두 벌을 섞어 유전자가 마구 섞인 2배체를 만들어.

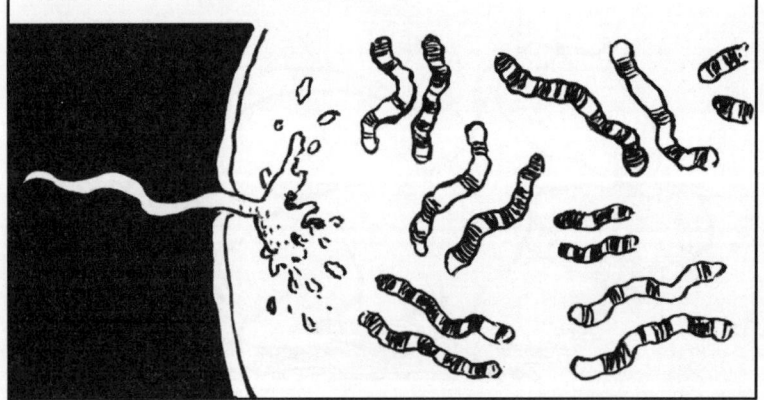

자, 이렇게 골고루 섞으면 어떤 결과가 나올까요?

성은 정말로 **중요할 수밖에** 없어.
생명의 세계에서는 어디에서나 유전자를 서로 교환하고
새로운 형태를 만들고 있다는 징후가 있어.
전혀 성적으로 보이지 않는 생명체들조차도 말이야.

단세포 진핵생물도 감수분열로 유전자를 섞어. 하지만 실제로 감수분열이 일어나는 모습을 관찰한 경우는 별로 없어. 그래서 단세포 진핵생물의 감수분열은 '은밀'하다거나 '아리송'하다 같은 말을 흔히 써. 단세포 중에는 과시욕이 있는 생명체는 드물어.

불이 켜져 있음 안 돼요!

클라미도모나스 속 단세포생물은 기이하게도 생애 대부분을 감수분열의 결과인 **반수체** 형태로 지내.

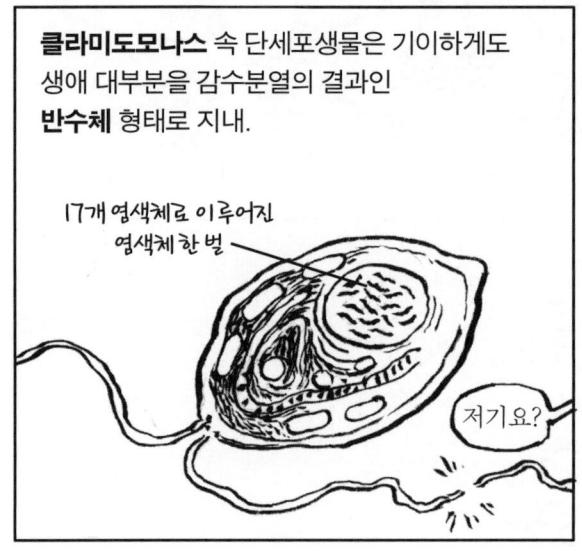

17개 염색체로 이루어진 염색체 한 벌

저기요?

하지만 상황이 힘들어지면 두 세포는 **합쳐져**.

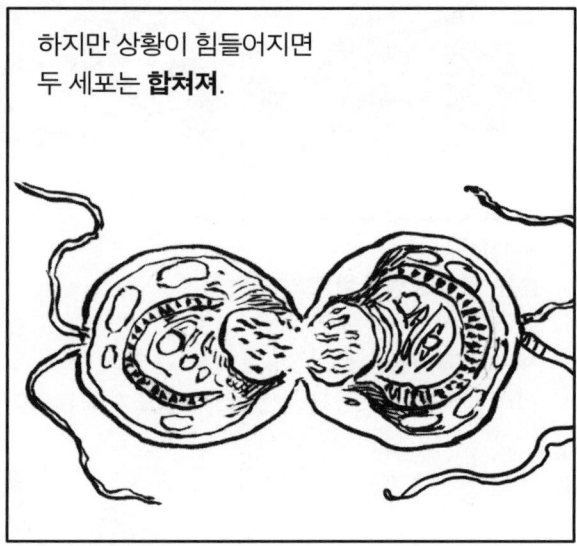

합쳐진 세포는 어색한 2배체 상태를 벗어나려고 감수분열을 해.

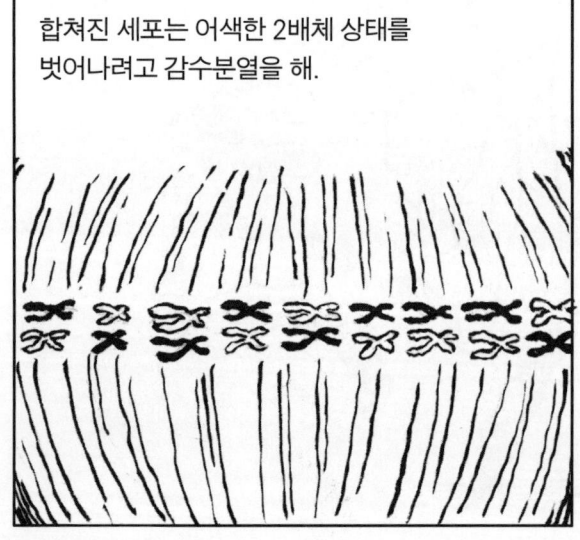

그 결과 유전자가 뒤섞인 새 반수체가 네 개 생겨.

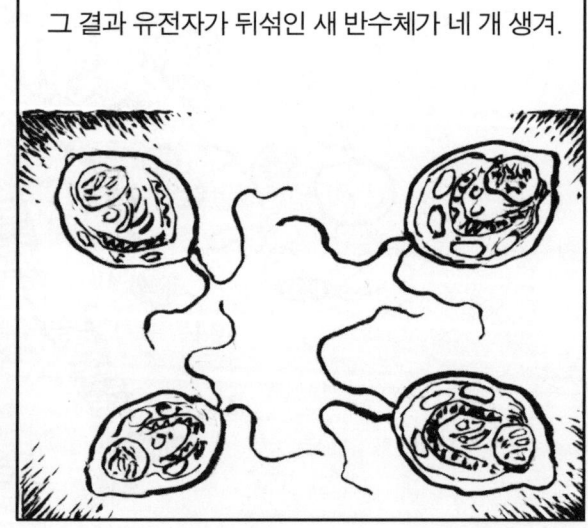

원핵생물은 어떨까?
원핵생물은 감수분열하지 않아.
성이 없거든. 하지만
원핵생물도 유전자를 조작해.

곁에서 떠다니는 길 잃은
DNA 조각을 삼킬 때도 있고

바이러스*가 한 박테리아의
DNA를 다른 박테리아에게
옮길 때도 있어.

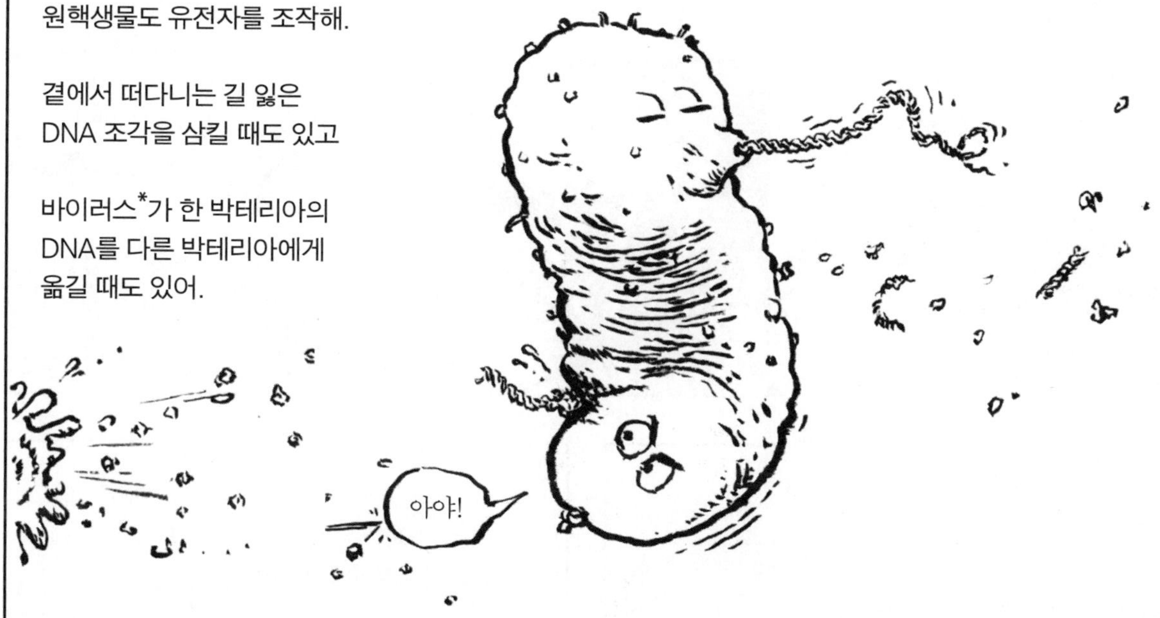

아야!

* 바이러스는 유전 물질이 단백질 막에 쌓여 있지만 생명체는 아니다. 스스로 물질대사 활동을 하지 못하기 때문에 숙주 세포 안으로 들어가 숙주의 화학 물질을 이용해 더 많은 바이러스를 복제한다. 숙주 세포가 터지면 다른 숙주 안으로 들어간다.

두 원핵생물이 접합할 때도 있어.
바짝 달라붙은 두 원핵생물은 관을 만들어서 서로 DNA를 주고받아.

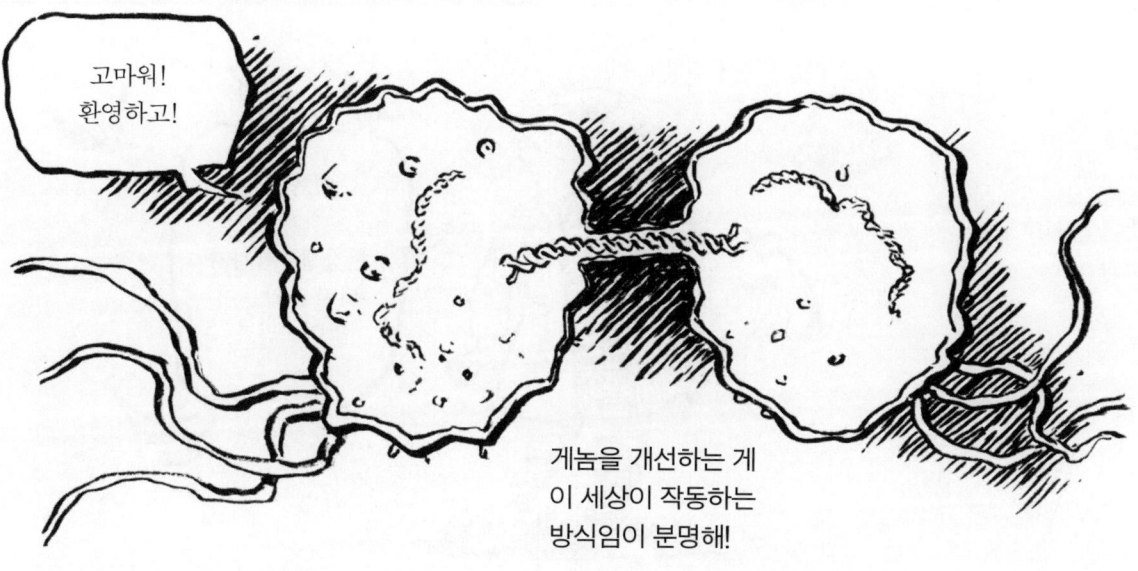

고마워!
환영하고!

게놈을 개선하는 게
이 세상이 작동하는
방식임이 분명해!

그렇다면 **왜?**
유전자를 섞는 걸까?

도망쳐! 브론토사우루스가 또 짝짓기를 할 것 같아!

유전자를 섞어야 하는 부모에게는 이득이 전혀 없어. 섞인 유전자는 자손에게 가니까. 더구나 유전자를 섞어 자손을 만든 부모는 그 뒤로 **더욱** 고생해야 해. 유성생식은 부모를 완전히 지치게 한다고!

그래도 내 자식 내가 돌봐야……

그 이유를 찾으려면 개별 유기체의 생물학 너머를 살펴봐야 해.

엄마가 최고는 **아니란** 말이에요!

에휴, 나도 안다고.

수많은 개체가 **수 세대** 동안 계속해서 자손을 낳았음을 생각해보면, 결국 다음 장에서……

투둑 투둑

언젠가는 제가 왜 **현장생물학자**가 되지 않았는지 말씀드리죠.

Chapter 14
진화

성이 있는 존재들은 자기 자신에게 '누구와 짝짓기를 하지? 누구와 함께 자손을 만들어야 하지?'라는 질문을 해야 해. 구성물질과 세포의 특성이 비슷하다고 해서 생쥐가 달에 간 사람이나 사향소와 짝짓기를 할 수는 없으니까.

두 개체가 짝짓기를 **할 수 있고** 생식 능력이 있는 자손을 **낳을 수** 있다면, 두 개체는 같은 종이야! 생쥐는 생쥐와 사향소는 사향소와 짝짓기를 하는 거야. 종이란 서로 교배할 수 있는 개체군을 의미해.

지구에 얼마나 많은 종이 있는지는 아무도 몰라.
800만 종이라고 추정하는 사람도 있어. 진핵생물*만 해도
크기와 형태, 색, 수명, 서식지, 선호하는 먹이가
정말로 어마어마하게 다양해.

어떻게 이렇게 많은 생명이 나타난 걸까?
동일한 기본 물질과 화학으로 어떻게 그렇게 많은
형태의 생물이 탄생할 수 있었던 걸까?
14장에서는 그 문제를 살펴볼 거야.

* 원핵생물의 종은 어떻게 정의해야 할까? 아주 좋은 질문이고, 쉽게 답하기 힘든 질문이다.

수년 동안 과학자들은 이런 질문들을 내버려두었어. 생명체는 처음부터, 아니면 적어도 대홍수 이후부터는 언제나 지금과 같았다는 종교적 관점을 받아들이는 게 더 쉬웠으니까.

하지만 그런 관점을 의심할 이유는 있었어.
아주 오래전에 살았던 생물의 흔적인 **화석**은 지금은 볼 수 없는 생물의 모습을 담고 있었어.
화석을 보면 멸종한 생물도 있는 것 같았지.

대홍수 때 물에 빠져 죽은 거요.

물고기가요?

크시팍티누스

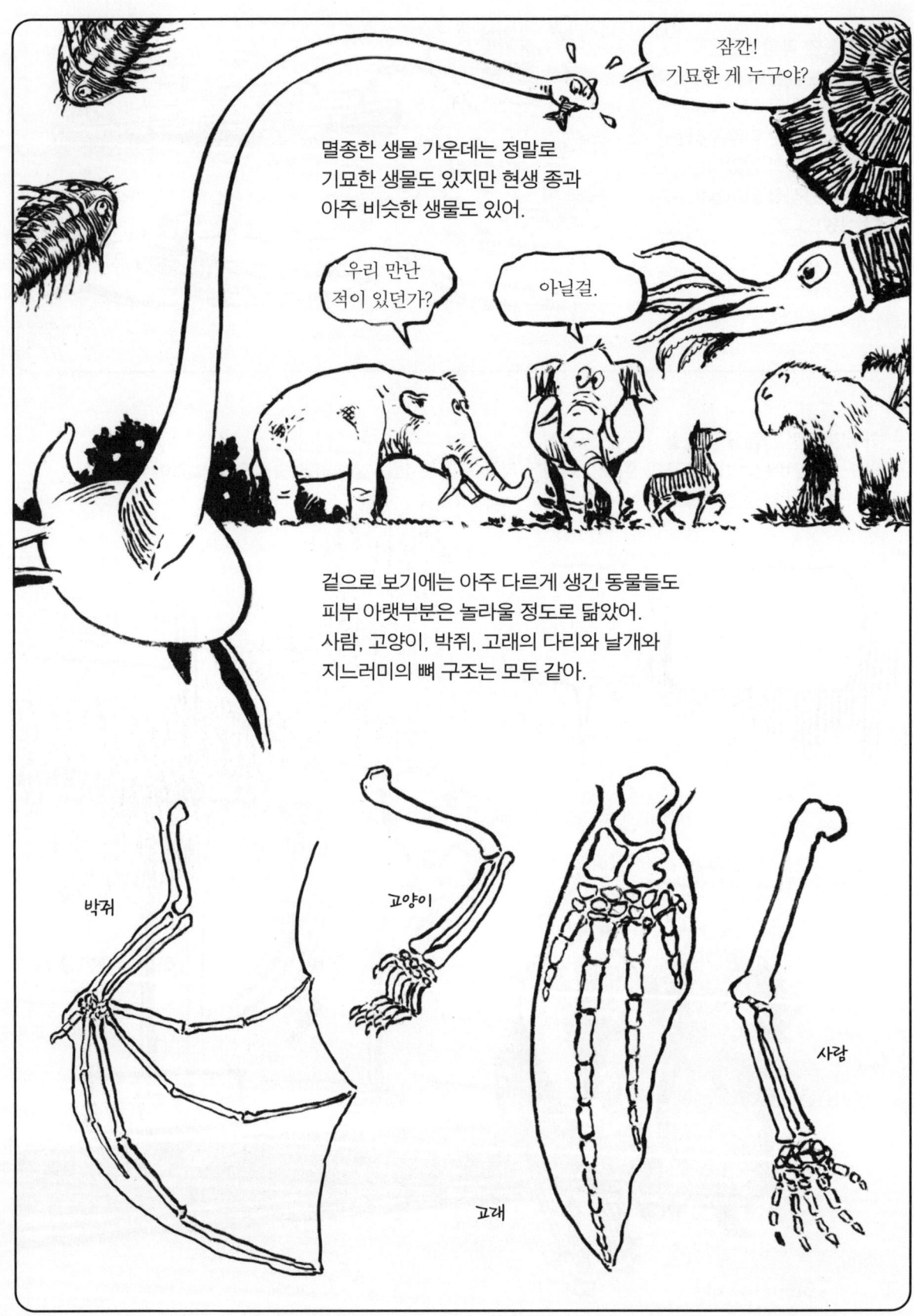

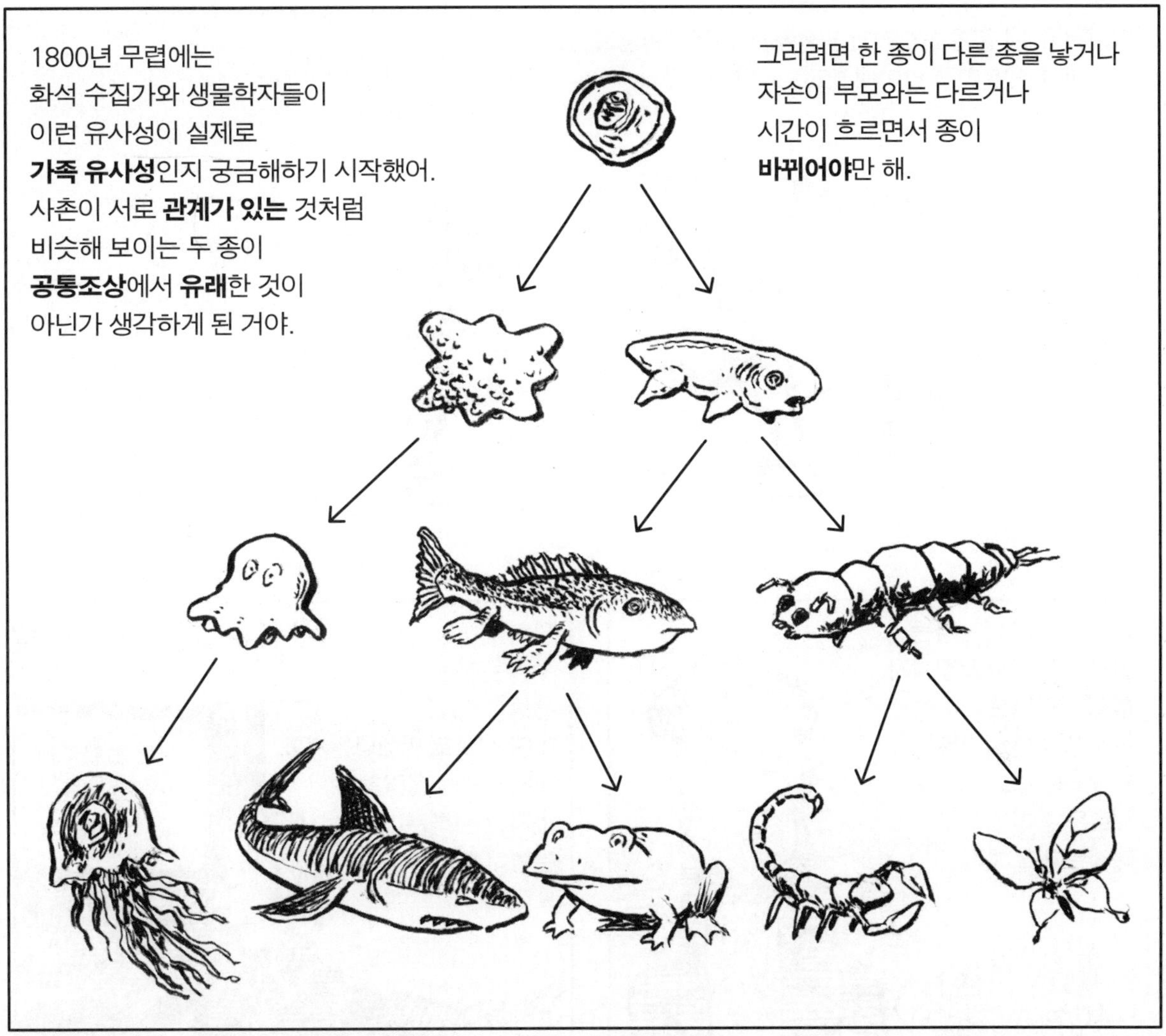

그다음 50년 동안 선도적인 과학자들은 종이 변할 수 있는지, 진화할 수 있는지를 알아내려고 노력했어.
특히 프랑스 사람들이 그랬지.

아직 안 됐어?

종은 변하지 않는다는 입장을 고수한 지질학자 **찰스 라이엘**은 종은 멸종할 수 있지만 계속되는 **창조** 행위로 새로운 종이 대체된다고 했어.

하지만 수많은 프랑스 생물학자들은 어떤 식으로 일어나는지를 정확하게는 설명할 수 없지만 진화는 분명히 일어난다고 느꼈어.

획득 형질은 유전돼!

자연은 환경에 적응하려는 경향이 있지.

그런데 라이엘의 지질학은 진화가 있음을 보여주고 있었어.
지각도 수백만 년 동안 올라가거나 내려가고, 접히는 등, 아주 역동적으로 변하고 있었거든.

지각이 그렇다면 동물도 그런 변화에 반응하지 않을까?

분명히 반응할 거야. 뼛속까지 그렇다는 게 느껴지는걸.

그때 **찰스 다윈**이 등장해.
자연 연구에 심취한 케임브리지 대학교 졸업생이었지.
1831년부터 5년 동안 그는 열대 지방을 돌아다니며
표본을 모으고 여러 가지 생각을 했어.

생각이 구체적으로 잡히자 다윈은 자신이 지금
목덜미 털을 세울 정도로(그러니까 다른 사람의 털을 말이야)
아주 급진적이고 새로운 생각을 하고 있다는 사실을 깨달았어.

목덜미털

목덜미의 털을 세우면 동물은 **물어**. 그리고 **사람도** 동물이고……

다윈은 20년 동안 생각하고 글을 쓰고
실험하면서 생각을 확고하게 다듬었어.
어째서 바다에 있는 섬에는 개구리가
한 마리도 없을까? 섬에서는 개구리가
창조되지 않은 걸까, 아니면 섬으로는
이동할 수가 없었던 걸까?

소금물에 넣으면 개구리 알은 죽어.

그러다 1858년에 다윈과 같은
생각을 독자적으로 하게 된
앨프리드 월리스라는
청년에게서 편지를 받아.

친애하는 다윈 선생님. 으흠. 으흠. 이러어언!

다윈은 행동에 나섰지.

적자생존이다!

1년 안에 다윈은 그때까지
발표된 모든 생물학책을
압도하는 가장 놀라운 책을
발표했어. 『종의 기원』 말이야.

목덜미 털이 하늘로 솟구칠 정도였지.

저자 사인회

다윈은 먼저 **선택 교배**로 사람이 다양한 품종을 만들어낸다는 사실을 언급해.

"이리와, 디도."

개 사육사가 주둥이가 짧은 품종을 만든다고 생각해보자. 사육사는 한 어미의 새끼 가운데 주둥이가 짧은 개체를 한두 마리 고를 거야.

"네가 좋겠다!"

이 개들이 자라면 부모가 다른 주둥이가 짧은 개와 교배를 시키겠지.

그리고 또다시 새끼들 가운데 주둥이가 짧은 개체를 고르고, 또다시 교배를 하고……

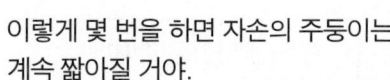
이렇게 몇 번을 하면 자손의 주둥이는 계속 짧아질 거야.

 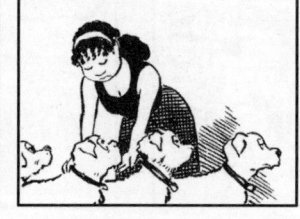

그럼 결국 얼굴이 납작한 퍼그나 페키니즈 같은 품종이 나오겠지.

"증조할머니?"

원하는 특징을 가진 개를 여러 세대 교배하는 방법으로 사람은 자주색을 제외한 거의 모든 색을 가진 작은 개, 큰 개, 털북숭이 개, 털 없는 개, 주둥이 짧은 개, 날씬한 개를 만들어냈어.

농부와 가축 치는 사람들도 가장 '뛰어난' 개체만 번식하게 하는 방법으로 원하는 식물과 동물을 만들었어(지금도 만들고 있고).

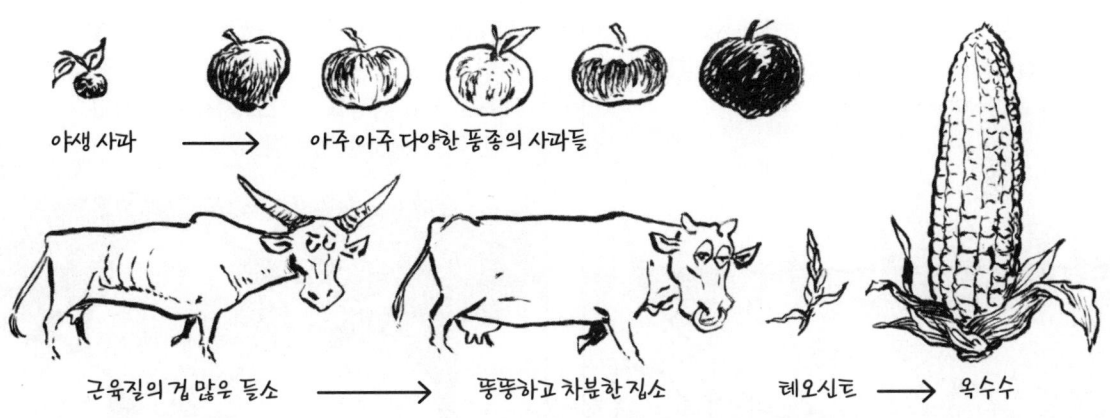

야생 사과 → 아주 아주 다양한 품종의 사과들

근육질의 겁 많은 들소 → 뚱뚱하고 차분한 집소

테오신트 → 옥수수

사육사들은 자손에서 나타나는 **변이**를 이용해. 개, 양, 소, 사과, 옥수수는 같은 부모에게서 나왔다고 해도 개체마다 다른 특징이 있거든.

여기서 한 가지 의문이 생겨. 자연도 사람과 같은 일을 할까? 자연은 어떤 방식으로 '최고'를 골라낼까? 이 질문의 답은 조금 으스스해.

"강아지들, 안녕?"

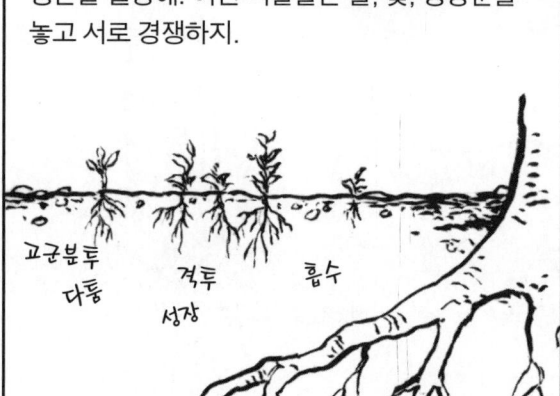

다윈은 자연은 음식과 공간, 안전을 확보하려는 생과 사를 건 경쟁이라고 했어.
모든 세대에서 환경에 **가장 적응을 잘한** 개체만이 **살아남아 더 많은 자손을 낳아.**
다윈은 이를

자연선택

혹은 '적자생존'이라고 했어.

미안하지만 나는 규칙을 만든 사람이 아니야. 그저 알린 사람이지.

다윈은 안내자도, 창조도, 계획도, 설계도, 설계자도 없음을 알았어.
있는 것은 오직 환경이 주는 압력(자연선택)과 전적인 우연(무작위적인 변이)뿐이었지.

이걸 보라고!

쫓고 싸우고 투쟁하고

찌르고 피 흘리고 깨물고

충분히 예상할 수 있는 것처럼 이런 가혹한 견해는 신앙인들의 목덜미 털을 삐죽 세웠지만 다윈의 결점 없는 논리와 충분한 증거에 과학자들은 고개를 끄덕였지. 그들은 자연선택에 의한 진화라는 이론을 받아들이고는 절대로 놓지 않았어.

쾅 쾅

우 우!

과학이 목덜미 털을 눕힌 적이 있었던가?

음, 내 거?

자연선택은 유기체들이
자기가 사는 환경에 맞는
생김새를 갖게 해.
환경이 변하면 어떻게 될까?
가지나방
의 예를 한번 살펴보자.

맨체스터 지방에서 석탄을 때는 공장들이 세워질 무렵(1800년) 영국에 서식하는 가지나방은 대부분 흰색에 무늬가 있었어.

1820년 정도가 되면 검은 나방이 나타나.

1800년대 중반이 되면 어디에서나 검은 나방을 볼 수 있게 돼.

1900년이 되면 검은 나방이 전체 나방의 **98%**까지 늘어나.

왜 그렇게 된 걸까? 석탄의 검댕이 묻어 나무 기둥과 건물 벽이 시커메지자 흰색 가지나방이 쉽게 눈에 띄어서 새들에게 잡아먹히고 검은 나방이 더 많이 살아남았지.

선택 압력이 작용해 가지나방이 진화한 거야.

오늘의 적응자가 내일의 죽는 자가 되는 거라고!

다윈은 유전자에 관해
아무것도 알지 못했지만,
이제는 이런 변화를
유전학으로 설명할 수 있어.

아주 간단하게 설명해줄게. 가지나방의 날개 색을 결정하는 유전자에 대립형질이
두 개 있다고 생각해보는 거야. b는 흰색 날개를 만드는 대립유전자이고
B는 검은 날개를 만드는 대립유전자인데, B가 b에 우성이라고 가정해보는 거지.

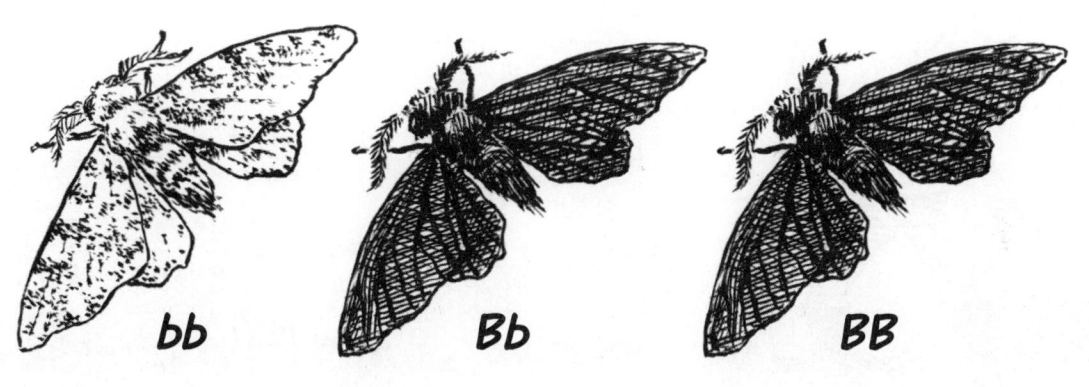

우리는 가지나방 개체군에서 두 대립유전자가 나타나는 빈도(**상대도수**)를 알아보려고 해.
대립유전자 B는 전체 유전자군에서 어느 정도의 비율을 차지하고
b 대립유전자는 어느 정도의 비율을 차지하고 있을까?
그리고 그 비율은 시간이 지나면 어떻게 바뀔까?

나방 표본을 수집해
대립유전자의 수를 세어봤더니
b의 비율 p는 3/4이었고
B의 비율 q는 1/4이었다고
생각해보자.

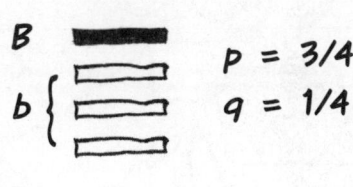

그럼 이제 계산을 해야 한다.
p는 b의 빈도수(3/4)이고
q는 B의 빈도수(1/4)이며,
교차하는 사각형은 2배체의
유전자형이 나타날 빈도를
의미해(개체군은 충분히 크고
개체들은 무작위로 짝짓기를
한다고 가정하자).

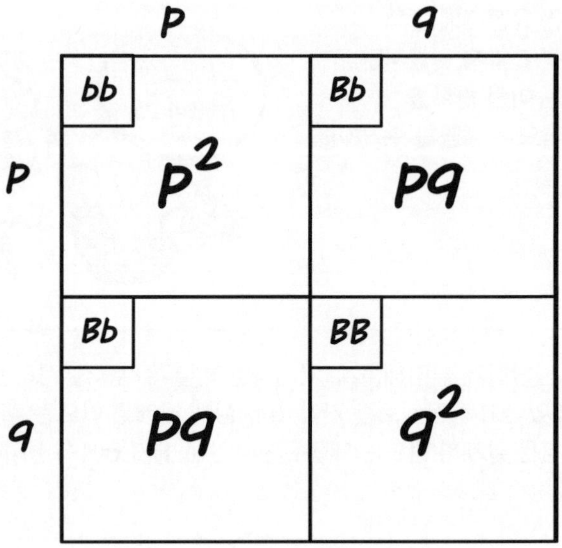

	p	q
p	bb p^2	Bb pq
q	Bb pq	BB q^2

수학 모자를 써야겠군요!

이때,

bb의 빈도수는 $p^2 = \left(\frac{3}{4}\right)^2 = \frac{9}{16}$ 이고

Bb의 빈도수는 $2pq = 2\left(\frac{3}{4}\right)\left(\frac{1}{4}\right) = \frac{3}{8}$ 이고

BB의 빈도수는 $q^2 = \left(\frac{1}{4}\right)^2 = \frac{1}{16}$ 이야.

무작위로 짝짓기를 하는 아주 큰 개체군에서는 이 비율은 시간이 지나고
세대가 거듭 바뀌어도 일정하게 유지되는 경향이 있는데,
이를 하디-바인베르크 원리라고 해.

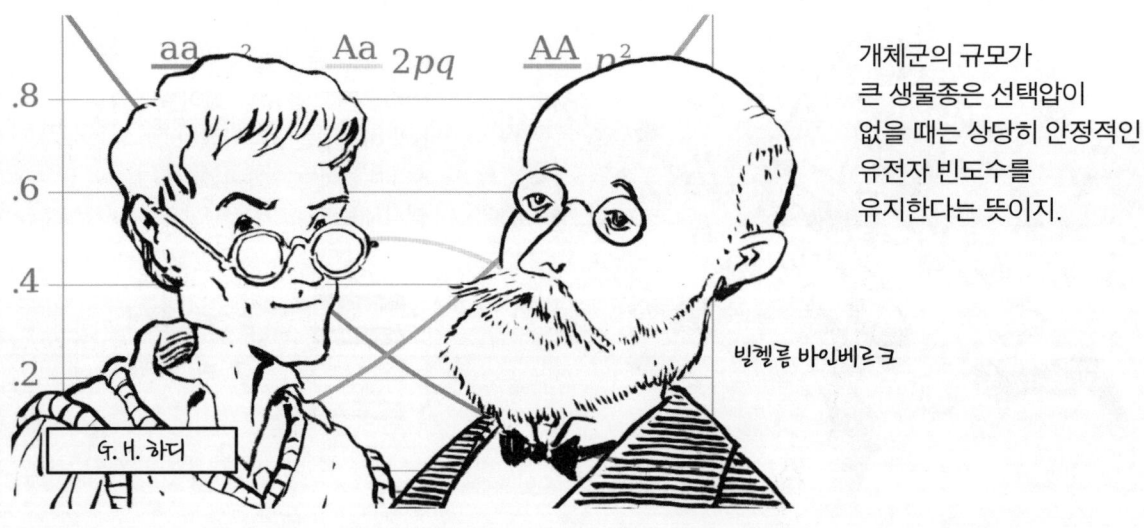

개체군의 규모가
큰 생물종은 선택압이
없을 때는 상당히 안정적인
유전자 빈도수를
유지한다는 뜻이지.

빌헬름 바인베르크

G. H. 하디

하지만 선택압이 작용하면 모든 게 바뀌어.
나방의 개체군에서 16마리당 9마리가 bb 동형접합체로 태어난다고 생각해보자.

16개체 가운데 7개체만이 Bb(6개체) 아니면
BB 유전자형을 갖고 있다고 말이야.

7개체의 유전자 쌍에서
b 유전자는 6개이고
B 유전자는 8개임을 알 수 있어.

    즉 **b**의 빈도수는 3/4에서
    3/7로 줄어들고

    B의 빈도수는 1/4에서 4/7로
    늘어난 거야.

수학을 사랑하는 사람들에게:
일반적으로 이 빈도수는 $p/(p+1)$와
$1/(p+1)$임을 보여주고 있어.
(힌트: $p+q=1$임을 기억해야 한다!)

조금 과장했을 수는 있지만 이 이야기는 분명한 사실을
보여주고 있어. 자연이 특정 유전자형을 선호하면
유전자 발현 빈도가 바뀐다는 사실 말이야.

종분화

다윈이 주장한 것처럼 자연선택은 개체군을 바꾸는데,
여러 변화가 쌓이면 더는 먼 친척 종과 교배할 수 없는
완전히 다른 **종**이 탄생할 수도 있어.

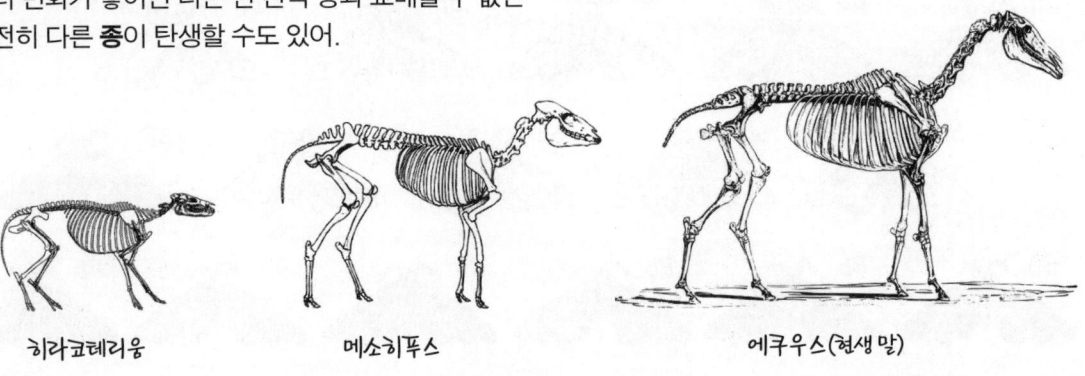

히라코테리움   메소히푸스   에쿠우스(현생 말)

다윈은 갈라파고스 제도에서 **핀치**를 잡다가 그 사실을 깨달았어.
갈라파고스 제도에 있는 섬들에는 크기와 습성, 먹이, 색, 부리의 길이와 세기 등이
모두 다른 핀치들이 있었거든.

섬마다 핀치가 다른 이유를
다윈은 아주 오래전에 몇 마리
핀치가 본토에서 통나무를 타고
갈라파고스 제도에 있는 각기 다른
섬에 도달한 뒤에 서식지와
구할 수 있는 먹이에 적응하느라
서로 달라진 거라고 설명했어.

좋아,
새롭게
시작하자고!

단일 집단이 서로 다른 환경에 반응해 다른 형태로 발전하는 과정을
적응방산이라고 해.

땅에 사는 새   나무에 사는 새

이 핀치들이 **서로 고립된 지역에서** 살고 있다는 데 주목해야 해.
서로 왕래할 수 없는 곳에 살면 생물은 새로운 종으로 분화해.
유전자빈도＊가 다르게 나타나는 소집단이 되는 거야.
같은 지역에 사는 개체들끼리만 교배하니까 다른 지역에 사는
개체들과는 유전자가 달라지는 거지.

그때부터 지금까지,
우리가 유전학과 세포,
생명체의 화학에 관해
알게 된 **모든 것**이
다윈의 생각을
뒷받침해주고 있어.

너희 조상이 가족 모임을
조금 더 자주 가졌다면 우리가
이렇게 되지는 않았을 텐데.

＊ 집단의 크기가 작을수록 변이는 더 크다. 이는 일반적 통계 사실이지 생물에게만 나타나는 특별한 현상이 아니다.

공진화

한 종이 진화할 때는 주변에도 영향을 미치기 때문에
다른 종도 함께 진화할 수 있어.

예를 들어 갈라파고스 제도에 있는
네 개 섬에서 커다란 거북이
가시선인장만 먹는다고
생각해보자.

이 섬들에서는, 오직 이 섬들에서만
선인장은 나무처럼 길게 자랄 거야.

그러면 선인장을 먹는 거북도 높은 곳에 있는
선인장을 따먹을 수 있도록 목이 길어질 수 있어.

새, 벌, 꽃도 함께 협력하고 있어. 꽃은 벌을 유혹하려고 생식 기관이 꿀을 만들게 했어.
꿀을 먹은 벌은 자신도 모르게 꽃가루를 묻혀서 다른 꽃으로 운반해주지.

너무나도 긴밀하게 공진화해서 자신의 생존을
다른 종에게 전적으로 맡기는 경우도 있어.
이런 생물들은 서로가 없으면 실제로
살아갈 수가 없어.

수렴진화

보통 진화라고 하면 가까운 친척 종이 점점 더 다르게 변하는 경우를 생각하지만 아주 먼 종의 **모습이 비슷하게 변하는** 경우도 있어.

발산   수렴

수렴진화가 일어나는 이유는 환경이 생물의 생김새에 크게 영향을 미치기 때문이야. 물에서 헤엄쳐야 하는 생물이라면 유선형인 몸이 더 좋겠지. 그래서 멸종된 파충류 **플리오사우루스**는 포유류인 **고래**와 **돌고래**, 어류인 **상어**와 닮았어.

흉내(**의태**)도 생존을 도와. 바이스로이나비(왼쪽)는 독이 있는 제왕나비(오른쪽)를 흉내 내서 새를 쫓아.

명심할 것: 외모가 비슷하다고 늘 가까운 친척 종인 건 아니지만 새들을 속일 수는 있어.

위험한 것보다는 안전한 게 나으니까.

생식과 진화

한 종의 유전자풀에 기여하려면
당연히 살아남아야 해.
하지만 살아남는 것만으로는 부족해.

진화의 게임에서 '이기려면' 유기체는 **생식에도 성공해야** 해.
자신의 유전자를 자손에게 전달하고,
그 자손이 다시 자손을 낳을 때까지 살아남게 해야지.

그래서 **부모가 자손을 돌보는** 거야.
많은 종에서 부모는 새끼를 배 속에 넣고 다니거나 알을 품고,
태어난 새끼를 먹이고 살아가는 법을 알려줘.

부모의 돌봄이 진화에서 얻는
이득은 분명해. 어린 개체를 먹이고
보호하면 어린 개체는 더 많이
살아남아 번성할 거야.
내버려두면 그렇지 못하겠지.

돌봄 행동은 본능으로, 유전적으로
동물의 뇌와 화학에 새겨져 있어.
유전적으로 본능은
자손에게 전해지기 때문에
생식에 성공한 방식이
진화할 수밖에 없지.

심지어 이걸 **좋아하도록** 프로그램된 것 같아.

부모는 자기 목숨을 걸어 자식을 보호해.
산쑥들꿩은 천적이 오면 날개 다친 시늉을 하고 요란하게 울면서
포식자를 새끼들이 없는 다른 쪽으로 유인해.

자신의 에너지를 투자해
자손을 보호하는 생식 전략을
K 전략이라고 해.
r 전략을 선택하는 생물도 있어.
r 전략을 선택한 생물들은
한정된 에너지를
혼자서 살아가야 하는
엄청난 수의 알을 낳는 데
사용해.

냉담한 게 아니야.
피곤한 거라고.

생존을 위해 투쟁하는 것뿐 아니라 유기체는 **짝짓기 기회**를 두고도 경쟁해야 해. 짝짓기 승자를 결정하는 과정을

성선택

이라고 해.
(앨프리드 월리스는 다윈의 성선택을 아주 강력하고도 그릇되게 반대했지)

이런 투쟁은 모두 날 화나게 해!

시작부터 아주 역동적이지. 정자는 **싸고** 난자는 **비싸**.
수컷은 수십억 개 정자를 만들지만 암컷은 '알을 아주 많이' 만드는 종이라고 해도 정자보다는 훨씬 적은 알을 만들어. 세포 단계에서 보면 엄청난 정자들이 극히 적은 난자를 향해 달려가고 있다고 생각하면 되는 거지.

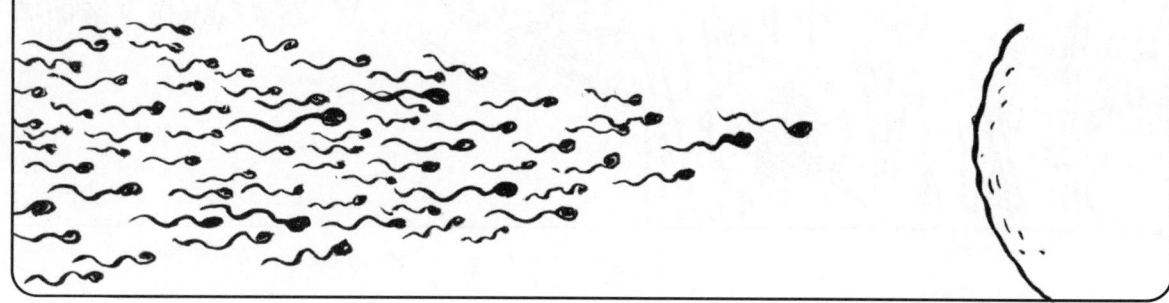

하지만 암컷이 짊어져야 할 짐은 무거워.
임신해야 하고 알을 낳아 품거나,
새끼를 낳고 기르기까지 해야 해.
그러니 암컷이 신중하게 짝짓기
상대를 고르는 건 당연해.
암컷은 '좋은' 수컷임을
확신할 수 있어야 하고,
수컷은 좋은 수컷임을
입증하려고 경쟁해야 해.

음, 음……

아주 평화롭게 경쟁을 벌일 때도 있어.
새들은 화려한 깃털이나 멋진 생김새,
능숙한 노래 솜씨를 기준으로 짝을 고르기도 해.

저 스피커를 택해!

산양 암컷은 훨씬 더 엄격해.
그 때문에 수컷들은 한 마리의 머리가
부서질 때까지 박치기를 해야 해.
승자는 암컷을 모두 차지하지.

결론:

경쟁이 치열한 종은 경쟁에서 이길 수 있는
특징을 갖게 돼. 그런 종의 수컷은 몸집이 크고 힘이 세.
크고 강인한 뿔이나 밝은색 털 같은 눈에 띄는 특징이
나타나는 거야. 그 때문에 206쪽에서 본 것 같은
성적이형성이 나타나는 거야.

또야?
안 돼!

성선택 때문에 나타나는 수컷의 특징은
수명을 줄이기도 해. 하지만 자연은
생식에 유리한 특성을 좋아해.

이 같은 상황은 13장 끝에서 했던 질문으로 돌아가게 해. 도대체 왜 그토록 많은 생물종이 이 문제 많고 비효율적인 '정자가 난자 쫓기' 시합에 그토록 많은 에너지를 소비하는 걸까? 도대체 애초에 성이 있어야 하는 이유는 무엇일까?

그냥 마음에 드는 녀석이랑 살고, 아기는 복제하면 안 될까?

진화라는 관점으로 보면 아주 참신한 생각이 나와.
성을 만드는 유전자는 분명히 자기 자신을 만드는 능력이 더 뛰어나야 해.
유성생식을 하는 생물(감수분열을 하는 유전자와 그 나머지 유전자를 가지고 있는)은
무성생식을 하는 경쟁자보다 **생식에 더 유리한 점**이 있어야 해.
그러니까 생식이 성을 만들었다고 말할 수 있을지도 몰라.

이상하네, 난 항상 그 반대라고 생각했는데.

다시 말해서 성이 진화할 때 얻는 이득이 들여야 하는 비용보다 더 크다는 거지.

내 사례 연구 분석 결과에 따르면 이것이 당신에게 가치가 있음을 95% 이상 신뢰할 수 있음이 입증되었소.

이 세상에 필요한 건 그저 경영학 학사학위를 받은 또 다른 비둘기야.

그렇다면 성이 주는 이득이 뭘까? 놀랍게도 그렇게 많이 회의하고 논문을 쓰고 글을 썼는데도 과학은 아직 단 하나의 명확한 이유를 제시하지 못하고 있어. 하지만 대부분 두 가지는 동의하고 있어.

성은 유기체에게 **도움이 되는 변이가 일어나는 속도**를 빠르게 해.
성이 있으면 많은 개체가 '개선된' 한 개체와 짝짓기를 할 수 있어.

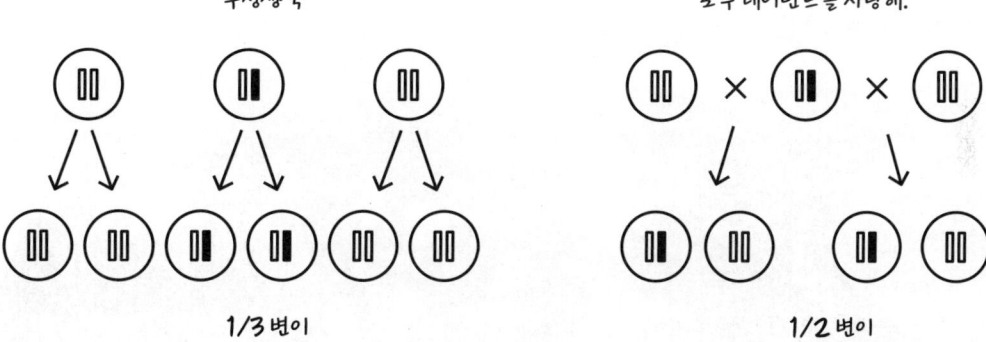

성은 변이를 늘려. 게놈을 섞는 방법으로 성은 역동적인 세상에 적응할 수 있는 새로운 변이를 만들어 실험해보는 거야.

성이 주는 이득은 너무나도 크기 때문에 자연은 성을 **권장하는** 특별한 형질들을 선택해. 어느 만화가의 불멸의 말처럼 성은 "**지금** 기분을 좋게 하고 **내일**은 더 좋게만 할 수 있는 것"이지.

다윈은 사람도 유인원 같은 고대 생물종에서 진화했을 수 있다고 했어. 다시 목덜미 털이 삐죽 설 주장이었지.

하하하!

실제로 500만 년 전, 숲이 초원으로 바뀌던 건조 시기의 동아프리카에서는 사람이 적응방산을 하고 있다는 화석 증거가 나왔어. 서쪽 숲에 살았던 유인원은 침팬지와 보노보로 진화했고 동쪽 평원에서 살았던 유인원은 긴 다리와 독특한 다리로 직립보행을 하는 생물로 진화했지.

쟤네들이 자기 사는 곳만 벗어나지 않으면 아무 문제없을 거야.

뇌가 충분히 커지고 손을 능숙하게 쓸 수 있게 되자 사람은 자기 자신의 기원을 이해할 수 있게 되었고 먼 친척 종의 뼈도 발견할 수 있었어.

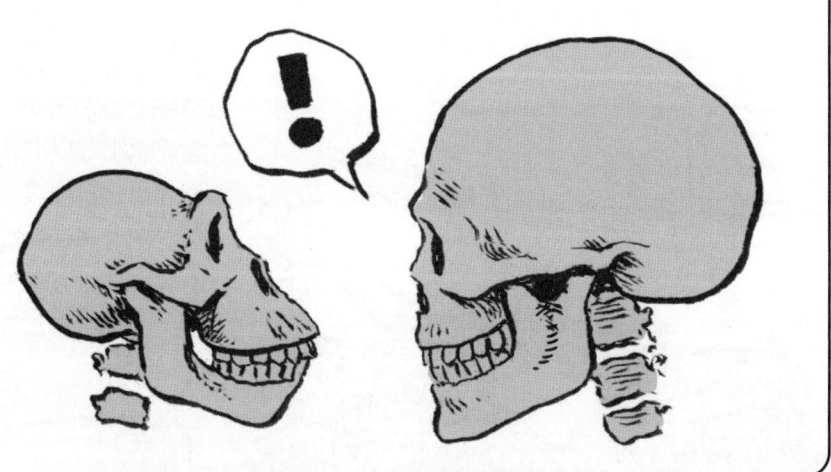

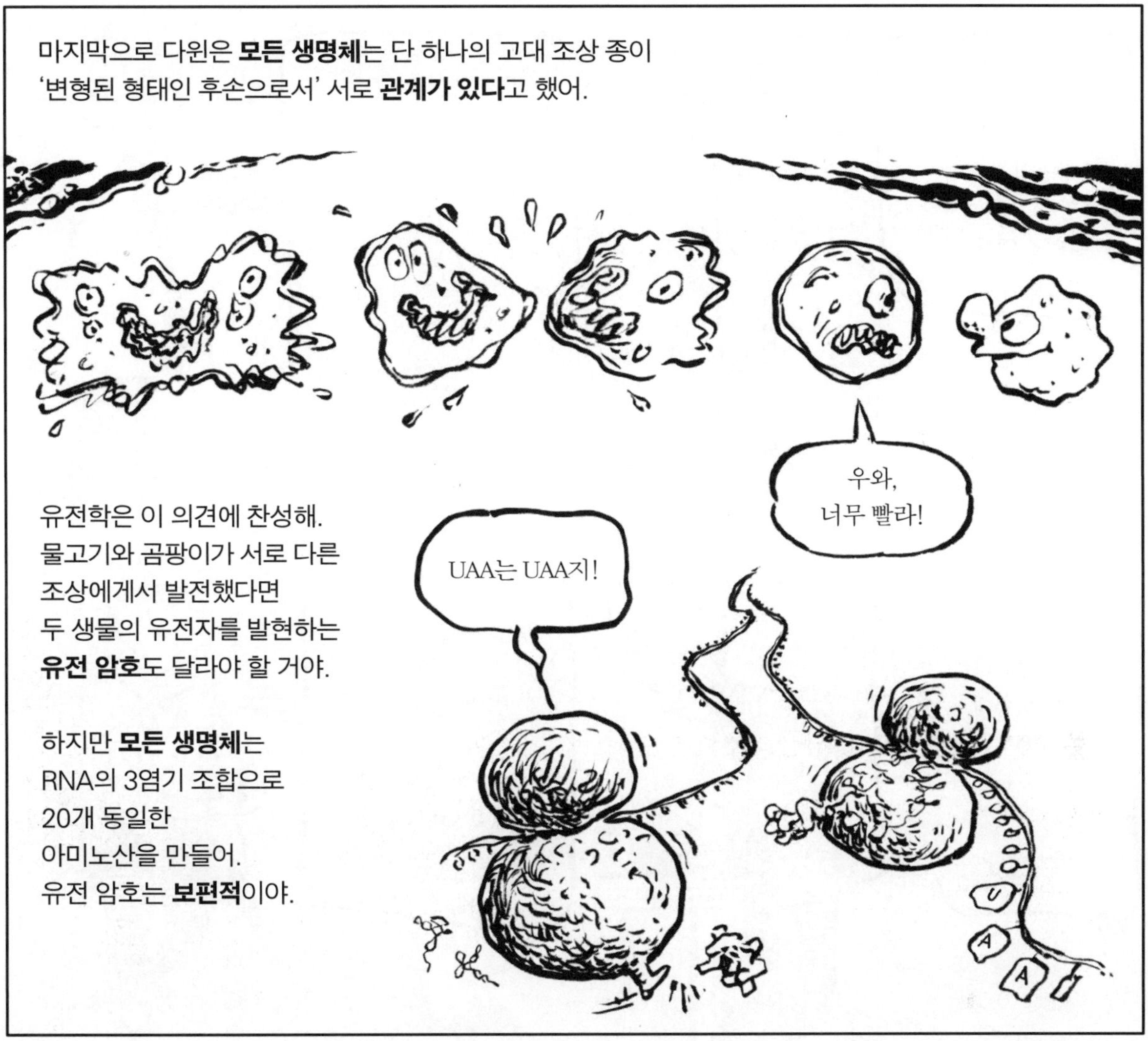

마지막으로 다윈은 **모든 생명체**는 단 하나의 고대 조상 종이
'변형된 형태인 후손으로서' 서로 **관계가 있다고** 했어.

유전학은 이 의견에 찬성해.
물고기와 곰팡이가 서로 다른
조상에게서 발전했다면
두 생물의 유전자를 발현하는
유전 암호도 달라야 할 거야.

하지만 **모든 생명체**는
RNA의 3염기 조합으로
20개 동일한
아미노산을 만들어.
유전 암호는 **보편적**이야.

우와, 너무 빨라!

UAA는 UAA지!

15장에서는 현대 생물학이 거대한 생명의 가계도에서
많은 가지를 어떻게 채워나가고 있는지 살펴볼 거야.
그전에 최종 생각을 알려줄게.

그게 뭔데?
곰팡이랑 사촌이니까
행복하라고?

음,
그것도 그렇지만……

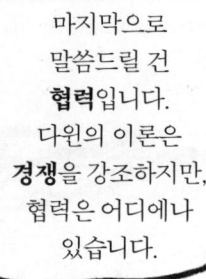 

Chapter 15
분류

생물학자들은
분류를 사랑해.
분류해야 할 필요가 있고
분류하고자 하는
엄청난 욕구가 있지.
다른 많은 것들처럼
생물도 이름이 붙은
상자에 집어넣으면
훨씬 잘 이해할 수 있어.

이름표를 붙인 상자를
전문적인 용어로는
분류군이라고 해.
상자를 만들고 이름을 붙이는
과정을 **분류학**이라고 하고.
자동차를 분류할 때도
그런 것처럼 큰 상자 밑에는
좀 더 작은 상자들이 있어.

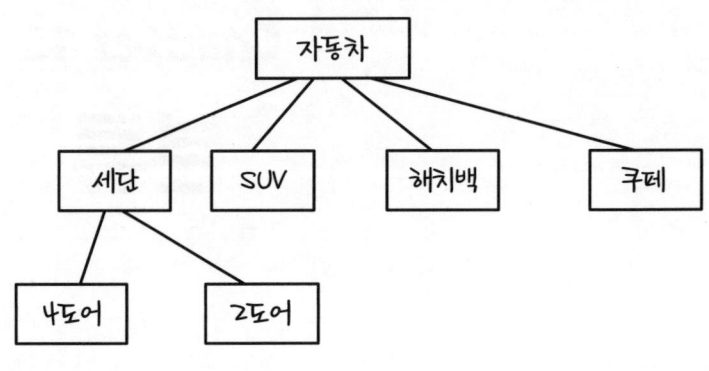

생물학에서 가장 밑에 있는 분류군을 **종**이라고 해.
서로 교배할 수 있는 개체들을 자연스럽게 묶은 거지.
종의 위 단계이고 종과 비슷한 분류군은 **속**이라고 해.

이 생물들은
생쥐 속에 속하는
생물들이야.
생쥐 속은 작고 털로 덮였고
털이 없는 꼬리가 있고
갉는 이가 있는
수십 개 종으로
이루어져 있어.

알제리생쥐

니브생쥐

사막피그미생쥐

꼬마인디언필드생쥐

초원생쥐

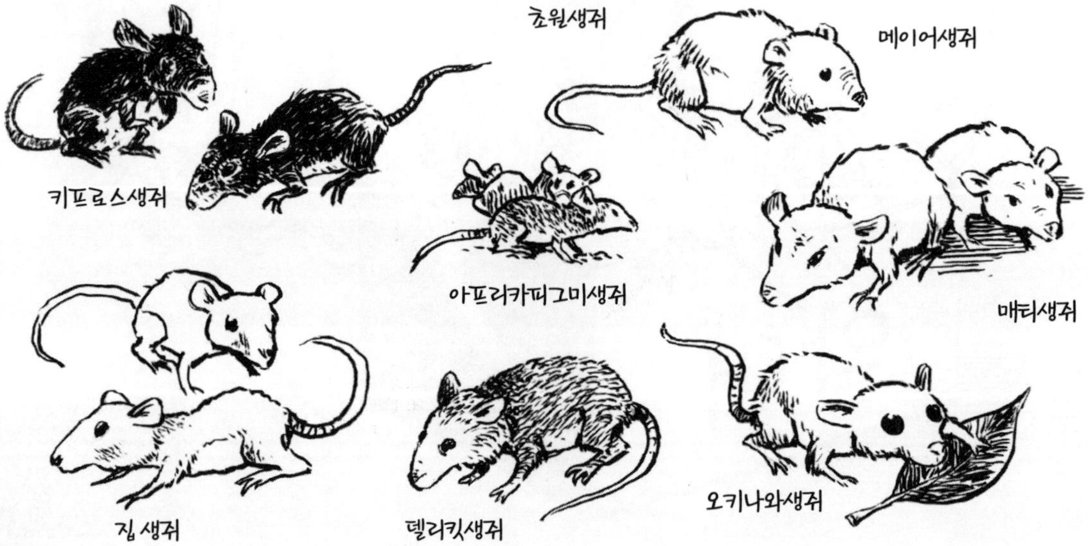

메이어생쥐

키프로스생쥐

아프리카피그미생쥐

매티생쥐

집생쥐

델리킷생쥐

오키나와생쥐

생물학자들은 거의 모든 유기체의 이름을 라틴어 두 단어로 지었어.
속명과 종명을 나란히 쓰는 거지.

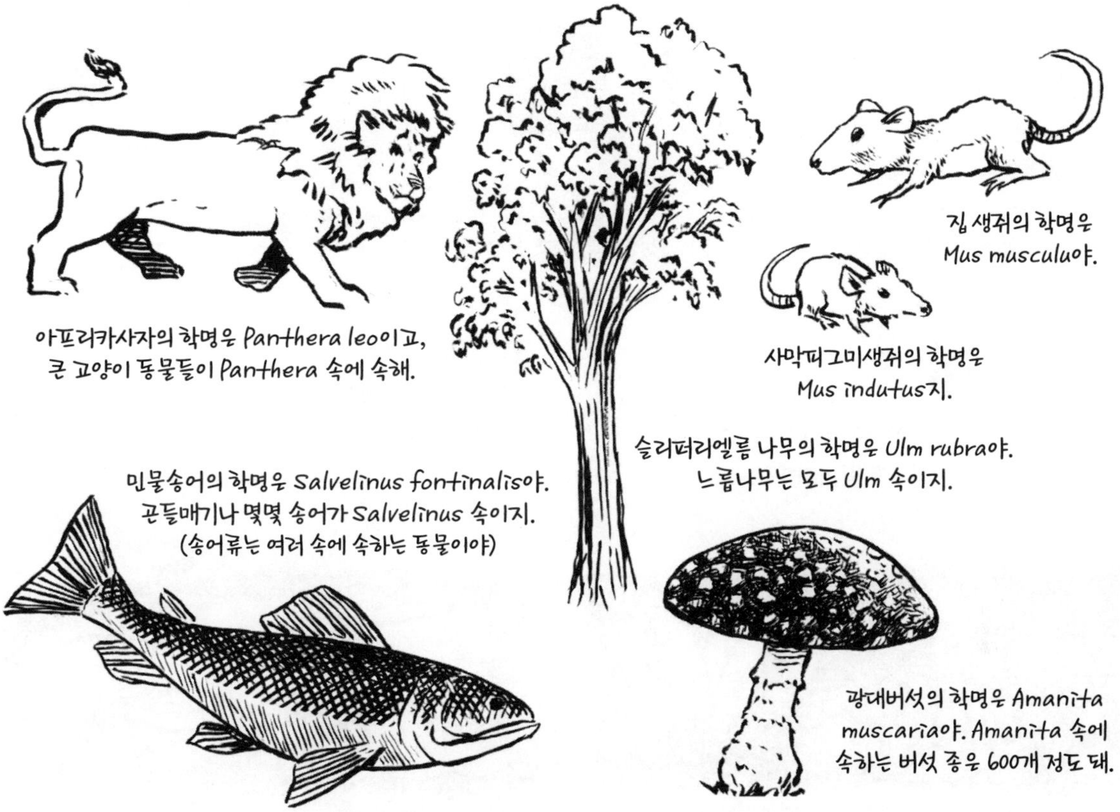

아프리카사자의 학명은 *Panthera leo*이고, 큰 고양이 동물들이 *Panthera* 속에 속해.

집생쥐의 학명은 *Mus musculu*야.

사막띠그미생쥐의 학명은 *Mus indutus*지.

민물송어의 학명은 *Salvelinus fontinalis*야. 곤들매기나 몇몇 송어가 *Salvelinus* 속이지. (송어류는 여러 속에 속하는 동물이야)

슬리퍼리엘름 나무의 학명은 *Ulm rubra*야. 느릅나무는 모두 *Ulm* 속이지.

광대버섯의 학명은 *Amanita muscaria*야. *Amanita* 속에 속하는 버섯 종은 600개 정도 돼.

이렇게 라틴어 두 단어로 이름을 쓰는 이명법을 생각해 낸 사람은

칼 린네

(1707~1778년)야. 생물 분류학의 할아버지라고 할 수 있는 사람이지.

다른 사람의 머리카락을 뒤집어쓴 사람의 학명은 *Homo Sapiens*야.

린네는 모든 유기체의 구조와 생김새를 꼼꼼하게 비교하고 살아 있는 모든 생명체를 적당한 상자에 넣을 때까지 생물들을 종으로 묶고 종들을 묶어 속으로 분류하고, 속을 묶어 더 큰 집단으로 분류하는 일을 해나갔어.

시간이 조금 걸렸지.

박테리아를 깜빡한 린네는
모든 생물을 **식물계**와 **동물계**라는
두 '계'로 나누었어.
이제 생물을 두 '계'로만 나누는
생물학자는 거의 없지만
지금도 분류학자들은
진핵생물을 분류할 때는
'계'라는 용어를 써.
(진핵생물에는 네 계가 있어)

식물계

다세포생물. 독립영양생물(예외 조금 있음).
섬유소로 만들어진 세포벽. 일반적으로
고착생활(이동하지 않음).

동물계

다세포생물. 종속영양생물. 일반적으로
이동 가능(헤엄치고 뛰고 날고 걷는 등 움직일 수 있다).
유기호흡.

진균계(균류)

다세포 혹은 단세포생물. 종속영양생물.
고착생활. 질소 함유 다당류인 키틴질로
만들어진 세포벽.

원생생물계

균류를 제외한 모든 단세포 진핵생물들.

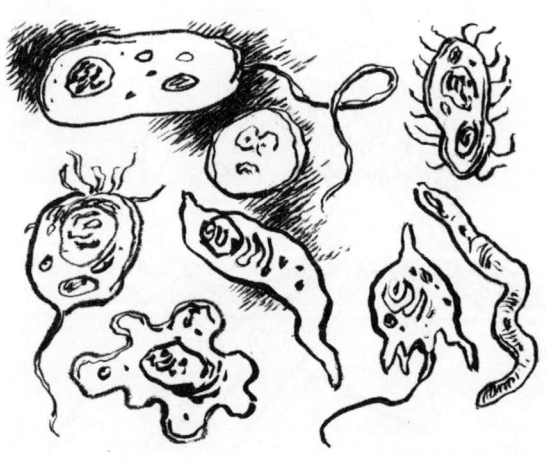

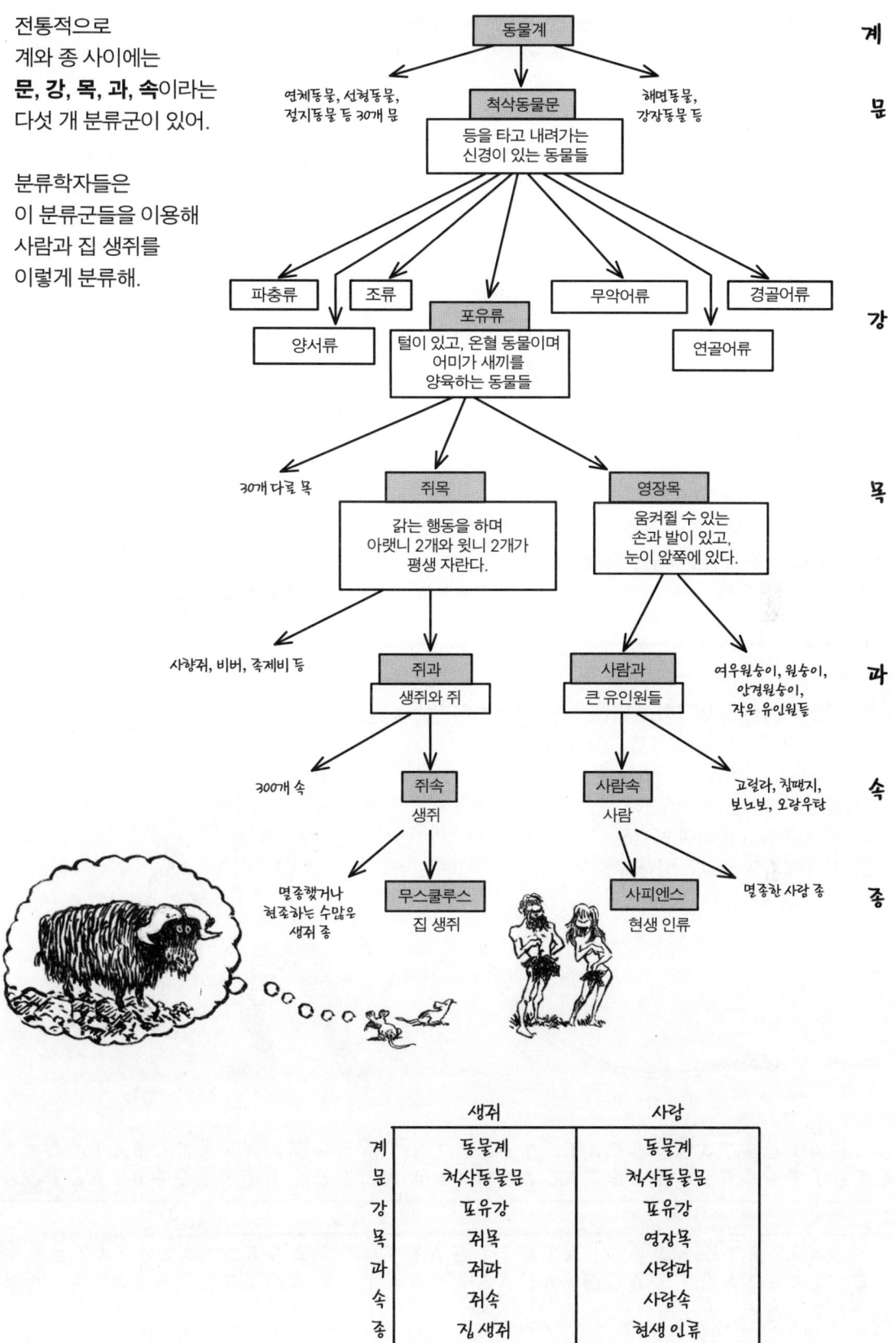

린네와 그 후계자들은 구조와 모양을 연구하는 **형태학**을 기준으로 생물을 분류했어. 린네의 방법은 문제도 있지만, 아주 놀라울 정도로 유용해.

하지만 이제는 실험실에 DNA 염기서열 분석 도구가 있고 우리 마음에는 진화론이 있잖아. 이 두 가지로 생물을 분류할 수는 없을까?

절차: 다른 유기체들의 관련이 있는(즉 상동인) 유전자를 비교해보고 유사점을 찾는 거지. 음, 혹시 비관적인 사람이라면 차이점을 찾아볼 수도 있겠지.

사람은 분명히 두 종류로 분류할 수 있어.

유기체들의 DNA를 비교하는 일은 아주 어려워. 두 염기서열이 반드시 (헤모글로빈처럼) 비교할 수 있는 단백질이나 (리보솜 RNA 같은) RNA를 지정하고 있어야 하거든. 삽입이나 제거로 배열을 바꿀 수도 있어야 하고. 하지만 어쨌든 할 수는 있어.

다행히 DNA를 비교할 수 있는 소프트웨어가 있습니다.

```
GAGAACGTACCGCATGTCCATTTGAGGAAAACCTATGACC
CTCTTGCATGGCGTACAGGTAAACTCCTTTTGGATACTGG
        ↓         ↓           ↓        ↓
GAGAACATGAATGCATGTCGATTATAAGAATACCTATGGTC
CTCTTGTACTTACGTACAGCTAATATTCTTATGGATACCAG
      삽입              삽입         결실
```

변이는 시간이 지나면 쌓이기 때문에 공통조상에서 갈라진 시기가 짧을수록 염기서열은 비슷할 수밖에 없어. 여러 유기체의 유전자를 조사해 이제는 **계통수**(가계도)를 그릴 수 있게 됐어. 각 분기점은 모든 가지의 마지막 공통조상을 보여줘.

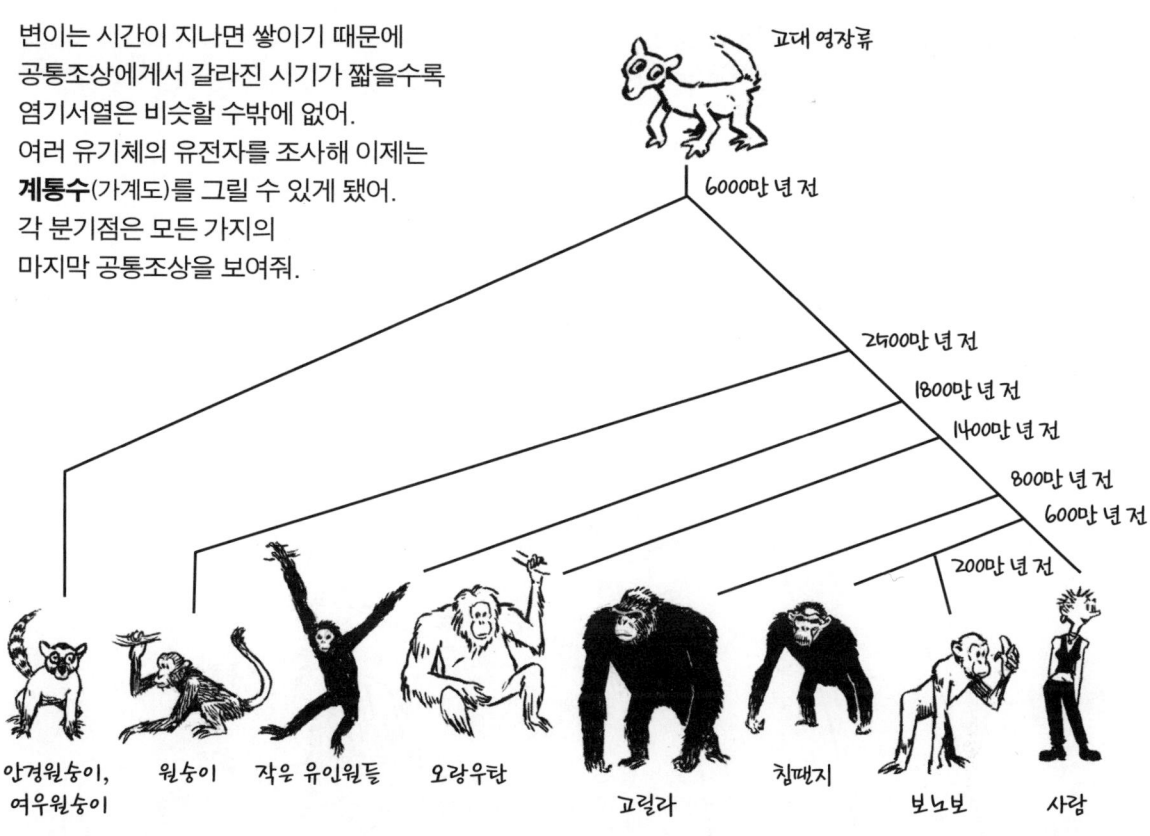

숫자를 보면 알 수 있듯이 과학자들은 영장류가 **얼마나 오래전에** 두 갈래로 나뉘었는지를 추정할 수 있었어. 변이는 꾸준한 속도로 일어났기 때문에 유전자에 나타난 차이를 **유전자 시계**라고 생각할 수 있어.

계통수는 비슷한 분류군을 한데 모으는데,
현생 후손들이 어느 정도나 가까운지도 보여줘.
어류는 양서류가 되고 양서류는 파충류가 되고
파충류는 새와 포유류로 진화했다는 사실을 알려주는 거야.

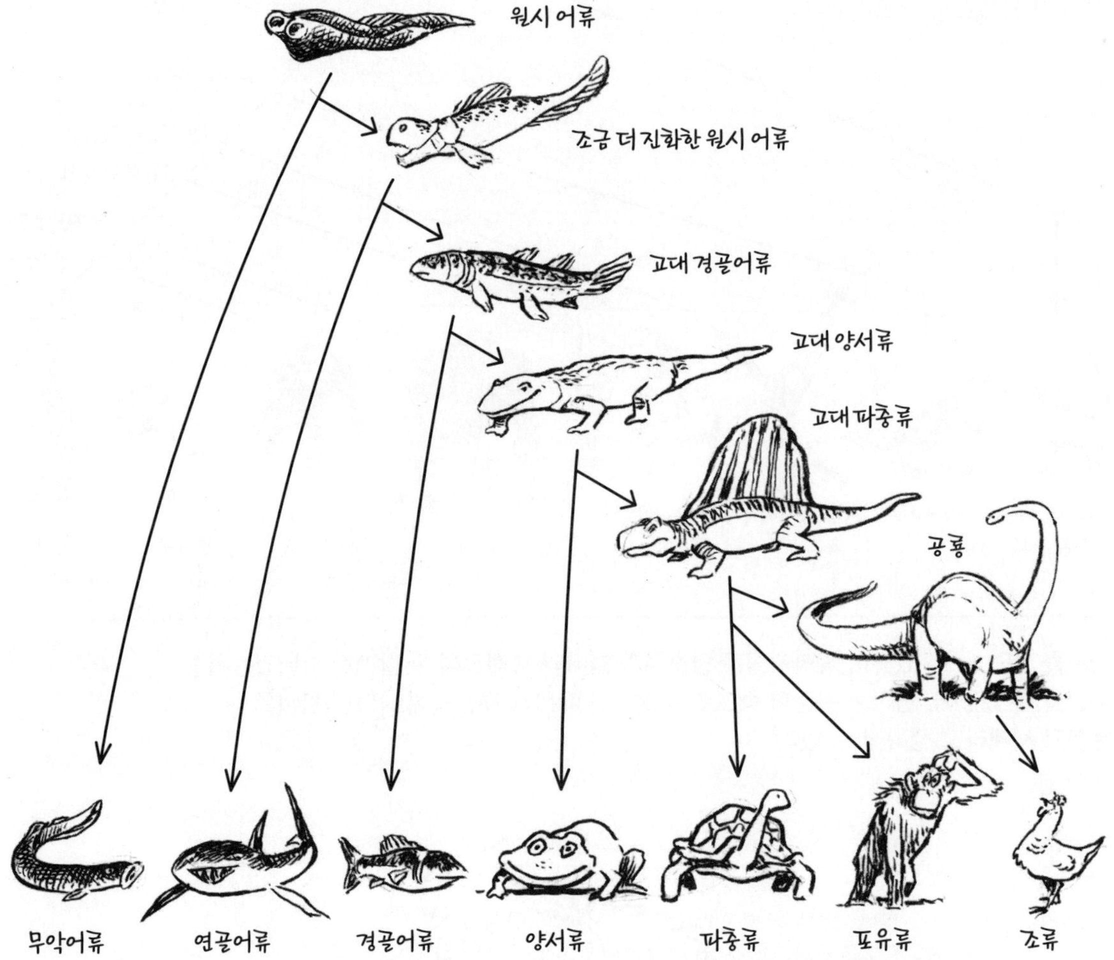

원시 어류

조금 더 진화한 원시 어류

고대 경골어류

고대 양서류

고대 파충류

공룡

무악어류 연골어류 경골어류 양서류 파충류 포유류 조류

이제 분류학자들은
형태학보다는
계통학을 더 선호해.
유전자가 몸의 구조보다
훨씬 정확하고 믿을 수 있고
더 많은 정보를 담고 있으니까.

이게 정원 호수가 아니라면 과연 무엇일까요?

음, 돼지랑 사촌이에요.

계통학은 **역사**를 보여줘. 현재 살아 있는 사람들의 DNA를 비교하면
현생 인류의 조상들이 어떤 경로로 이 세상을 정복해왔는지를 알 수 있어.

(kya: 1000년 전)

4-6 kya
40-45 kya
15-18 kya
60-65 kya
15 kya
50-55 kya

유전학은 **AIDS** 원인균인
HIV 바이러스의 이동 경로도 알아냈어.
사람 HIV 바이러스는 1910년 이후에
침팬지 HIV 바이러스가 변이를
일으킨 뒤에 한 가지 이상의 경로
(사냥을 했거나 침팬지를 먹어서)로
사람에게 옮겨온 것으로
추정하고 있어.

우릴 그냥
내버려두는 게
좋았을 거야.

DNA를 분석하면 분류학의 수수께끼도 풀 수 있어.
생물학자들은 **자이언트판다**가 곰인지 너구리인지를 두고 의견이 분분했어.
그러다 미국 국립동물원에서 유전 연구를 했지. 자이언트판다는 곰이었어!

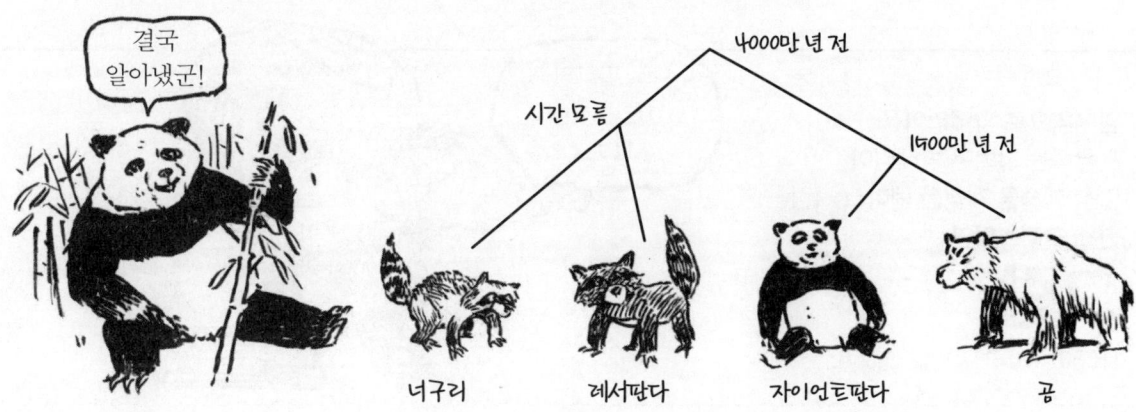

결국
알아냈군!

4000만 년 전
시간 모름
1500만 년 전

너구리   레서판다   자이언트판다   곰

판다의 비밀은 풀었으니 다른 의문을 풀어봅시다. 원핵생물은 어떻게 분류해야 할까요?

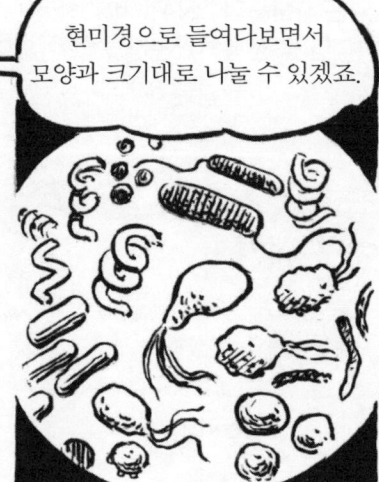

현미경으로 들여다보면서 모양과 크기대로 나눌 수 있겠죠.

하지만 원핵생물을 나눌 수 있는 가장 분명한 기준은 **분홍색**이냐 **자주색**이냐 하는 것입니다.

그람 양성 박테리아는 바깥쪽 세포벽에 염색약을 흡수하는 **펩티도글리칸**이라는 분자층이 있어서 염색약을 떨어뜨리면 자주색으로 물들어.

자주색으로 물든 펩티도글리칸

그람 음성 박테리아는 세포막이 두 개 있고 그 사이에 얇은 펩티도글리칸층이 있기 때문에 염색약이 펩티도글리칸층에 닿지 못해서 분홍색으로 남아.

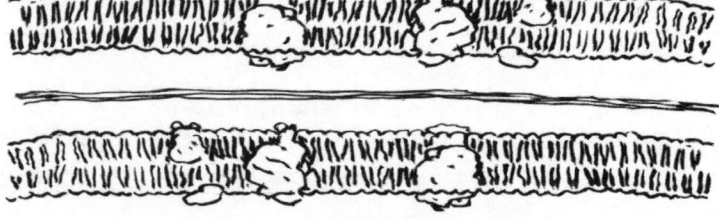

바깥쪽 세포막 때문에 염색약은 펩티도글리칸층에 닿지 않아.

염색약으로 박테리아를 분류하는 방법은 박테리아 염색 기술을 개척한 덴마크 사람 한스 크리스티안

그람

(1853~1938년)이 발견했어.

나로 말하면, 중성을 유지하고 있소.

원핵생물의 계통수는 어떨까? 1970년대 말에 일리노이주의 생물학자 칼

우즈

(1928~2012년)가 그 문제를 연구했어. 그는 모든 원핵생물이 몇 가지 형태로 공유하고 있는 유전자를 택해 원핵생물을 비교했어.

여기 있는 유전자를 비교했지.

이 유전자는 리보솜의 소단위체(ssu)에서 찾을 수 있는 긴 RNA 분자(1540개 염기로 이루어져 있어)를 지정해. **16S rRNA**라고 부르는 그 분자는 단백질 합성에 아주 중요한 역할을 해.

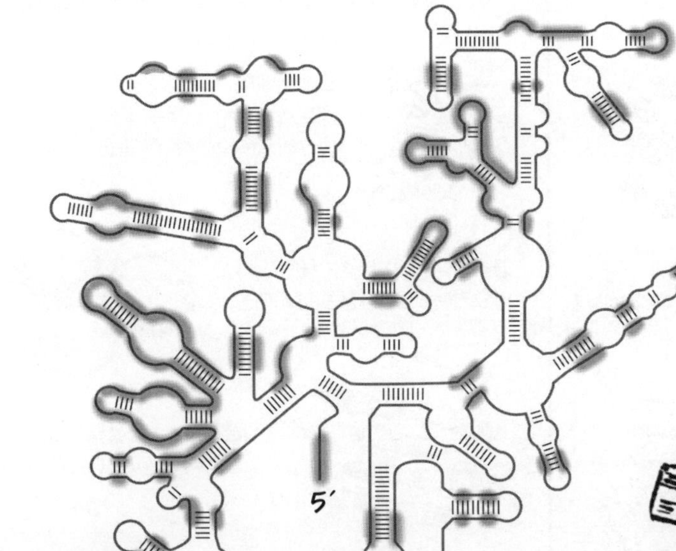

'좋은' 16S rRNA가 없는 세포는 죽게 돼. 16S rRNA에는 **절대로 변하면 안 되는** 염기서열이 있어. 이 염기서열이 바뀌면 치명적인 결과가 생겨.

16S rRNA에는 **변할 수 있는** 부분도 있는데, 이 부분이 아주 흥미로워.

우리가 찾는 곳이 바로 저기야!

= 가변부

우즈는 16S rRNA의 염기서열이 두 종류로 나뉜다는 사실을 발견하고 깜짝 놀랐어. 두 집단의 염기서열은 전혀 달랐어. 생물학자들은 원핵생물은 완전히 분리된 두 '영역'으로 **나뉘어야 한다**고 선언했어.

한스 크리스티안, 걱정하지 말아요. 아무 문제 없으니까요. 당신의 명성은 조금도 손상되지 않았어요!

고세균

펩티도글리칸 없음. 화학적 특성이 기이한 세포막.
메탄을 생성하는 종도 있음.
극단적인 환경에서 사는 종 많음.

유리고세균: 수많은 종이 있는 고세균 문으로 높은 열을 사랑하는 종도 있고 염분을 사랑하는 종도 있다.

A.R.M.A.N: 강산성 광산 폐기수에서 찾을 수 있는 고세균.

로키고세균: 로키의 성이라고 하는 뜨거운 심해 열수분출공에서 발견한 고세균.

토르고세균: 진핵세포와 아주 가까운 아스가르드 고세균초문에 속하는 고세균.

그 외에도 고세균 문은 아주 많아(아직 분류하고 있어).

박테리아

보통 펩티도글리칸층이 있음.
진핵생물과 동일한 세포막이 있음.
16S rRNA에 독특한 특징이 있는 부분이 많음.

스피로헤타: 매독, 라임병, 렙토스파로시스 같은 질병을 일으키는 다양한 종이 속한 박테리아 문.

클라미디아: 여러 감염을 일으키는 그람 음성 박테리아들.

남세균: 광합성을 하는 청록색 단세포생물.

방선균: 다양한 문이 있는 박테리아 무리로, 토양을 건강하게 만드는 종도 있고 결핵을 일으키는 박테리아도 있다.

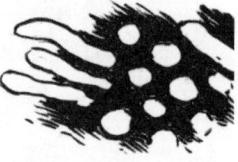

프로테오박테리아: 대장균, 비브리오, 살모넬라 같은 박테리아가 속한 무리.

(한 통계에 따르면) 그 외에 박테리아 문은 24개가 더 있다.

기이하게도 고세균은 유전적으로 박테리아보다는
진핵생물에 훨씬 더 가까워. 우즈가 구별한
세 생물 영역의 계통수는 이래.

계통수 맨 위에 있는 검은 점은 무엇일까? 어떤 종이 두 개의 다른 선으로 갈라진 걸까?
생물학자들은 **마지막 보편 공통조상을 루카**라고 불러. **35억 년**도 훨씬 전에 살았던 생물인
루카는 현재 살아 있는 지구 유기체들의 공통조상이라고 추정하고 있어.

루카는 초기 생명체였겠지만,
루카가 처음은 아니었을 거야.
루카에게도 이모와 사촌들이 있었겠지만
루카의 자손들만이 살아남았어.
실제 생명체의 기원은 그보다 훨씬
오래전인 알 수 없는 과거에
탄생했을 거야.

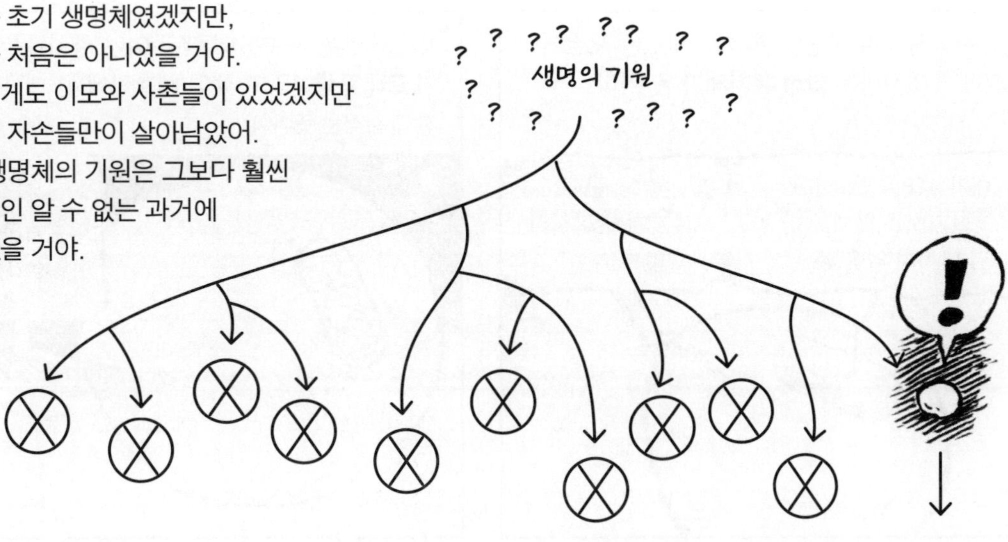

박테리아와 고세균의 공통조상인 루카는 세포핵도 세포소기관도 없었던 것이 분명해.
그렇다면 어떻게 진핵세포가 진화하게 됐을까?

1967년 보스턴대학교 생물학자 린

마굴리스

(1938~2011년)는 진핵세포는 두 원핵세포가 협력하면서 생겼을 거라고 했어.

나한테 키스해, 바보야!

원핵세포 한 개체가 다른 개체를 삼켰거나 다른 개체 안으로 침입했거나 두 개체가 합쳐지면서 하나의 세포가 됐다는 거지.

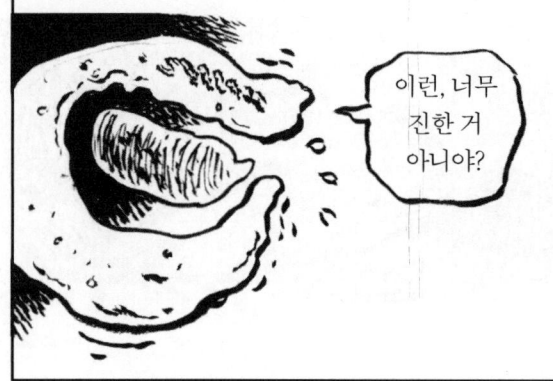

이런, 너무 진한 거 아니야?

결국 두 세포는 싸우는 것보다는 협력하는 것이 더 쉽다는 걸 알았을 거야.

여기 있으니까 정말로 포근하고 좋은걸.

서로 책임을 나누어 맡으면서 두 세포는 서로가 서로에게 의지하는 **합성 유기체**가 된 거야.

내가 ATP를 만들고 설거지를 할게. 넌 나머지 일을 해.

좋아. 근데, 설거지할 접시가 없지 않아?

마굴리스는 세포들이 맺은 이런 관계를 **세포내공생**이라고 했어(세포 안에서 함께 산다는 뜻이야).

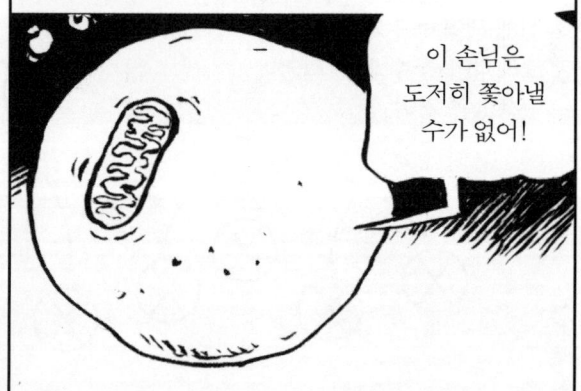

이 손님은 도저히 쫓아낼 수가 없어!

처음에 생물학자들은 마굴리스의 생각을 비웃었어. 하지만 마굴리스가 옳다는 자료가 나왔어. **미토콘드리아**와 **엽록체**가 사실은 원핵생물이었다는 증거가 나온 거야.

허, 우습군. 도대체 무슨 헛소리를, 아니, 이런!

두 세포소기관 모두 다른 세포로 침입한 흔적이 있었거든. 이중세포막 말이야(바깥 세포막은 다른 세포 안으로 들어갈 때 생겼을 거야).

저긴 동물원이구먼.

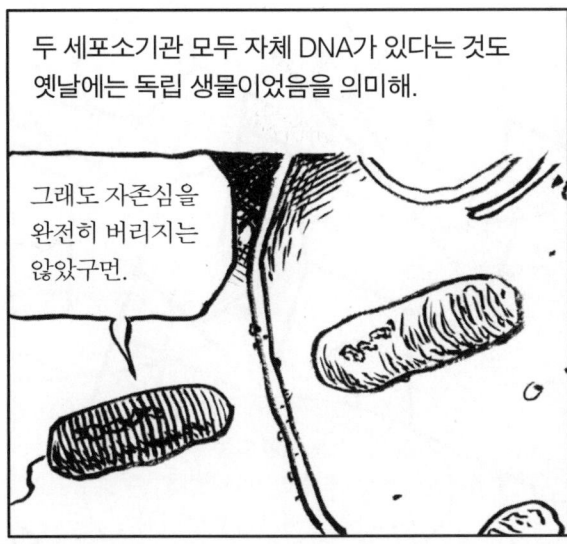

두 세포소기관 모두 자체 DNA가 있다는 것도 옛날에는 독립 생물이었음을 의미해.

그래도 자존심을 완전히 버리지는 않았구먼.

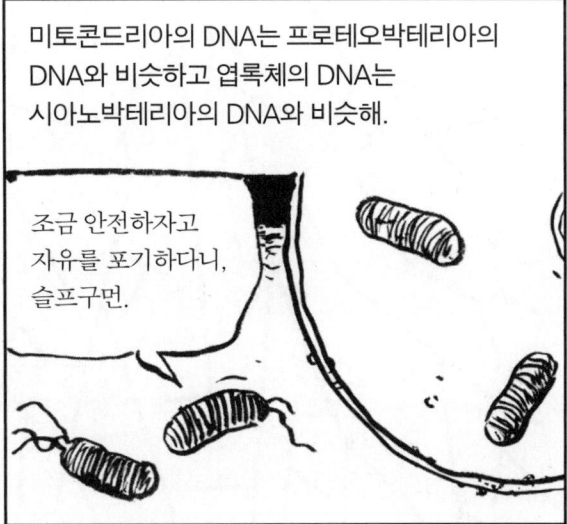

미토콘드리아의 DNA는 프로테오박테리아의 DNA와 비슷하고 엽록체의 DNA는 시아노박테리아의 DNA와 비슷해.

조금 안전하자고 자유를 포기하다니, 슬프구먼.

그러니까 20억 년쯤 전에 한 박테리아가 다른 세포 안으로 들어가 미토콘드리아가 되었다고 생각하는 게 옳을 것 같아.

맞아요. 그게 **미토**에게 일어난 일이죠.

아이고.

그로부터 5억 년쯤 지났을 때, 고대 엽록체가 다른 세포 안으로 들어가면서 광합성을 하는 진핵세포가 탄생했어.

그런데, 세포핵은 어디 있어?

그건 아직 설계하는 중이야.

Chapter 16
생명체의 월드 와이드 웹(WWW)

모든 종은 환경에 적응하고,
각 종이 적응한 환경에는 다른 종도 살아가고 있어.
강수량, 고도, 깊이, 온도 같은 환경 요소 외에도
생명체는 다른 생명체들과 **서로** 영향을
주고받으며 살아가는 거야.

두 종이 맺고 있는 친밀한 관계를

공생

이라고 해(세포내공생은 한 생명체가
다른 생명체 내부에서 맺고 있는
특별한 공생이지).

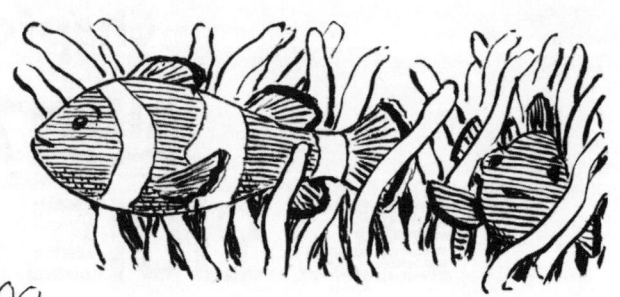

영화 〈니모를 찾아서〉에 나온 것처럼
흰동가리는 무시무시한 촉수가 있는
말미잘하고 살아.

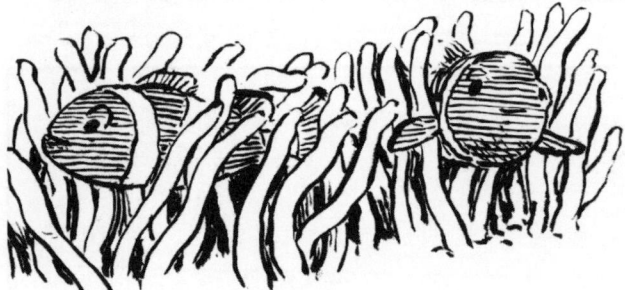

말미잘의 촉수가 흰동가리를 포식자에게서
보호해주고(흰동가리에게는 촉수를 피할 수
있는 점액질이 있어) 먹고 남은 음식도
흰동가리가 먹을 수 있게 해줘.

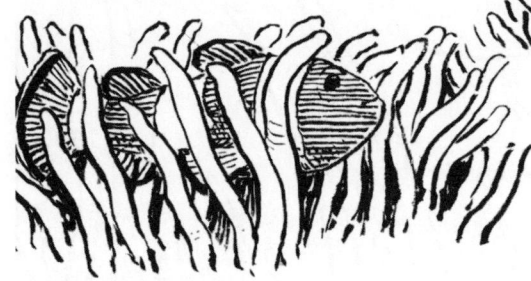

말미잘은 흰동가리 배설물로 영양분을
섭취할 수 있고 흰동가리가 지느러미를 흔들며
헤엄치기 때문에 물이 순환되어 훨씬 건강해져.

공생하는 두 종에게
모두 도움이 되는 공생을
상리공생이라고 해.

내가 **해줬으면** 하는 거 있어?

아야!

아야

아야

물론이지!

한쪽만 이득을 보고
다른 쪽은 거의 아무 상관이 없는 공생은
편리공생이라고 해.

황로는 소 때문에 놀라서 뛰어오른 곤충이나 설치류를 잡아먹으려고 소의 뒤를 쫓아다녀. 소로서는 그런 작은 동물은 신경도 쓰지 않는데 말이야.

한 생물은 이득을 얻고 다른 생물은 손해를 보는 관계를 **기생**이라고 해.
벼룩은 개의 피를 먹고 살지만 개는 가렵거나 벼룩 때문에 병을 얻는 것 외에는
이로운 점이 하나도 없어. 옛날 의사들이 뭐라고 말했든 간에
피를 빼는 건 전혀 도움이 되지 않아.

  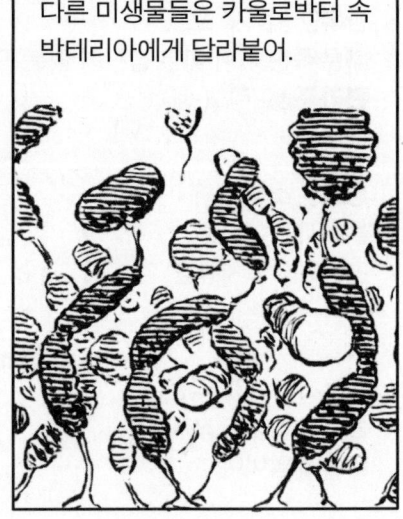

한데 모인 미생물들은 다당류로 된 젤 같은 물질을 분비해 보호막을 만드는데,
이 보호막에는 영양분이 들어오고 노폐물은 나가는 통로가 뚫려 있어.
생물막이라고 하는 이 보호막에는 아주 작은 도시처럼 사회적 지원을 받아야만 생존할 수 있는
적정 개체수보다도 훨씬 많은 생명체가 모여 있어.

동물의 장에도 박테리아 공동체가 있어. **흰개미**는 나무만 먹어서, 장에 **나무**를 소화해주는 미생물이 없다면 굶어 죽고 말 거야.

"우린 나무 운반 시스템에 탑승한 승객이지."

흰개미의 장에 서식하는 미생물은 섬유소를 아세트산염으로 분해하는 효소를 분비해.

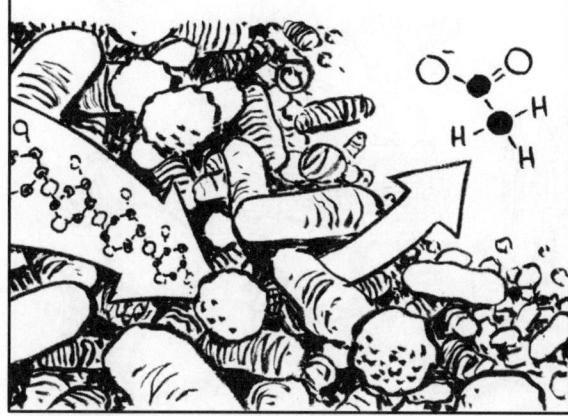

흰개미는 이 아세트산염을 훔쳐서 자신의 크레브스 회로를 돌리는 데 사용하기 때문에 박테리아는 계속 일해야 해.

"도대체 내 아세트산염은 어디 있는 거야?"

사람도 장 박테리아가 있어야만 더 많은 에너지를 만들고 비타민 B_{12}나 비타민 K 같은 필수 영양소를 얻을 수 있어.

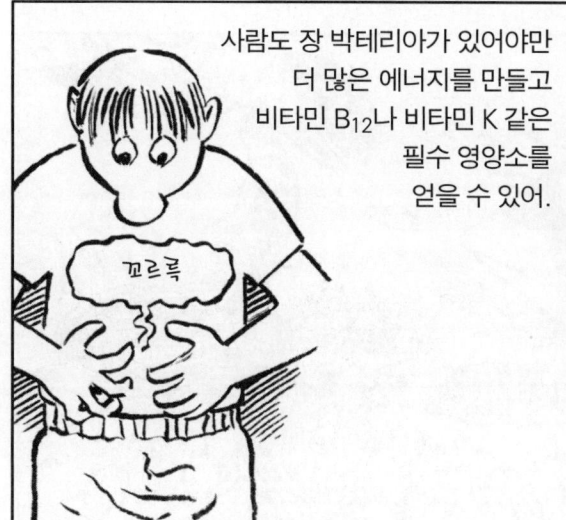

"꼬르륵"

박테리아는 열심히 일하는 대신에 안전하고 따뜻한 보금자리를 얻어.

"휴가 가고 싶지 않아?" "플로리다에 있는 장에 있었으면 좋겠어."

같은 환경을 공유하고 있는 모든 유기체를

생물군계

라고 해. 그 유기체들이 미생물이라면 **미생물군유전체**라고 하고.

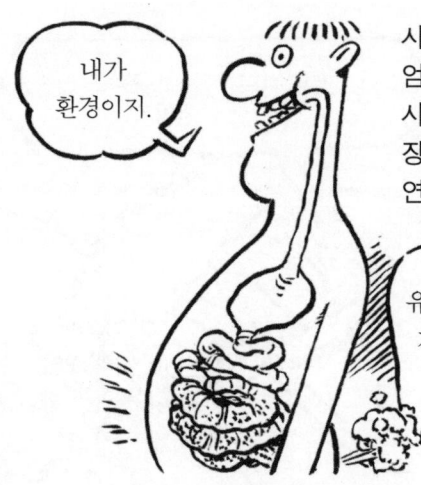

내가 환경이지.

사람의 미생물군유전체는 엄청난 화제를 불러일으키고 있어. 사람의 건강과 태도와 행동(!)을 장내 미생물들이 결정한다는 연구 결과가 나오고 있거든.

내 미생물군 유전체는 왼쪽으로 기울어져 있지만 유전자는 아주 다양해.

아주 큰 생물군계도 있어!

반건조 기후 사막 지대

산호초 지대

열대우림

해저 화산 지대

담수성 습지

도시와 농촌 같은 사람이 조성한 환경은 물론이고 온대림, 냉대림, 평원, 산맥, 북극해처럼 큰 생물군계는 여러 곳 있어.

생태학

은 환경과 그 환경에 조성된 생물군계와 생물군계를 조성하는 생물들의 상호작용을 연구하는 학문이야. 생태계를 연구하는 학문인 거지.

난 생태학자가 좋아. 파리채를 휘두르지 않으니까.

상호작용이 늘 협력을 의미하는 건 아니야.

두 종은 자원을 두고 경쟁할 수도 있는데, 경쟁 방법은 최소한 두 가지가 있어.

첫 번째 방법은 간섭하는 거야. 경쟁자를 직접 방해하는 거지. 예를 들어 유칼립투스는 토양을 독으로 물들여서 경쟁 식물이 자랄 수 없게 해.

두 번째는 착취하는 거야. 두 종이 서로를 이기려고 노력하는 경쟁이지. 대머리독수리는 동물의 사체를 놓고 사체를 부패하게 하는 박테리아와 경쟁을 벌여.

지금 죽은 대머리독수리를 먹겠다는 거야?

어떻게 그럴 수 있어?

물론 단순하게 한 종이 다른 종을 잡아먹기도 해. 그런 경쟁도 간섭이지.

식물을 먹는 동물은 **초식동물**이야. 소나 생쥐, 영양, 그리고 아주 배가 고픈 이 애벌레처럼 말이야.

포식자는 다른 동물을 먹어.
(맞아, 개미도 동물이야!)

흩어져!

포식은 일종의 군비 경쟁을 유발해.
먹이 동물은 방어술을 개발하고 포식동물은 공격 능력을 연마해.

식물과 균류도 가시와 독으로 초식동물에 맞서 싸워. 알광대버섯(*Amanita phalloides*)은 **RNA 중합효소를 마비시키는** 치명적인 독인 알파 아마니틴을 분비해.
(알광대버섯 자신은 변형된 RNA 중합효소를 사용하기 때문에 독에 영향을 받지 않아)

그런데 알광대버섯은 초파리하고는 편리공생 관계를 맺고 있어. 알파아마니틴에 저항성이 있는 초파리는 알광대버섯의 무시무시한 갓 밑에 알을 낳아.

생물이 서로 먹고 먹히는 과정은
좀 더 추상적으로 생각해볼 수 있어.

에너지 흐름

으로 말이야. 에너지는
외부에서 생물권으로 들어와.
대부분 태양이 주는 에너지야.
생태계는 이 에너지가 여러
'영양 단계'를 거치게 해.

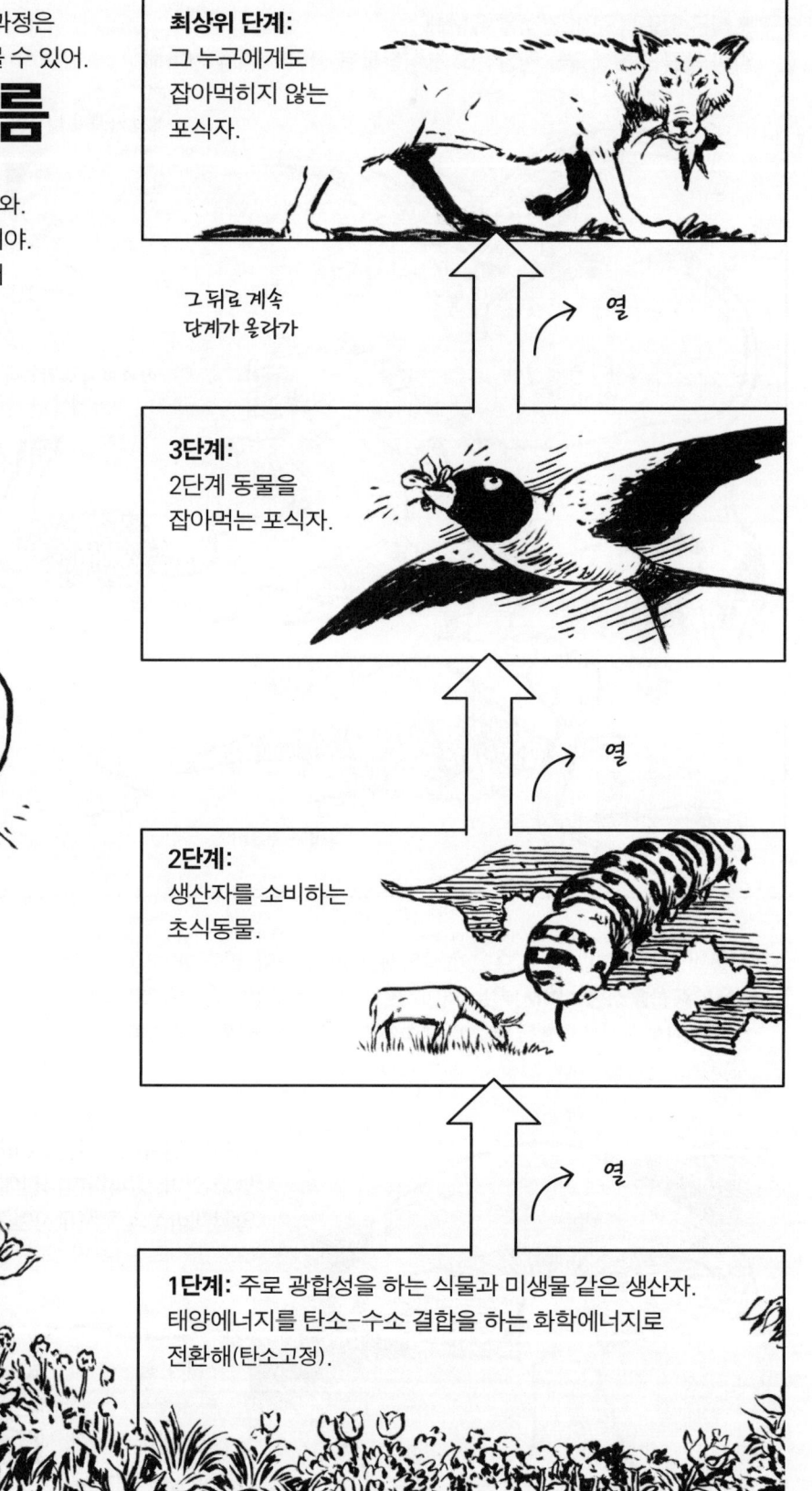

최상위 단계:
그 누구에게도
잡아먹히지 않는
포식자.

그 뒤로 계속
단계가 올라가

→ 열

3단계:
2단계 동물을
잡아먹는 포식자.

→ 열

2단계:
생산자를 소비하는
초식동물.

→ 열

1단계: 주로 광합성을 하는 식물과 미생물 같은 생산자.
태양에너지를 탄소-수소 결합을 하는 화학에너지로
전환해(탄소고정).

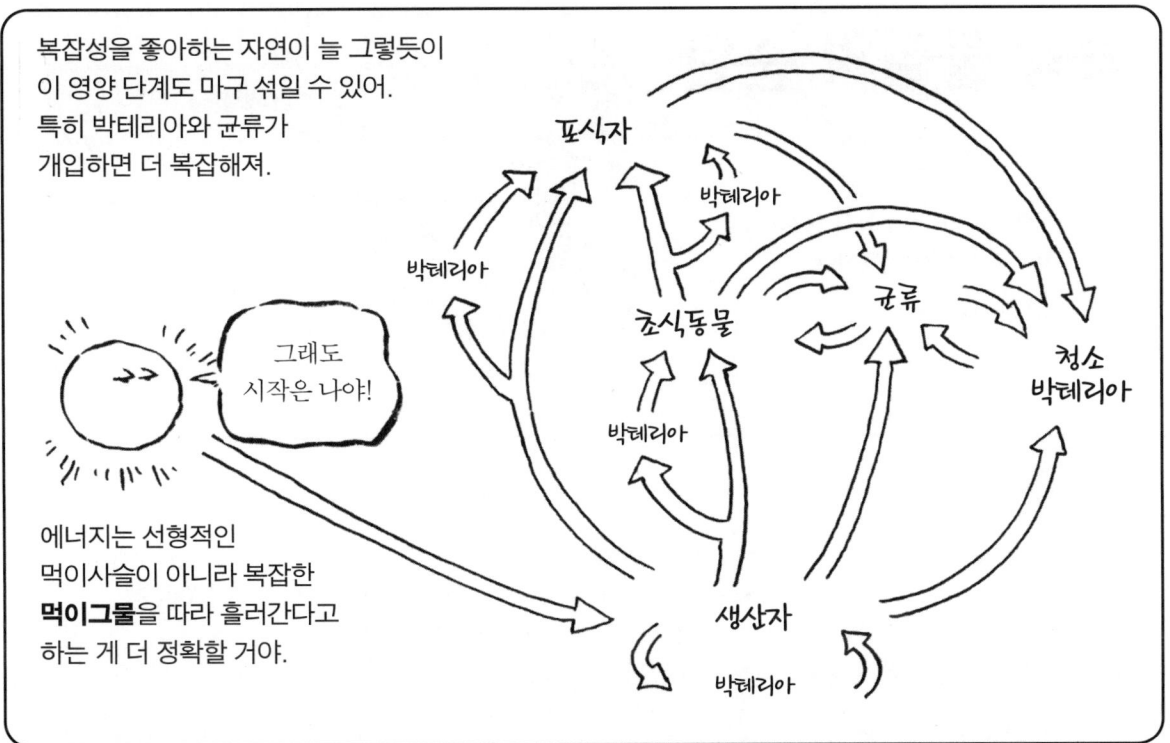

복잡성을 좋아하는 자연이 늘 그렇듯이 이 영양 단계도 마구 섞일 수 있어. 특히 박테리아와 균류가 개입하면 더 복잡해져.

그래도 시작은 나야!

에너지는 선형적인 먹이사슬이 아니라 복잡한 **먹이그물**을 따라 흘러간다고 하는 게 더 정확할 거야.

또 기억할 내용:

먹는 동물의 에너지는 언제나 먹히는 동물의 에너지보다 낮다. 먹이를 먹을 때마다 에너지가 사라지는 것이다.

100% 효율로 전달되는 에너지는 없다.

예를 들어 $1km^2$의 땅에는 밀을 2억 개체 심을 수 있어. 엄청난 에너지를 가지고 있는 거야.

하지만 같은 공간에서 밀을 먹는 설치류와 설치류에 의존해 살아가는 최상위 포식자인 코요테는 두 마리밖에 살 수 없어. 코요테의 에너지는 밀에 비하면 훨씬 적어.

셋이 살기에는 비좁아.

화학 물질의 순환

생명체는 에너지뿐만 아니라 **재료**도 필요해. 태양에서 왔다가 흩어지는 에너지와 달리 화학 물질은 여기 지구에서 시작해 생태계를 계속해서 순환하고 있어.

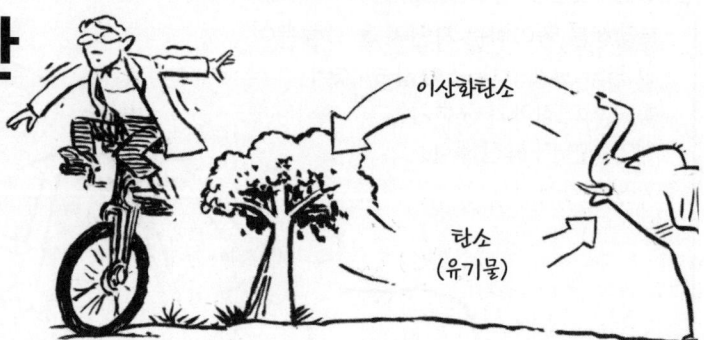

질소

를 마시거나 만져봐. 공기의 80%는 질소(N_2)니까 할 수 있어.
진핵생물은 그 누구도 질소를 모든 생화학 과정에서 볼 수 있는 아민기(NH_2^-)로 바꿀 수 없어.
(고압 반응관에서 성분 물질을 가지고 암모니아를 생성한 건 현대 화학의 쾌거라고!)
질소 분자는 질소 원자끼리 삼중결합을 하고 있기 때문에 그래.

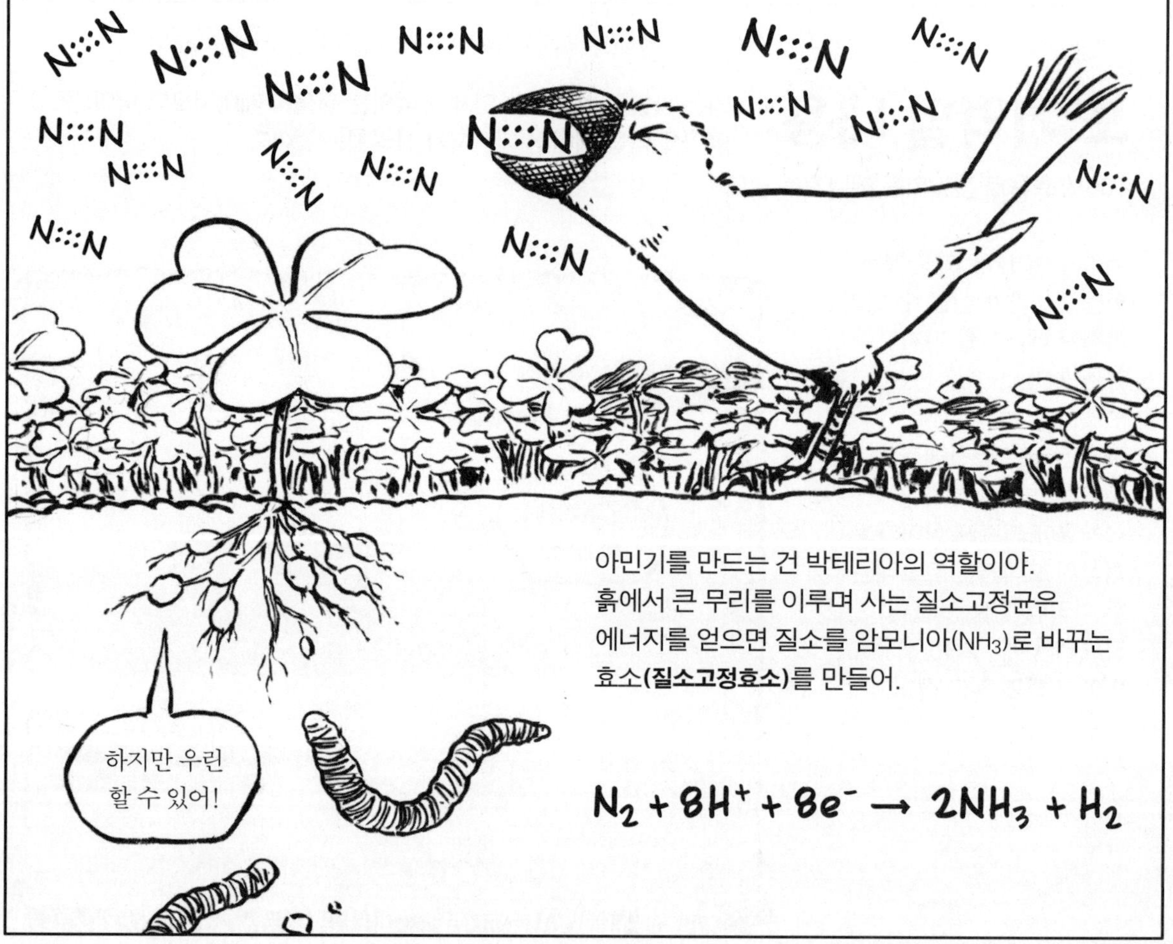

아민기를 만드는 건 박테리아의 역할이야.
흙에서 큰 무리를 이루며 사는 질소고정균은
에너지를 얻으면 질소를 암모니아(NH_3)로 바꾸는
효소(질소고정효소)를 만들어.

하지만 우린 할 수 있어!

$$N_2 + 8H^+ + 8e^- \rightarrow 2NH_3 + H_2$$

식물은 질소가 필요하고 질소고정균은 에너지가 필요하기 때문에 어떤 식물들(대부분은 완두, 대두, 클로버 같은 콩과 식물이야)은 질소고정균과 필요한 걸 주고받아.

"상리공생 하자고!"

"누가 전문용어를 사용하는 땅콩을 심은 거야?"

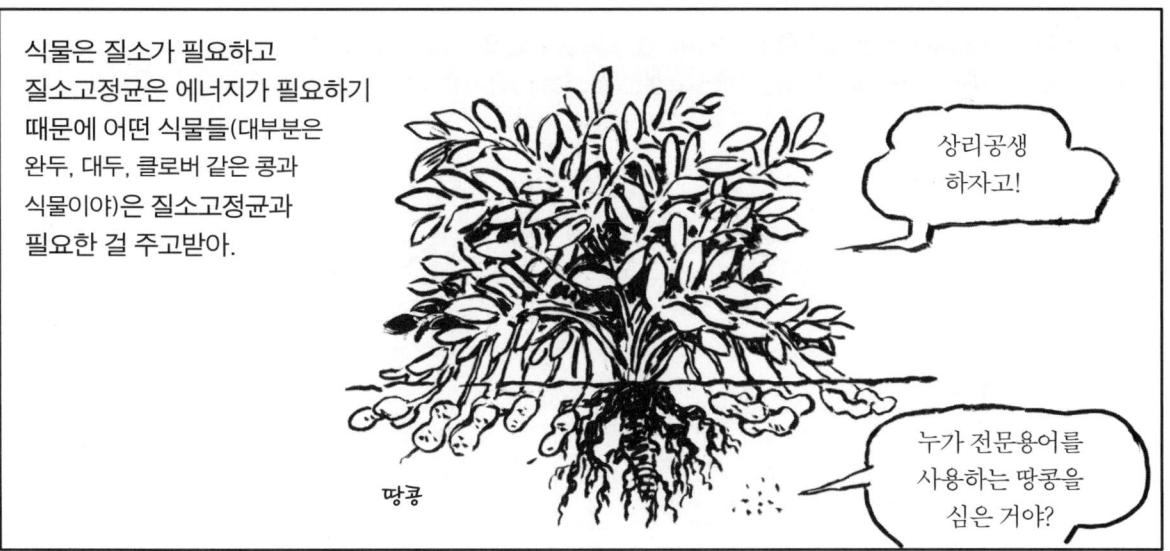

땅콩

콩과 식물의 뿌리는 질소고정균을 유혹하는 화학 물질을 분비하고 뿌리털은 다가오는 박테리아 쪽으로 길게 자라.

질소고정균에 감염된 뿌리는 질소고정균이 증식하면서 점점 더 부풀어올라 혹처럼 변해.

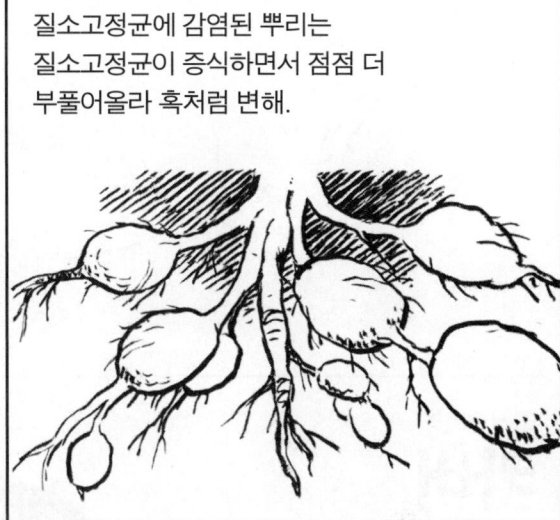

식물의 ATP는 질소고정을 촉진하고 식물 단백질인 레그헤모글로빈은 질소고정효소를 방해하는 활성 산소를 제거해.

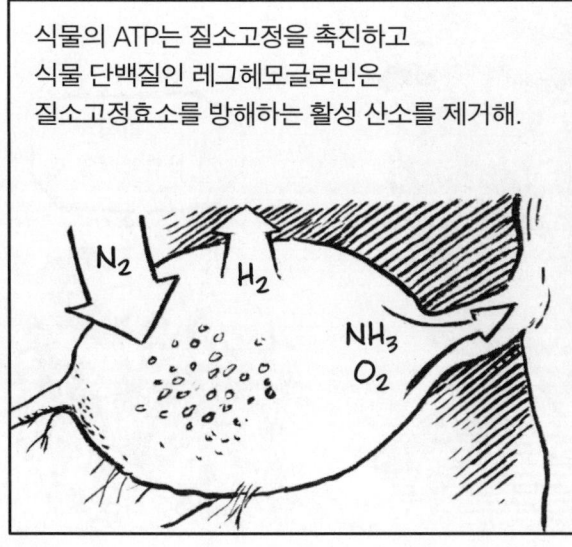

그 결과 소중한 질소가 꾸준히 생물권으로 들어올 수 있어.

"질소를 좀 빌렸으면 좋겠는데, 어때? 빌려줄 수 있어?"

사실 식물은 암모니아보다는 질산염(NO_3^-)의 형태로 질소를 얻는 걸 더 선호해.
질산을 만들어주는 것도 박테리아야. 일단 고정된 질소는 다음처럼 생물권을 돌아.

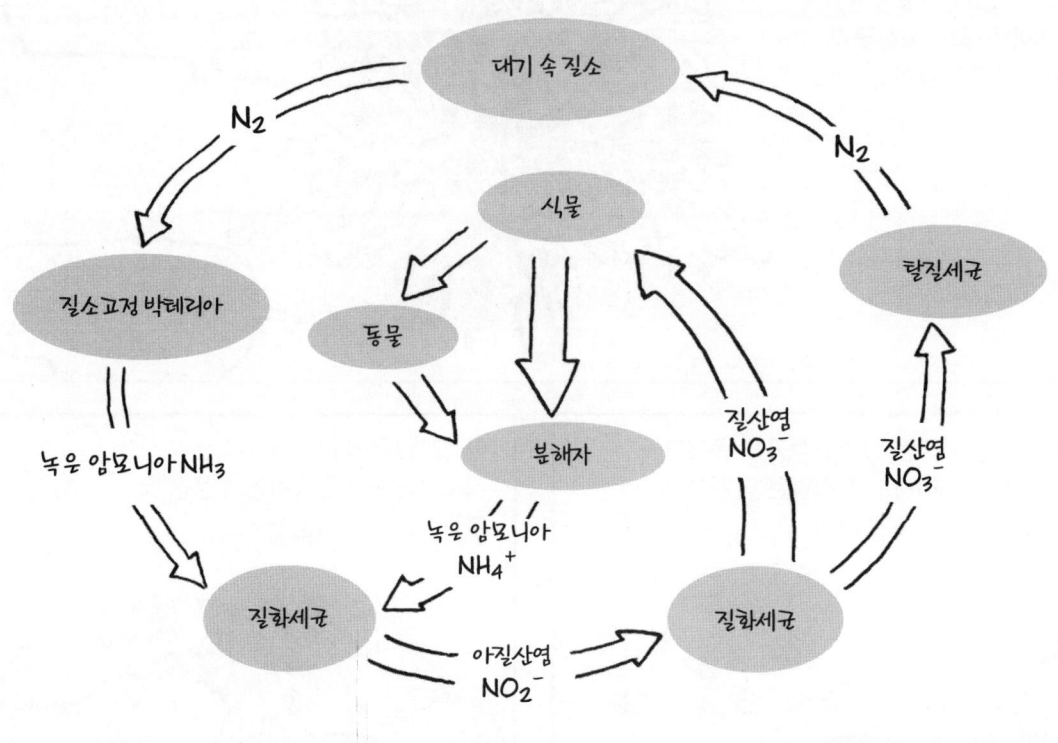

조지 워싱턴
카버
(1864~1943년)가 목화와 담배를 수확한 밭에 땅콩을 심으라고 조언한 건 모두 질소고정 작용 때문이야. 콩과 식물인 땅콩이 토양에 질소를 공급해줄 수 있으니까.

콜럼버스가 도착하기 전에 아메리카 원주민들이 옥수수와 콩, 호박을 같이 기른 것도 다 그 때문이야.

우리식 성 삼위일체였지.

탄소는 앞에서 살펴본 것처럼 광합성 생물이 대기 속 이산화탄소를 흡수할 때 생물권으로 들어와. 먹고 호흡하는 여러 생물 과정을 따라 탄소는 이동해. 다음 그림처럼 말이야.

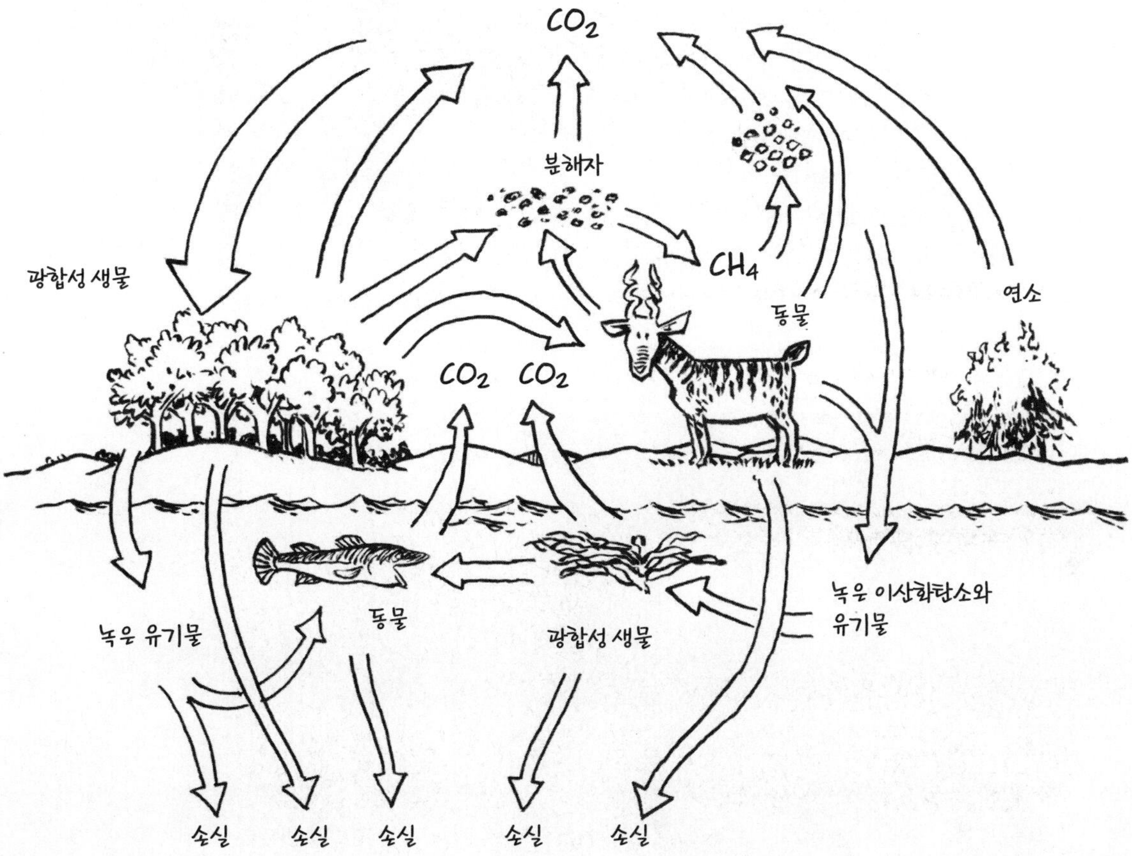

CO_2
분해자
CH_4
광합성 생물
동물
연소
CO_2 CO_2
녹은 유기물
동물
광합성 생물
녹은 이산화탄소와 유기물
손실 손실 손실 손실 손실

이런 성찬을 벌이는 동안 생물량은 흙이나 바다 밑으로 끊임없이 일정량이 가라앉기 때문에 순환 과정에서 **빠져나가는** 탄소가 생겨.

엄청난 시간이 흐르면 유기물질은 석탄이나 석유로 바뀌어. 이런 물질들은 영원히 묻혀 있을 것처럼 보였지.

화석 탄소

한 생물종이 엄청난 창의성의 일부를
200년 동안 화석 탄소를 찾고 파내고
태우는 데 사용하기 전까지는 말이야.

갑작스럽게 유입된 에너지와 그 에너지를
한 종을 위해서만 사용한다는 사실에
생물계는 어떻게 반응하고 있을까?

자연의 순환계는 그 충격에 적응하고
새로운 평형을 찾아가고 있을까?
마지막 장에서는 항상성을 해치는
교란에 관해 알아볼 거야.

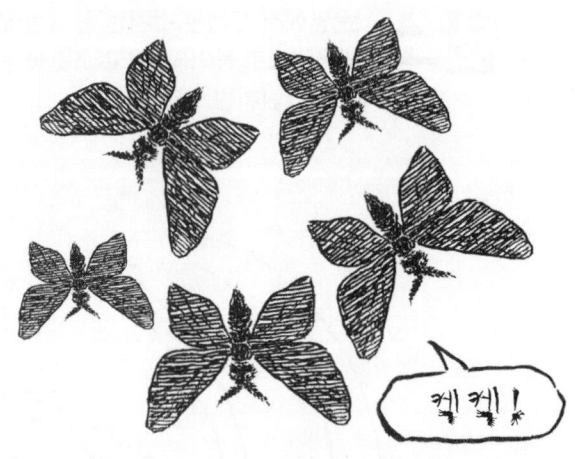
켁켁!

Chapter 17
교란

흔히 세포와 유기체는 가장 능숙하게 작동하는 상태를 유지하려고 한다는 말을 자주 해.
생명체는 어느 정도까지는 자신과 주변 환경의 변화에 적응할 수 있어.

아무것도 못 봤어……,
그냥 가……,
모두 괜찮을 거야……,
두려워할 필요 없어!

17장에서는 극단적인 스트레스에
생명체가 반응하는 방식을 살펴볼 거야.

열을 받으면 박테리아는 특별한 보호 단백질을 생성하는 유전자가 활동을 시작해(159쪽 참고).
하지만 대부분은 살아남지 못해. 그래서 음식을 끓여 먹는 거야.

뜨거운 온도는 사람에게도 스트레스를 줄 수 있어.
그래서 **땀을 흘려서** 열을 조절해.
분비된 땀이 증발하면서 우리 몸을 식혀주거든.

우리 몸을 이용해서 직접 항상성을 유지할 수 있는 능력이 있다는 게 생명체의 본질이겠지?

하지만 몸에서 빠져나간 염분과 물을 보충하지 않으면 **열사병**에 걸릴 수 있어. 필수 이온이 없으면 신경계가 제대로 작동하지 못하거든.

그럴지도.

나, 지금 아주 기발한 발명품이 생각났어. 그걸 '물병'이라고 부를 거야.

예를 들어 어떤 질병은 공격을 받으면 **열**이 나. 체온이 높아지면 면역계가 병원균과 싸우는 데 도움이 되는 것 같아. 우리 몸이 체온의 설정값을 새로 맞추는 거야.

일단 병이 나으면 체온은 다시 원래대로 돌아가. 평형은 일시적으로만 변하는 거야.

거의 모든 종이
항상성을 유지하려면
각 개체는 혼자서
애를 써야 하지만 아주
특별한 한 동물 종은
서로 **협력**해서 더 많은
일을 할 수 있어.

개미 말하는 거야?

음, 그렇지. 개미도 그럴 수 있지.

사람은 막대한 사회자원을 공공 의료 제도, 깨끗한 수도 시설, 하수 처리 시설 같은 질병을 **예방**할 수 있는 방법에 투자해.

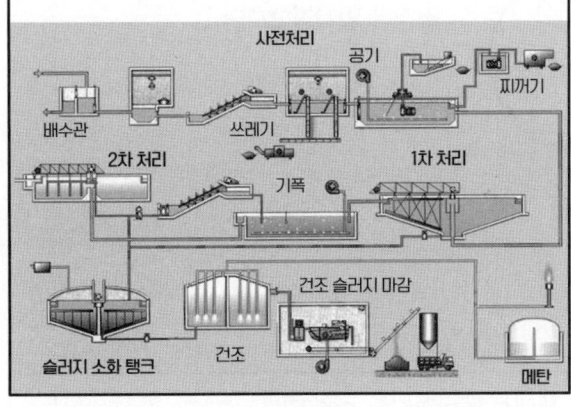

질병에 걸렸을 때도 의과대학교, 병원, 제약 회사, 보험 설계 등으로 질병을 처리할 수 있어.

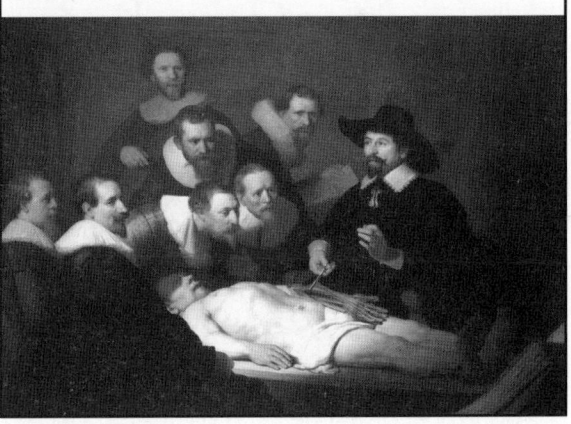

개인의 건강을 지키려는 노력을 집단적으로 하면서도 우리는 나머지 생물권의 건강에 관해서는 그만큼의 열정을 보이지 않았어.

그게 무슨 말이야. 우리는 이 지구의 $#%&$ 한 관리인이라고!

짧은 이야기 하나 해줄게. 1500년 무렵에 북아메리카 북동쪽은 비버가 수백만 마리나 살아가는 산림 생물군계였어. 비버는 시내를 막아 물웅덩이를 만들어 물의 흐름을 바꾸고 주변 땅을 촉촉하게 만들기 때문에 생물군계를 이루는 생물들의 구성 비율에 크게 영향을 미쳐. 모기는 비버가 만든 환경을 좋아했을 거야.

현대 생태학자들은 비버를 **핵심종**이라고 부르지만 1500년 무렵 북아메리카에 처음 도착한 유럽인들은 다른 이름으로 불렀어.

그 뒤 300년도 안 되어 사냥꾼들은 비버를 완전히 없애버렸어. 벌목꾼과 농부들은 나무를 잘라내고 그루터기와 돌을 치워버렸지.

1800년대가 되어 기계 의류 사업이 번창하면서 농부들은 도시에서 노동자가 되었어.

숲에서는 다시 싹이 트고 열매가 맺었는데, 새로운 숲은 옛 숲보다 더 건조하고 생물 다양성도 적었어.
(이상하게도 돌담으로 가득 차 있었고)

이 이야기의 핵심은 생태계도 유기체처럼
자신의 항상성을 유지하려고 애쓴다는 거야.

우리는 모두 우리의 일부지!

그대로 내버려두었다면
옛 숲은 상당히 안정적인
상태를 유지했을 거야.
모든 종이 상호작용하면서
전체 숲이 건강할 수
있도록 진화했겠지.

포식자와 먹이 동물도 서로의 개체군을 서로가 조절해.
포식자가 지나치게 많이 사냥을 하면 먹이 동물 수가 크게 줄어들고, 결국 포식자는 죽게 되지.
다시 먹이 동물의 수가 많아지면 포식자의 수도 늘어나. 포식자와 먹이 동물의 개체군은 함께 변하는 거야.
허드슨베이 사가 남긴 아래 그래프처럼 말이야.

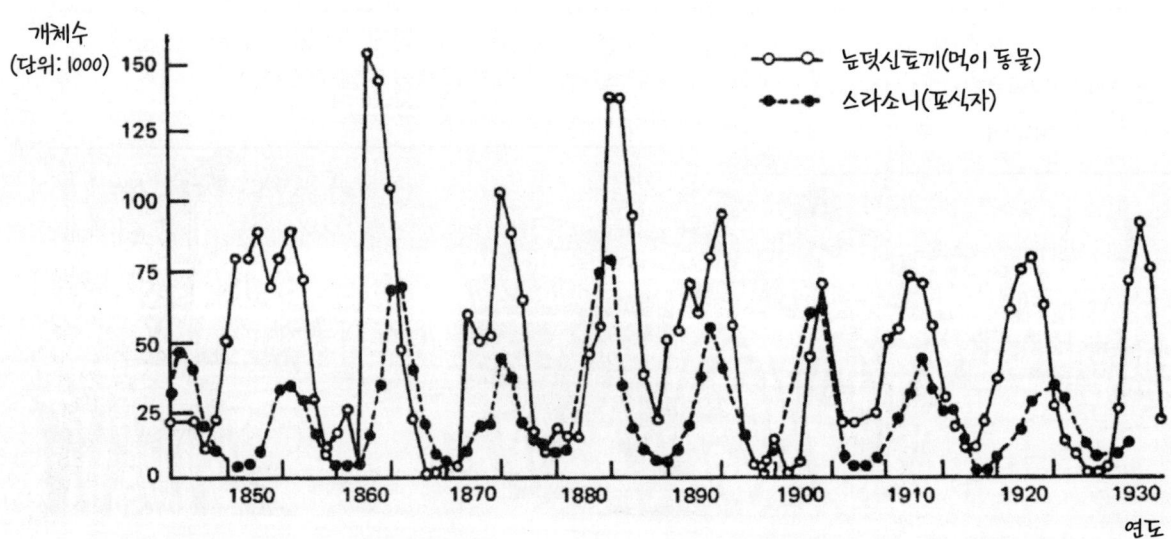

그렇다면 파괴적인
비버 사냥은 어땠을까?
사냥꾼과 비버의 수는
적절하게 함께 변하지 않았어.
상업적 사냥꾼은
사냥감이 부족해지면
오히려 활동이 늘어나.
사냥감의 가격이
오르기 때문이지.*

* 이 글을 쓸 때 도쿄 수산시장에서는 참다랑어 한 마리가 300만 달러에 거래됐다. 당연히 참다랑어는 정말로 잡기 힘든 물고기이다.

살아남은 비버도 있지만, 비버의 수는 절대로 옛 조상들처럼 많아지지 않았어.
더구나 사람들은 비버 조상이 겪지 않았던 새로운 문제들도 던져주었지.

하지만 전체 숲으로
보았을 때는 상당한

회복력

을 보여줬지.
다시 숲이 조성됐으니까.
하지만 옛 숲과는 전혀
다른 숲이었어.
근처에 마을도 있고 도로도 있고
관광객과 도로에 뿌린 염분,
단풍나무 수액 채취인도 있는
새로운 숲이 만들어졌지.

다음 예에 비하면 모피 사냥꾼이나
농부의 생태계 교란 정도는
사소하다고 말할 수 있을지도 몰라.
1850년 이후로 세상은 엄청난
기술 변화의 열매를 즐겼어.
견딘 걸 수도 있지만.

산업 화학

같은 기술 말이야. 과학자들은 그전에는
지구에서 보지 못했던 물질들을 만들어냈어.
새로운 폭탄들, 용매들, 화장품, 살충제처럼
모두 어딘가로 가야 하는 물질들을 말이야.

그 때문에
산림
은 더욱 빠른 속도로
파괴
됐지!
산림은 농장과 목장으로,
오직 한 가지 작물만 기르는
단일재배지로 바뀌었어.
단일재배지는 회복력이
없어서 단 한 번의
감염으로도 전체 개체군이
파괴될 수 있어.

화석 연료

석탄과 석유는 불도저, 전기톱, 트럭, 굴착기, 농업용 기계, 공기 조화기, 용광로처럼 인간이 착취할 수 있는 모든 장소를 착취하도록 돕는 기계 장비를 움직일 동력을 제공해.

이런 화석 탄소들은 수백만 년 동안 순환하지 않고 고여 있었어(289쪽 참고). 하지만 이제는 사람들이 아주 빠른 속도로 다시 생물권 안으로 돌려보내고 있어. 그 때문에 나타날 결과는 생물에게 좋을까, 나쁠까?

얌얌! 이산화탄소다!

먼 훗날 일어날 일은 아무도 알 수 없어. 지금으로서는 사람이 추가한 에너지가 다른 생물의 희생을 강요한다는 것만을 알 수 있지. 화석 연료는 교통수단과 농업, 도시를 지탱하고 있어. 인류 전체를 흥청망청 소비하는 존재로 바꾸고 있는 거야.

기억해야 하는 건, 이런 장비가 너무 많다는 겁니다.

지구

기후 변화

에서 태양 광선이 지구를 **통과**하는 과정을 막는 물질은 많지 않지만 **반사**되는 지구 복사에너지는 이산화탄소가 흡수해. 지구 복사에너지를 흡수해 활발하게 움직이게 된 **이산화탄소**는 지구를 **따뜻하게** 만들어. 열을 가두는 거야.
(기온이 올라가면 그 양이 많아지는 수증기도 지구의 열을 가둬)

탄소를 기반으로 하는 연료를 태우면 열을 가두는 이산화탄소가 공기 속으로 더 많이 들어가 전체 지구가 더 따뜻해져.

열이 흩어질 조짐이 없어.

바다는 대기의 에너지를 상당량 흡수해(물은 에너지를 정말 잘 흡수하거든).
수온이 올라가면 탁월 해류와 영양분의 흐름이 달라져.
바다 생물들은 새로운 서식처를 찾으려고 애쓰고 있는데,
포식자의 그물은 바다 생물을 쓸어 모아 배 위로 끌어 올리고 있어.

악마와 깊고 푸른 바다 이야기를 해보자고!

기온은 계속 올라가고 있어.
특히 극지방에서 빠르게
올라가고 있지.
극지방이 따뜻해지는 바람에
차가운 공기는 밑으로 내려가고
그 빈곳을 열대 지방에서
올라오는 따뜻한 공기가
채우며 불던 바람이
약해지고 있어.

바람과 강수량 패턴이 변하면
주변부 생물군계는 더 더워지고 건조해져.
바다에서처럼 땅에서도 생명체들은
비좁은 새 서식지로 밀려들어 가야 해.

녹은 빙하와 열 때문에 팽창한 물이 바닷물을 부풀리고 있어.
해수가 인류의 절반이 거주하는 도시를 비롯해 해안 저지대를 덮어버리고 있지.

이런 상황에 생물권은 어떻게 반응하고 있을까?
그다지 좋게 반응하지는 않아. 최악의 경우

사막화
가 일어나!

사하라 사막이 남쪽으로 확장하면서 사헬의 가장자리에 있는 농지가 점점 더 건조해지고 있어.

세상에서 가장 빠른 속도로 팽창하고 있는 고비 사막의 모래는 베이징에서 거의 70km 거리까지 날아오고 있어.

1960년대에 소련은 초원에 심은 목화에 물을 대려고 아랄해로 들어가는 강물의 물길을 바꿨어. 현재 목화밭은 완전히 메말랐고 아랄해는 거의 말라버렸어.

늘 해왔던 역할 외에도 생물학은 이제 생태계를 치유하는 과학이라는 역할을 맡게 되었어. 생물학자들은 의사와 비슷하고 생물계는 환자와 비슷한 거지.

사람은 병원체 같은 역할도 합니다.

생물학자는 이런 일들을 할 수 있어.

분석

에너지 흐름, 화학 물질의 순환, 유입량과 유출량, 배출량을 결정하고 다양한 교란 요소들이 어떤 영향을 미칠 수 있는지를 평가할 수 있다.

예방

정부와 여러 기관과 협력해 일부 생태계에 미치는 사람의 영향을 가능한 최소로 하려고 노력하고 있다.

유지

사람이 파괴적이 아니라 지속 가능한 활동을 할 수 있도록 노력하고 있다. 허용할 수 있는 합리적인 항상성을 유지하는 방법을 찾으려는 노력을 하고 있다.

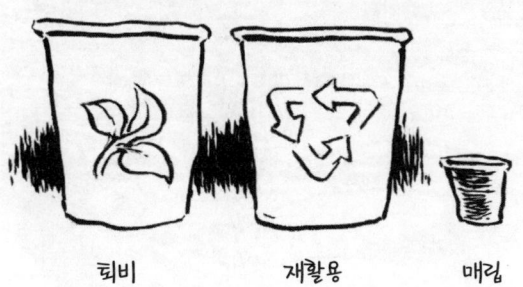

퇴비　　재활용　　매립

치유

오염 물질을 제거하고 고갈된 토양을 재건하고 나무를 심고 물고기를 방사하는 등, 아프고 죽어가는 생태계를 개선하는 노력을 하고 있다.

그런 노력들은 정말로 효과가 있습니다.

캘리포니아주 몬터레이만

이건 성공 사례 가운데 하나야.
1992년에 미국 국립해양대기청은
물고기가 사라진 6,100제곱마일의 해역 분지를
어업과 고래잡이를 할 수 없는
해양보호구역으로 지정했어.

25년이 지나자 몬터레이만은 (300종이 넘는)
물고기와 포유동물, 새, 무척추동물, 식물로 가득 찼어.

생물학자들과 정부는 협력해 (규제 반대론자들의 끝없는 반대를 물리치고) 낚시를 할 수 있는 수로도 개선했어.

얼굴 없는 관료들이란.

이봐요! 우리는 얼굴 있거든요.

실비아 얼. 해양학자이자 심해탐험가

영국 정부는 25년 동안 1억 파운드를 들여 **머지강** 분지를 성공적으로 복원했어.

다뉴브강, 미국 보스턴항구 같은 여러 장소에서 같은 노력이 진행되고 있어.
유럽연합은 발트해 문제를 해결하려는 계획을 발표했고,
깨끗해진 다뉴브강에서는 훨씬 건강한 물을 발트해로 흘려보내고 있어.

이런 노력들은 칭찬받아 마땅하지만 사실 바다에 떨어지는 물 한 방울 정도의 노력일 뿐이지요.

감사의 글

•

만화가는 엄청나게 추었던 한겨울에

이 책의 일부를 쓸 수 있도록 아낌없이 지원해준

다트머스대학교 몽고메리 펠로우십 프로그램에

진심으로 감사하고 싶습니다.

추천사를 써주신 댄 록모어,

열정과 유머를 가지고 모든 과정을 지휘해준 클라우스 밀릭,

어떤 학술 프로그램에서도 있을 수 없는

세부적인 행정 절차를 충실하게 처리해준

엘렌 헨더슨에게 고맙다는 말씀을 전합니다.

옮긴이의 글

이 세상을 이루는 것들

오랜만에 안양천 둘레길을 걸었다. 몇 달 동안 잔뜩 움츠려 있고 걱정만 하던 내 눈에 곱게 꽃을 피우고 있는 목련이, 저 혼자 피고 있는 조팝나무가, 이제 곧 모습을 드러낼 조그만 벚꽃 새싹들이 보였다.

키 큰 나무를 보려고 높이 들었던 고개를 내려 주변을 둘러보았다. 외출을 삼가는 요즘이지만 그래도 아이들을 데리고 나온 어머니들이, 아버지들이 보였다. 서로 공을 주고받으며 까르르 웃는 부모와 아이들. 집집마다 부모와 아이는 왜 그렇게 닮았는지. 운동하는 곳에서 멀찌감치 떨어진 숲에는 돗자리를 펴놓고 도시락을 먹는 연인이 있었다. 저 연인들이 결혼을 하면 또 자신들을 닮은 아이를 낳겠지, 하는 생각에 잠시 웃었다.

연인들에게서 멀지 않은 곳에서 산책을 나온 강아지가 부지런히 풀 냄새를 맡고 있었다. 파란색, 보라색, 노란색 꽃에 심취한 듯, 한참을 꽃길에서 벗어나지 못한다. 그 모습이 너무 예뻐 숲으로 들어가다가 지천에 깔린 아주 작은 꽃들에 눈길이 사로잡혀 무릎을 꿇고 앉아 한참을 내려다보았다.

이 예쁜 모습들을 사진으로 찍어둬야겠다 마음먹을 때 갑자기 새 한 마리가 멋지게 하강해 물 위에 착지하고, 그 바람에 깜짝 놀란 물고기들이 파드닥 흩어지는 모습이 보였다. 정말로 봄이었다. 자연은 시간이 흐르면 두려움 없이 제 할 일을 척척 해낸다. 때가 되면 시간의 흐름을 보여줄 변화를 척척 만들어낸다. 정말로 이 세상 모든 곳에는 시간이 흐르고 있음을 느끼게 해줄 변화가 존재하고, 그 변화를 이끄는 것은 어김없이 생명이다.

 태초부터 사람들은 힘든 겨울을 보내고 나면 어김없이 찾아오는 봄의 생명력에 감탄했을 것이다. 생명이 만들어내는 온갖 변화에 경이로움과 호기심을 느꼈을 것이다. 결국 사람들은 생물학이라는 학문을 만들어낼 수밖에 없었을 것이다. 생명은 그저 느끼고 받아들이기에는 너무나도 놀라워서 생물이 존재하는 이유와 원리를 알아보고 싶다는 마음은 분명히 생길 수밖에 없었을 것이다.
 오랫동안 크고 눈에 띄는 생물의 다양한 모습과 행동을 연구하던 생물학은 기술이 발전하면서 좀 더 근원적인 모습을 고민하는 학문이 되었고, 당연히 좀 더 어려운 학문이 되었다. 중학교 2학년 과정까지는 그래도 어느 정도는 이해하고 따라가던 사람들도 중학교 3학년 과정을 기점으로 고개를 절레절레 내젓기도 한다. 후손의 유전자형을 계산하는 방법을 배우지만 왜 그런 식으로 계산을 해야 하는지 그 이유는 이해하지 못해 답답해하고 생성되는 ATP의 개수를 계산하는 법은 배우지만 그 원리는 알지 못해 갑갑해하다가, 사실은 생명이 숨기고 있는 생화학적 원리를 굳이 자신이 알고 싶어 할 이유가 없다는 묘한 납득과 함께 멀어져버리는 것이 생물학인지도 모르겠다.
 하지만 본질적으로 생물인 우리는 살면서 문득 생명의 경이를 느낄 때마다 생물학의 원리를, 생물학으로 설명할 수 있는 우리 자신을 알고 싶어 하지 않을까? 모든 사람이 다 그렇지는 않다고 해도 상당히 많은 사람이 생물에 관심을 가지고 있을 거라고 생각하고, 그런 마음을 조금은(사실은 상당히 많이) 충족시켜줄 수 있는 책을 번역할 수 있었다는 데 고마움을 느낀다.

　래리 고닉과 데이브 웨스너는 세포학부터 생태학에 이르는 생물학의 거의 모든 분야를 깊이 있게 설명해준다. 여느 생물학 기본 책에서는 쉽게 접하지 못하는 심오한 원리들을 분자 단계에서부터 행동에 이르기까지 영리하면서도 자세하게 설명해준다. 길지 않은 책에서 많은 내용을 다루고 있어 그 뒤에 지식을 확장하는 일은 독자의 몫이겠지만 『세상에서 가장 재미있는 생물학』만으로도 생물학에 관해 알아야 할 기본 내용은 거의 알게 되지 않을까 싶다.

　어쩌면 정말로 잘할 수 있었을지도 몰랐지만 너무 일찍 포기해버린 생물학에 대한 열정을 다시 살아나게 해주고, 더 많은 책을 읽고 공부하고 싶다는 지적 호기심을 다시 일깨워준 책을 써준 래리 고닉과 데이브 웨스너에게, 그런 책의 역자로 나를 선택해준 효현 편집장에게 감사하다고 말하고 싶다. 모두 코로나 19가 불러온 새로운 일상을 잘 극복하고 행복하기를 간절히 빌어보는 봄이다.

2020년 3월
김소정

찾아보기

ㄱ
가족 유사성 235
가지나방 242
간 62, 123, 172, 174
간섭 경쟁 282
간세포 174~175
갈래효소 62
감수분열 218~221, 226, 228
강 263
개미 126~127, 294
개시 코돈(AUG) 146~147, 149
게놈 131~152
    리보솜 146~147
    유전 암호 143~145
    전사와 번역 140~143
    정의 134~135
    진핵세포 136, 148~152, 161, 217, 228
결합물질 54
결합물질의존성 채널 54, 117
결합조직 166
경쟁 240, 252~254, 258
계 12, 204, 262~263
계통발생 265~267, 269
계통수 265~266
계통학 266~267
고세균 270~271
    정의 47
고장성 58
골지체 50, 151
공생 276~279
공진화 241, 248, 258
과 263
과당 30, 158
과일 111
관다발 179
관절염 293
광자 105
광합성 101~114

에너지 흐름 외 284~285, 289
    정의 101
교란 291~304
구성유전자 160
구아닌 37
구아닌 모자 148~149
균류 128, 257, 262, 283, 285
그람 양성 박테리아 268
그람 음성 박테리아 268
그람, 한스 크리스티안 268
극성 정의 24
극지방 온난화 301
근육 움직임 64~65
근육 정의 166
근육통 99
글루카곤 175
글루타민 33, 142
글루탐산 33, 142
글리세롤 29
글리신 32, 142
글리코게닌 62
글리코겐 62, 77, 123, 175
    정의 31
글리코겐 합성효소 62
글리코겐가지절단효소 63
글리코겐인산분해효소 63
금속 23
기관 167~180 (특별한 기관 참고)
기생 277
기술 변화 298~299
기질 단계 ATP 생성 과정 87, 98
기후 변화 300~301
긴 꼬리 148
깁스, 조지아 74
꽃가루 204, 208
꽃밥 204~206, 208

ㄴ

나무 178~179
    의사소통 128
나무 태우기 72
나선효소 186~189
나트륨 20~21, 23, 53, 55
나트륨 채널 54
난소 204~205
난자 49, 204~205, 219, 225
낭포성섬유증 212~213
내분비계 176
녹말 31, 111
뉴런 120~121
    정의 120
뉴클레오티드 41~42
뉴클레오티드 삼인산염 185, 187, 190
능동수송 56~57

ㄷ

다당류 44, 51, 66
    정의 31
다른 에너지원 114
다세포생물 165~180, 258
    기관 167~180, 204
    분류 262
    정의 48
다윈, 찰스 237~238, 241~243, 246~247, 256~258
단백질 34~36, 46, 53
    의사소통 115~119
    1차 구조 34, 132
    4차 구조 35
    2차 구조 34
    3차 구조 35
단백질 펌프 36, 55~56
단세포생물 47
단일 가닥 결합 단백질 186
단일재배 298
달팽이관 122
당 30, 44, 97
대립유전자 222~223, 225
    자연선택 외 243~245, 248
    정의 222
대장 46, 172~173, 190, 210
대체시그마인자 159
도파민 120
독립영양생물 113~114

독립의 법칙 215
돌연변이 196~200, 255
동맥 168~169
동물계 262~263
동원체 192, 218
동화작용 59~60, 62, 76, 157
디옥시리보오스 30, 40, 42
디펩타이드 33
땀 292
땅콩 288

ㄹ

라마르크, 장 밥티스트 235
라이엘, 찰스 236
락토오스오페론 155~158
루비스코 102~103, 109
루카(마지막 보편 공통 조상) 271~272
류신 33, 142
리보솜 46~47, 50, 146~147
    정의 46, 146
리보오스 30, 37, 40
리보오스 5인산 40
리신 32, 142, 145
린네, 칼 261~262, 264
림프계 176

ㅁ

마굴리스, 린 272~273
말미잘 276
메신저 RNA(mRNA) 137, 141~142, 145~152
메탄 25, 71, 82
메티오닌 32, 142, 147
멘델, 그레고어 207~216, 219~220, 222~223
멘델의 유전 210~213, 222~223
면역계 176, 293
명반응 108
모세혈관 169, 170, 173
목 263
목질부 179
무기호흡 96~97
무지개아가마 도마뱀 225
문 263, 270
물 23~25, 58, 82, 104
물 분해 104
물질대사 59~65, 78

정의 59
미세소관 64
미오신 64~65
미토콘드리아 50, 89~95, 193, 273
    크레브스 회로 90, 94~95
미토콘드리아 기질 89~90, 92

ㅂ

바이러스 229, 267
바인베르크, 빌헬름 244
박테리아 270~271, 279, 286, 288
    분류 268~271
    의사소통 124~125
    전사 140~141, 154
    정의 47, 270
    포도당 수용체 118
    호흡 79
반수체 219, 228
반주형가닥 141
발린 33, 132, 142
발열반응 71~74, 76, 78
발효 98~100
방추사 192, 218~219
배아 줄기세포 164
배우자 204~205, 210~211, 215~216, 218~219
번역 142~143
베타 병풍 34
보호 306~308
부모 돌봄 250~251
부신 122~123
부영양화 303
분류 259~274
분류군 260
분류학 260~263
    정의 260
분리의 법칙 210~211, 222
분화 246~247
비극성 물질 25
뿌리 178

ㅅ

사마귀 202
사막화 302
산림 생물권 281, 295
산림 파괴 298
산소
    생물학적 역할 62~63, 79, 82, 96, 98~99, 104, 107, 112, 168
    특징 21~22, 24, 29, 71
    호흡 외 79, 82~83, 88~89, 92, 94~95
산업 화학 298
산화 81~83 (산화 환원 반응 참고)
산화 환원 반응 83~84
산화적 인산화 과정 93
살충제 298
삼투현상 정의 58
상동염색체 217~219, 221~222, 224, 226
상리공생 276, 287
상보적 염기쌍 42
상피조직 166~167
상호 교배 231, 260
생물 영역 270~271
생물군계 280~281
생물막 278
생물학자 정의 11
생물학
    밖에서 안으로 보는 방법 12, 17
    생명 묘사 13~14
    안에서 밖으로 보는 방법 16~18
    정의 11
생식 183~230 (유성생식 참고)
생쥐 260, 263
생태계 281~283
    관리 305~309
    교란 295~297
    정의 281
샤페로닌 132
석유 28, 289~299 (화석 연료 참고)
선택 교배 238~239
설탕 30, 158
섬유소 31, 72, 111, 279
성 차이 224~225
성선택 252~253
성적이형성 253
세린 32, 132, 142
세포 45~65 (협력 다세포생물 참고)
    물질대사 59~65
    분류 46~53
    정의 45
    채널과 펌프 54~56
세포분열 190~194
    DNA 184~189

변이 194~200
　　　정의 14
세포 호흡 79~97
　　　미토콘드리아 89~95
　　　정의 79, 96
　　　해당 과정 86~88
세포골격 48
세포기질 46~47, 50
세포내공생 272, 276
세포내흡수 57~58
세포소기관 48, 89, 151, 193, 273
　　　정의 48
세포외배출 57~58
세포질분열 193~194
세포핵 20~21, 48, 136
　　　정의 20, 50
소금 20, 23, 25
소낭 57, 151, 193
소수성 25~26, 35
소장 172~173
소포체 50, 149~150
소화계 172~173
속 260~261, 263
쇠똥구리 202
수동수송 56
수렴진화 249
수상돌기 120
수소 21~22, 24
수소 결합 105
수소 결합 정의 24
수용체 36, 117~118
수정 205, 209, 226
수정란 49, 225
순환계 169~170
시그마인자 140~141, 154, 158~159
시냅스 121~122
시스테인 32, 142
시아노박테리아 113, 273
시토신 37
식물 (광합성 참고)
　　　다세포생물 178~179
　　　분류 262
　　　에너지 저장 31, 51
　　　유성생식 204~216
　　　의사소통 128
　　　호흡 108, 110~113
식물 교배 207~211

식물 세포 51
식물계 정의 262
신경 166, 173
　　　정의 120
　　　통신 120~124
신경계 176, 292
신경교세포 166
신경전달물질 120~121
신호서열 150
신호인식입자 150
심장 168~170
싸우거나 달아나기 반응 123, 177
싹 178

ㅇ

아데노신 정의 37
아데노신삼인산(ATP) → ATP 참고
아데노신이인산(ADP) 38
아데노신일인산(AMP) 38
아데닌 37
아르기닌 32, 142
아미노산 44, 59, 61
　　　유전학 외 133, 143~147, 196~197
　　　정의 32
아세트산염 279
아세틸기 90
아스파라긴 33, 132, 142, 197
아스파르트산 33, 142
아쿠아포린 54, 56
안티코돈 144~145
알라닌 32, 142
알로스테릭 120, 156
　　　정의 117
알로스테릭 단백질 120
알코올 26
알파 나선 34
암술 204~205, 208
액틴 65
액포 51
양극성 29
　　　정의 26
양성 잡종 교배 215
양성자 20~21
억제 단백질 157
에너지 63, 67~78
에너지 변화 68~69

에너지 전달 68~69
에너지 흐름 284~285
에틸알코올 99
에피네프린 120, 123
엑손 149
연동운동 173
열 293
열 반응 159
열량 81
열사병 292
열성 형질 210, 213, 222~223, 225
열에너지 69~70, 284
열역학 제1법칙 69
열역학 제2법칙 73
염색체 192~194, 217~222, 224
    정의 136
염색체 교차 211, 226
염소 20
염화 이온 23
엽록소 106~108
엽록체 51, 106, 273
오페론 155~158
옥살아세트산 90
왓슨, 제임스 184
우라실 37, 141
우성 209~212, 214, 222
우즈, 칼 269~270
운동 63
운동신경 121~122
운동에너지 68~69, 71
원생생물 정의 262
원소 20~23
원자 20~24
    정의 20
원자 번호 21
원핵세포(원핵생물) 46~47
    분류 268~273
    생식 191, 229
    유전자와 게놈 136, 149, 152, 155, 161, 229
    정의 46
    호흡 96
원형질막 46, 50~52, 268
월리스, 앨프리드 252
위 172~173
위 주세포 61
위장관 172
위치에너지 70~71

정의 70
유기물 28
유기산 29
유성생식 201~231
    감수분열 218~221
    멘델 외 207~218, 222~223
    진화 외 250~255
유성생식 짝짓기 202
유전 암호 16, 143~145, 257
'유전 정보가 없는' 149, 199
유전 질환 212~213
유전자 133~138 (게놈 참고)
    정의 16, 47, 133
유전자 발현 137~138, 141, 153~154, 160
유전자 변이 135
유전자 염기서열 133
유전자 조절 153~164
유전자빈도 247
응용과학자 11
의사소통 115~130
의태 249
의학 11, 164
이산화탄소 22, 51, 104, 286, 289~290, 299~300
이성화효소 61
이소류신 33, 142
이어맞추기소체 149 (단일 결합 단백질 참고)
이온 23, 25
    정의 23
이온 결정 23
이온 채널 54
이중층 52~53
이화작용 59~60, 76, 157
인 21, 37~43
인산기 23, 37~39, 44, 55, 61
인슐린 174~175
인지질 52
인트론 149
임신 205

ㅈ

자연선택 240~246, 251
자연의 균형 128
자유 리보솜 50, 150
자유에너지 74
자이언트판다 267
잔기 정의 34

저산소 지대 303
저장성 58
적응방산 247, 256
적자생존 240~243
적혈구 168
전기에너지 70
전사 140~141, 154
전사 RNA(tRNA) 144~147, 152
전압 121
전압의존성 채널 121
전위차 55, 70
전자 20~23, 71, 82
    정의 20
전자전달계 92, 96
전자현미경 15
점돌연변이 195~197
접합 229
접합자 205, 207, 211
정맥 169, 171
정맥혈 170
정소 204
정자 204~205, 207
정족수 124~125
정족수 감지 생물 발광 현상 125
젖당 30, 156~158
젖산 98~99
젖산염 98~99
조절 14, 176 (유전자 조절 억제제 참고)
조직
    기관 167~180
    종류 166~167
종 231~232, 260~261
종속영양생물 113~114
『종의 기원』(다윈) 237~238
주 스위치 163
줄기세포 164
중성지방 29
중합 41
증기 기관 69
지방 111
지질 44, 52
    정의 29
진핵세포 유전자 조절 방법 161
진핵세포(진핵생물) 48~50
    미토콘드리아 89, 96
    분류 262
    정의 48, 148

유사분열 192~193
유전자와 게놈 136, 148~152, 161, 217, 228
    진화 232
    호흡 89, 97, 110
진화 16, 177, 231~258
    유성생식 외 250~255
    자연선택 240~247, 253
    진화에 관한 생각 235~239
    진화의 결과 246~249, 258
    화석 기록 233~235, 256
질산 120
질산염 288
질소 32, 286~288
질소고정효소 286~287
짝짓기 202

ㅊ

착취 경쟁 282
창조 236
채널 단백질 36, 54
체관부 179
체세포분열 192~193, 200~201, 219, 228
초성포도산염 59, 89~90, 98~99
초성포도산염 인산화효소 87
초식동물 282~285
초파리 283
촉진확산 56
축삭돌기 120
췌장 174~175
친수성 25~26, 35
침묵돌연변이 197

ㅋ

카버, 조지 워싱턴 288
카울로박터 278
카프릭산 29
칼륨 21, 53, 55
칼슘 53
캘빈 회로 109~110
코돈 145~146
콩과 식물 287~288
퀴비에, 프레데리크 235
크레브스 회로 90, 94~95
크릭, 프랜시스 184
클라미도모나스 228

클론 201
키틴 262

ㅌ

탄소 21, 27~31, 289~290
탄소고정 102
탄화수소 28 (화석 연료 참고)
태양광선 16, 178, 300
태양에너지 105, 284
트레오닌 33, 142
트립토판 32, 142, 198
트립토판 억제제 157
티로신 33, 142
티민 37, 141
틸라코이드 106, 108

ㅍ

페닐알라닌 33, 142
페로몬 126~127
페로몬 수용체 126
펩신 61, 172
펩타이드 결합 61
    정의 33
펩티도글리칸 268
편리공생 277
편모 47, 118~119
폐 170~171
폐동맥 170
폐정맥 171
폐포 170
포도당 30, 31, 62~63, 77, 111, 158, 174~175
    에너지원 56, 63, 80~81, 123
    정의 30
포도당 산화 76, 80, 82~85, 89, 104
포도당 수송체 56, 117~118
포스포글루코뮤타제 63
포스포글리세린산 인산화효소 87
포식자 282~285, 296
폰 베어, 카를 E. 12
폴리머(중합체) 31, 111
폴리펩타이드 132
    정의 34
표현형 210~211
프랭클린, 로잘린드 184
프로모터 염기서열 154
프롤린 32, 142
프리메이즈 186~189
피부 180, 234
핀치 246~247

ㅎ

하디, G. H 244
하디-바인베르크 원리 244
항문 172
항상성 176~177, 182
    기관 외 176~177
    생물권 290, 292, 294
    식물의 의사소통 128
    정의 14, 53
해당 과정 86~88, 91, 95, 98
    정의 86
해독틀을 바꾸는 돌연변이 198~199
해수면 상승 301
해양보호구역 306
해파리 48, 135, 180
핵심종 295
헤모글로빈 63, 168
헥소키나아제 61
헴 63
현미경 12, 15
혈관 49, 123, 167~168, 173
혈장 정의 167
협력 258
형태학 264, 266
호메오상자 163
호흡 79, 81
    정의 13, 79
    호흡계 170~171
호흡계 170~171
화석 233~235, 256
화석 연료 28, 289~290, 299~300
화학 결합 21~22
화학 물질의 순환 286~290
화학 정의 16, 19~20
화학에너지 71~74, 79, 284
화학적 삼투작용 93
환원효소 108
활성자 155, 159
활성화 에너지 74~75
황 21, 32
황산 97

회복력 297
효소 75~76
    물질대사 외 60
    정의 36, 75
    활성화 에너지 75~76
효소의 기질 60
흡열반응 76~78, 104
흰개미 279
흰동가리 276
히스티딘 32, 132, 142

기타

16S rRNA 269
2배체 218
4분염색체 218~219, 221
Aliivibrio fischeri 124~125
Amanita phalloides 283
ATP 분해 72
ATP 합성 61, 92~93, 99, 108
ATP(아데노신삼인산) 38, 40, 66, 108
    근육 외 64
    나트륨-칼륨 펌프 55
    생식 38~39
    화학에너지 외 77~79
CTP 40
dATP 40
dCTP 40
dGTP 40
DNA 42~43, 46~47, 184~189
    변이 195~200, 255
    복제 186~189
    분류 외 264~265, 267
    생식 184~189, 217, 222, 226, 229
    염기쌍 42~43, 138, 184~185
    유전자와 게놈 133~134, 136~139, 154~157,
       159, 217, 222, 226
    전사와 번역 140~143
    정의 42
DNA 염기서열 264~265
DNA 중합효소 186~189, 195
DNA 회전효소 186
dTTP 40
FAD 90~91
GAP 87, 109~111
GTP 40
HIV/AIDS 267
k 전략 251
NAD+ 84~85, 98
NADH 84~85, 92
NADP 108
NADPH 108
r 전략 251
RNA 41~42, 46~47
    분류 외 264, 269
    유전자와 게놈 137, 139~142, 145~151
    정의 41
RNA 중합효소 140~141, 148, 154~156, 160, 283
RuBP 102~103, 109
Thiomargarita namibiensis 47
UTP 40, 62, 77
XY 성 결정 체계 224~225
X선 결정학 15

세상에서 가장 재미있는 생물학

1판 1쇄 펴냄 2020년 4월 11일
1판 2쇄 펴냄 2022년 12월 15일

그림 래리 고닉
글 데이브 웨스너
옮긴이 김소정

주간 김현숙 | **편집** 김주희, 이나연
디자인 이현정, 전미혜
영업·제작 백국현 | **관리** 오유나

펴낸곳 궁리출판 | **펴낸이** 이갑수

등록 1999년 3월 29일 제300-2004-162호
주소 10881 경기도 파주시 회동길 325-12
전화 031-955-9818 | **팩스** 031-955-9848
홈페이지 www.kungree.com
전자우편 kungree@kungree.com
페이스북 /kungreepress | **트위터** @kungreepress
인스타그램 /kungree_press

한국어판 ⓒ 궁리출판, 2020.

ISBN 978-89-5820-648-4　07470
ISBN 978-89-5820-690-3　(세트)

책값은 뒤표지에 있습니다.
파본은 구입하신 서점에서 바꾸어 드립니다.